国家现代学徒制试点教材
"成果导向＋行动学习"课程改革教材

锅炉水工系统技术

主编　刘　洋　范海波
主审　张福强

哈尔滨工程大学出版社
Harbin Engineering University Press

内 容 简 介

本书分为 5 个项目,分别为认知锅炉水工系统、水处理系统组成与工艺、蒸汽锅炉水工系统、热水锅炉水工系统和火电厂水工系统。

本书遵循职业教育最先进的教育理念——以学生为中心的成果导向教育,结合现代学徒制双主体育人模式,以课程建设为着力点,采用教学做一体化的方法,从项目导入到任务完成,均以典型案例和真实情境为主线,以生产实际过程为抓手,达到工学结合要求。

本书可作为高等职业院校城市热能应用技术专业教材,也可作为锅炉制造、安装与运行、检修行业企业培训教材和相关技术管理人员的参考资料。

图书在版编目(CIP)数据

锅炉水工系统技术 / 刘洋,范海波主编. —哈尔滨:
哈尔滨工程大学出版社,2020.8
ISBN 978 – 7 – 5661 – 2704 – 4

Ⅰ. ①锅…　Ⅱ. ①刘… ②范…　Ⅲ. ①锅炉给水系统
Ⅳ. ①TK223.5

中国版本图书馆 CIP 数据核字(2020)第 126021 号

选题策划　史大伟　薛　力
责任编辑　王俊一　马毓聪
封面设计　李海波

出版发行	哈尔滨工程大学出版社
社　　址	哈尔滨市南岗区南通大街 145 号
邮政编码	150001
发行电话	0451 – 82519328
传　　真	0451 – 82519699
经　　销	新华书店
印　　刷	哈尔滨市石桥印务有限公司
开　　本	787 mm × 1 092 mm　1/16
印　　张	15.25
插　　页	2
字　　数	410 千字
版　　次	2020 年 8 月第 1 版
印　　次	2020 年 8 月第 1 次印刷
定　　价	45.00 元

http://www.hrbeupress.com
E-mail:heupress@ hrbeu.edu.cn

前言 PREFACE

"锅炉水工系统技术"既是城市热能应用技术专业选修课程,又是该专业运行与检修方向的核心课程之一,在专业中的地位既有独立性,又有全面性。

为满足高等职业教育锅炉设备运行相关行业人才培养的需求,结合成果导向教育理念和现代学徒制的逐步深化与实施,真正实现"双主体"人才培养模式,编者在总结多年教学和实践经验的基础上,编写了本书。

本书摒弃了传统的教学模式,构建了学习成果蓝图,在成果蓝图引导下,以实际项目为载体,以真实任务为学习情境。本书的编写遵循实用、全面、简洁的原则,内容符合专业要求,语言精炼准确,力求做到图文并茂。

全书共分为 5 个项目,每个项目都分成若干任务,共 12 个任务。项目 3 和项目 4 是核心内容,学生可通过项目 1"认知锅炉水工系统"认知理念,通过项目 2"水处理系统组成与工艺"了解内涵,通过项目 3"蒸汽锅炉水工系统"、项目 4"热水锅炉水工系统"实践应用,最后通过项目 5"发电厂水工系统"整合成果。学生完成上述内容的学习和训练,即可以掌握锅炉水工系统技术的基本技能。

本书特点之一是整体编排上小理论、大实践,以成果为导向,以行动学习为手段;特点之二是编写由校企双主体共同完成。

参加本书编写的有黑龙江职业学院刘洋高级工程师(项目 2、项目 5)、黑龙江职业学院范海波(任务 3.1、任务 3.2、任务 3.3)、大兴安岭职业学院杨本原(任务 3.4)、黑龙江职业学院宋海江(任务 4.1)、大庆市粮食局赵卫东(任务 4.2)、哈尔滨红光锅炉集团有限公司刘介东(任务 1.1)、密山市承紫河中学杨殿美(任务 1.2)。

本书由黑龙江职业学院刘洋、范海波任主编,哈尔滨红光锅炉集团有限公司张福强主审。全书由刘洋统稿并完成文前、文后的内容。

本书在编写过程中,参考或引用了一些专家学者的论著,在此表示感谢。

由于编者水平有限,书中难免存在疏漏和不妥之处,敬请广大读者批评指正。

编 者
2020 年 5 月

成 果 蓝 图

学校核心能力	城市热能应用技术专业能力指标(530202)
A 沟通合作 （协作力）	AZf1 具备有效沟通、团结协作的能力 AZf2 具备整合热能工程及相关领域知识的能力
B 学习创新 （学习力）	BZf1 具备学会学习及信息处理的能力 BZf2 具备节能技术创新意识及创业的能力
C 专业技能 （专业力）	CZf1 具备掌握热能工程领域所需技术的能力 CZf2 具备制造工艺编制、制造设备使用、锅炉设备操作、故障诊断和锅炉制造、安装或运行、检修的能力
D 问题解决 （执行力）	DZf1 具备发现、分析热能工程领域实际问题的能力 DZf2 具备解决热能工程领域实际问题及处理突发事件的能力
E 责任关怀 （责任力）	EZf1 具备责任承担、社会关怀的能力 EZf2 具备环保意识和人文涵养
F 职业素养 （发展力）	FZf1 具备吃苦耐劳,恪守职业操守,严守行业标准的能力 FZf2 具备岗位变迁及适应行业中各种复杂多变环境的能力

课程教学目标（标注能力指标）		
	1. 能对用户提供的水样进行分析,编写化验报告,制作 PPT 进行汇报。	BZf1
	2. 熟练掌握锅炉水处理设备组成与应用。	DZf1
	3. 能正确选择锅炉水工系统设计参数。	DZf2
	4. 能用 CAD 绘制锅炉房、水工站水工系统图和水工设备平面布置图。	DZf2
	5. 能正确选择水工设备参数,为用户提供满意产品。	CZf1
	6. 能编写锅炉房、水工站水工设备运行故障分析报告	EZf2

核心能力权重	沟通合作 （A）		学习创新 （B）		专业技能 （C）		问题解决 （D）		责任关怀 （E）		职业素养 （F）		合计
	5%		10%		55%		15%		10%		5%		100%

课程权重	AZf1	AZf2	BZf1	BZf2	CZf1	CZf2	DZf1	DZf2	EZf1	EZf2	FZf1	FZf2	合计
	5%	0%	5%	5%	15%	40%	0%	15%	10%	0%	5%	0%	100%

目录

CONTENT

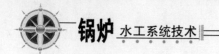

项目5　发电厂水工系统

项目 1　认知锅炉水工系统

> **项目描述** ···•

锅炉水工系统俗称锅炉汽水系统。锅炉水工系统主要由各种水工设备和工艺管道组成,如锅炉、水泵及汽水管道等。它的主要作用就是连接锅炉房的所有水工设备。概括地说,锅炉水工系统是一条连接水工设备的纽带。

工业锅炉的水工系统一般分为蒸汽锅炉水工系统和热水锅炉水工系统两大类,其中蒸汽锅炉水工系统包括给水系统、蒸汽和凝结水系统;热水锅炉水工系统包括补水定压系统、循环系统。两类系统共同拥有的系统包括水处理系统和排污系统。

发电厂水工系统包括原则性水工系统和全面性水工系统两类。原则性水工系统指在水工设备中,工质按水工循环顺序流动的系统;全面性水工系统指发电厂所有水工设备及其汽水管道和附件连接起来组成的总系统。

本项目旨在使学生熟练掌握锅炉水工系统的构成,认知锅炉水工系统的整体构成,理解软化水处理系统、锅炉给水系统、锅炉蒸汽系统、锅炉循环水系统、锅炉补水定压系统的基本组成单元,以实现对锅炉水工系统的认知,以及了解锅炉水工系统在锅炉设备制造、安装、运行、调节与维护中的重要地位。

> **教学环境** ···•

本项目的教学场地是锅炉运行模拟仿真实训室和锅炉模型实训室。学生可利用多媒体教室进行理论知识的学习,小组工作计划的制订,实施方案的讨论等;可利用实训室进行锅炉水工系统中的软化水系统、蒸汽系统、给水系统、循环系统及补水定压系统等的认知和训练。

任务 1.1　锅炉水工系统概述

> **学习目标** ···•

知识目标:
(1)了解锅炉水工系统的内涵;
(2)了解锅炉水工系统的理论基础。
能力目标:
(1)掌握锅炉用水的内容和意义;
(2)准确进行锅炉水工系统的框图勾画。
素质目标:
(1)与小组成员密切配合完成认知学习;

（2）养成自主学习的能力。

▶ 任务描述

给定农垦 8511 农场一台 SHL29 – 110/70 – AII 型热水锅炉安装任务。该锅炉为双锅筒横置式链条炉排热水锅炉，锅炉容量为 29 MW，供水温度 130 ℃，回水温度 70 ℃；锅炉房长为 37 m，煤仓间跨度为 5 m，锅炉间跨度为 20 m，除灰渣间跨度为 12 m。其运转层标高为 6.0 m。煤仓间 18.5 m 层布置煤斗，除灰渣间布置除灰渣设备。

▶ 知识导航

1.1.1　锅炉水工系统简介

现代锅炉可以看作一个大的蒸汽发生器。煤炭、石油或天然气等燃料送入锅炉后，在其中燃烧，燃料的化学能转变为燃烧生成物——高温烟气的热量。高温烟气通过多种传热方式把热能传递给水，水以蒸汽或热水的形式将热能供给工农业生产和人类生活，或用来发电和作为驱动机械的动力。发电用的锅炉一般称为电站锅炉，而直接供给工农业生产或驱动机械的锅炉则称为工业锅炉。

随着水和蒸汽的热能应用范围的扩大，能源逐渐成为人类社会生活和生产各个领域不可缺少的动力来源。物质生产的飞速发展使能源的消耗量日益增加，人类社会需要更多、更先进的能源转换设备，锅炉工业在国民经济中的作用和地位变得越来越重要。

热能的载热体一般选择蒸汽或热水，高温水和蒸汽的热能可直接应用在生活和生产中，如空气调节、纺织、化工、造纸等领域；也可以再转换成其他形式的能，如电能、机械能等。

根据锅炉水工系统中水的水质差别，通常将锅炉用水分为以下几类。

（1）原水

由自备水源（地下水或地表水）取来的水，称原水，即没有经过任何处理的天然水，也称生水。

（2）净化水

经过沉淀、混凝和过滤处理以后的原水，称净化水，即降低了悬浮物含量的水。城市自来水一般属于净化水。

（3）软化水

经锅外软化处理，降低了钙、镁离子含量的原水，称软化水，简称软水。总硬度符合相关水质标准要求的水，称锅炉软化水。

（4）回水

锅炉产生的蒸汽，在其热能被利用后，经过冷却而成的回收循环使用的凝结水，称回水。

（5）补给水

为了弥补锅炉运行中由于蒸发、取样、排污等消耗的水而补给的水，称补给水。对补给水要进行软化处理，残留硬度应控制在国标允许范围内。

（6）给水

直接进入锅炉，供锅炉蒸发或加热的水，称给水。给水通常由回水和补给水两部分组成。

（7）循环水

热水锅炉采暖系统来回循环的水,称循环水。

（8）锅水

正在运行的锅炉锅内(汽水系统中)循环流动的水,称锅水。

（9）排污水

为了除去因锅水蒸发浓缩的杂质和沉积物,以保证锅水质量,需从锅水中有意地排放一部分水,这种水称排污水。

（10）取样水

为对给水质量和锅水质量进行化学监督,用于分析化验的水,称取样水。

（11）凝结水

锅炉生产的蒸汽在汽轮机中做功后,经冷却冷凝成的水,称凝结水。这部分水又重新进入锅炉水工系统作为锅炉给水的主要组成部分。

（12）冷却水

蒸汽在汽轮机中做功后是靠水来冷却的,汽轮机的油系统也是靠水来冷却的,这部分水称为冷却水。除上述两部分冷却水外,其他各种机械的冷却用水量较少,一般不予处理。

鉴于锅炉用水如此复杂,锅炉的水质监督及水处理是保证锅炉安全、经济运行的重要措施之一。锅炉给水如不处理或处理不当,在受热面上就会结生水垢,不仅会使传热效率降低、检修清理困难,严重时甚至会堵塞受热面管道,引起锅炉爆管。水质不好的水,特别是 pH 值小、含氧量高的水,还会对锅炉金属产生腐蚀,造成管子泄漏,甚至引起锅炉爆炸。此外,水质不好还会引起蒸汽带水,恶化蒸汽品质。因此,加强水质监督、普及锅炉水处理对提高锅炉运行效率、延长锅炉使用年限、节约能源等都具有重要意义。

工业锅炉水工系统的合理设计是锅炉正常工作的先决条件,其正确性和合理性直接关系到工业生产活动和人民生活质量,掌握锅炉水工系统的设计是城市热能应用技术专业的基本要求。

1.1.2　锅炉水工系统地位

锅炉水工系统,即汽水系统的设计及设备布置是锅炉房工艺设计的重要内容之一。进行锅炉水工系统设计及设备布置需要具有水工计算、流体阻力计算以及力学计算等理论基础,学好锅炉水工系统的设计就能够触类旁通地进行对其他工艺的认识和设计。

1. 锅炉水工系统设计理论基础

锅炉水工系统设计不单纯是管线和设备的布置,它是多学科结合的结果体现,涉及很多学科和理论。

（1）热力学基础

热力学是锅炉水工系统设计理论基础的主要组成部分,它包括传热学和工程热力学两大部分。

①传热学

传热学是研究热量传递过程规律的一门学科。凡是有温差的地方,就有热量自发地由高温物体传到低温物体,自然界和生产领域中温度差是到处存在的,传热是自然界和生产领域中非常普遍的现象。

传热学的应用非常广泛。例如,设计供热设备(锅炉、换热器)的体积大小,研究管道保温效果对散热损失的影响,设计换热器利用地热能、太阳能及工业余热等均要利用传热学知识。此外,农业、生物、医学、地质、气象等学科无不需要传热学的知识,利用其温度场概念进行科学研究。

传热的基本方式有导热、对流和辐射。

a. 导热

导热是指物体各部分无相对位移或不同物体直接接触时依靠物质分子、原子及自由电子等微观粒子热运动而进行的热量传递现象。

b. 对流

依靠物体的运动,把热量由一处传递到另一处的现象,称为对流。

c. 热辐射

依靠物体表面对外发射可见和不可见的射线(电磁波或光子)进行热量传递的现象,称为热辐射。

实际传热过程不是单一的,往往是两种或三种传热现象的综合。

②工程热力学

工程热力学属于应用科学的范畴,它主要研究如何从工程技术角度出发研究物质热力学的基本性质,热能转化为机械能的规律和方法,能量之间互相转换及合理有效利用热能的途径等。

由于系统与外界相互作用而引起的热力系统的状态变化称为热力过程。

封闭的热力过程就是热力循环。热力循环分为可逆过程和不可逆过程,实际热力过程都是不可逆过程,理论研究把热力过程理想化、抽象化为可逆过程。

工程热力学基本理论包括基本热力过程、热力学第一定律、热力学第二定律等。

a. 基本热力过程:理想气体热力过程为可逆多变过程,具体即为定压过程、定温过程、定熵(可逆绝热)过程及定容过程。

b. 热力学第一定律:能量守恒及转换定律应用于说明热现象时称为热力学第一定律,即热能和机械能在转换时总量守恒。

c. 热力学第二定律:热力学基本定律之一,内容为不可能把热从低温物体传到高温物体而不产生其他影响;不可能从单一热源取热使之完全转换为有用功而不产生其他影响;不可逆热力过程中熵的微增量总是大于零。

(2)流体力学基础

液体和气体通称流体,锅炉水工系统设计和实际应用离不开流体(冷、热水,蒸汽等)。

流体力学是研究流体的运动规律及其在工程上的实际应用的一门学科。

流体运动属于机械运动的范畴,物理学中的质量守恒定律、能量守恒及转换定律、动量定律等均适用于流体。

流体运动的三个基本方程式:流量的连续性方程、能量方程式和动量方程式。

①流体的连续性方程式:恒定流不可压缩流体的体积流量不变,或断面平均流速与其过流面积成反比。

②能量方程式:恒定流能量方程是能量守恒及转换定律在流体力学中的具体应用。流体的机械能包括位能(位置势能)、压能(压力势能)和动能。流体运动时,因克服流动阻力

还会引起机械能的损失。

③动量方程式:单位时间内流体的动量增量等于作用在流体上所有外力的总和。

(3)工程力学基础

工程力学是研究物体机械运动的一般规律和工程构件的设计计算原理的学科,通常包括静力学和材料力学。静力学主要研究力系的规律,特别是力系的平衡规律及其工程应用;材料力学主要研究工程构件的设计计算原理及其应用。

工程力学主要研究以下几个方面的理论。

①强度:构件抵抗破坏(断裂或产生显著塑性变形)的能力。

②刚度:构件抵抗弹性变形的能力。

③稳定性:构件间保持原有平衡形式的能力。

锅炉水工系统构件的设计(包括管道壁厚的选择、支架的设计等)必须符合安全、适用和经济的原则。工程力学的任务就是在满足强度、刚度和稳定性要求的前提下,以最经济的代价,为构件选择适宜的材料,确定合理的形状和尺寸,并提供必要的理论基础和计算方法。

2. 锅炉水工系统与相关工艺系统的联系

锅炉水工系统设计直接影响到动力装置运行的安全、效率等。那么,锅炉水工系统与相关工艺系统又有什么联系呢?

任何工艺系统设计均需要考虑流体的运动规律。例如,乳制品的生产,首先必须从奶液开始,奶液经过杀菌、分离、添加等过程后经过蒸发、冷凝才成为我们使用的奶粉等制品。这一切都离不开流体的输送过程,如果只知道奶液的性质,而不了解流体状态下奶液的运动规律,又如何生产呢?

其他工艺系统设计也需要在传热学等学科方面进行相应的考虑,才能使设计满足要求。

综上所述,锅炉水工系统设计在各种工艺系统设计中是最复杂、需要知识最多的,掌握了锅炉水工系统设计,再了解一些其他工艺系统的特点,就能很容易地进行其他工艺系统设计了。

3. 学习锅炉水工系统设计的重要性

(1)锅炉水工系统设计需要结合多学科知识才能完成,掌握好锅炉水工系统设计就能够很容易地对其他工艺系统设计举一反三。

(2)锅炉水工系统设计不但要达到生产运行的要求,还需要符合安全理念要求。锅炉及其附属工艺管道均为承压设备,国家对其设计有严格的要求和规定。

(3)锅炉水工系统设计是在实际工作中会经常接触到的一项工作,安全运行、革新技术、降低能耗都需要从锅炉水工系统开始。

(4)锅炉水工系统设计是工艺系统设计中较难的一项工作,学好锅炉水工系统设计对于在其他行业发展也很有帮助。

▶ 任务实施 ┄┄┄┄┄┄┄┄┄┄┄┄┄┄┄┄┄┄┄┄┄┄┄┄┄┄┄┄┄┄┄┄●

根据给定任务,确定锅炉房水工系统设备构成(表1-1)及锅炉房构成元素(表1-2)。

表 1-1　锅炉房水工系统设备构成

序号	设备	工艺参数	单位	数量	设备特性说明
1					
2					
3					
4					
5					
6					

表 1-2　锅炉房构成元素

序号	元素	区域功能	设备关联及功能
1			
2			
3			
4			

▶ 任务评量

任务 1.1 学生任务评量表见表 1-3。

表 1-3　任务 1.1 学生任务评量表

各位同学:

1. 教师针对下列评量项目依据评量标准从 A、B、C、D、E 中选定一个对学生操作进行评分,学生在教师评价前进行自评,但自评不计入成绩。

2. 此项评量满分为 100 分,占学期成绩的 10%。

评量项目	学生自评与教师评价	
	学生自评	教师评价
1. 平时成绩(20 分)		
2. 实作评量(40 分)		
3. 课程设计(20 分)		
4. 课堂表现(20 分)		

▶ 复习自查

1. 锅炉水工系统与热力系统有何区别?

2. 锅炉用软化水和化学水有何区别?

3. 锅炉水工系统的理论基础是什么?

4. 画表描述锅炉用水的类型和水质要求。

任务1.2　锅炉水工系统构成

▶ **学习目标** ──────────────────────────────

知识目标：

(1)精熟锅炉热力系统的设计标准；

(2)熟练掌握锅炉水工系统的分类及各类锅炉水工系统的特点。

技能目标：

(1)准确绘制各类锅炉水工系统的工艺流程图；

(2)精准分析不同锅炉水工系统的工作过程；

素养目标：

(1)主动参与小组认知学习,完成锅炉水工系统的分类；

(2)展现创新意识和运用新技术的能力。

▶ **任务描述** ──────────────────────────────

给定农垦8511农场一台 SHL29 - 110/70 - AII 型热水锅炉安装任务。该锅炉水工系统包括水处理系统、循环水系统、补水定压系统等。

▶ **知识导航** ──────────────────────────────

锅炉水工系统可以按照以下几种方式进行分类。

1.按照功能分类

(1)给水系统:输送锅炉燃烧运行所需水的设备和工艺管线。

(2)蒸汽系统:输送锅炉产生的蒸汽的设备和管线。

(3)排污系统:输送锅炉运行中需要排放的污水的设备和管线。

2.按照锅炉房性质分类

(1)蒸汽锅炉房水工系统:包括给水系统、蒸汽系统及排污系统。

(2)热水锅炉房水工系统:包括循环水系统、补水系统及排污系统。

(3)电站锅炉房水工系统:包括蒸汽系统、给水系统、排污系统、化学水系统、冷凝水系统和工业水系统等。

3.按照介质性质分类

(1)冷介质系统:包括制水系统、给水系统。

(2)热介质系统:包括蒸汽系统、热水系统。

(3)排污系统:包括定期排污系统和连续排污系统。

4.按照热力系统规范分类

(1)主机间设备和工艺系统。

(2)辅机间(水处理或泵间)设备和工艺系统。

1.2.1　水处理系统

水处理系统的任务包括对原水进行过滤、软化、除碱和除气。水处理方法的选择,应根据原水水质、对锅炉给水和锅水的质量要求、补给水量、锅炉排污率和水处理设备的设计处理等因素确定。处理后的锅炉给水,不应使锅炉的蒸汽对生产和生活造成有害的影响。但并不是对于每个锅炉房都需要这些处理,具体情况应根据 GB 50041—2008《锅炉房设计规范》的相关规定执行。

图 1-1 为钠离子交换水处理系统。原水经离子交换器软化处理后,由软水管道流至给水箱与回水混合,由给水泵送至锅炉。软化设备采用食盐再生系统,设有食盐溶解槽、盐水过滤器和盐水泵,并装有食盐水搅拌管道。

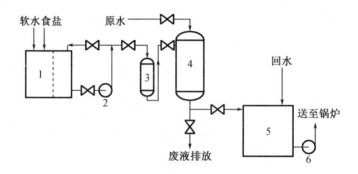

1—食盐溶解槽;2—盐水泵;3—盐水过滤器;4—钠离子交换器;5—给水箱;6—给水泵。

图 1-1　钠离子交换水处理系统

1.2.2　给 水 系 统

给水系统设计常与热网回水方式、水处理方式或除氧的方式等有关。当回水为压力回水时,锅炉房可只设一个给水箱。回水及软水(补给水)都流至给水箱,然后由给水泵送至锅炉。这种系统通常称为一级给水系统,如图 1-2 所示。当回水为自流回水时,锅炉房的回水槽一般设在地下室,容量较小的锅炉房仍可采用一级给水系统,但这往往对给水泵运行不利,当水温较高时,由于不能保证给水泵吸入端要求的正压力,而使水泵内的水发生汽化,以致抽不上水。

中型以上的锅炉房,为了保证给水泵的良好运行条件,减小地下室的建筑面积,常采用如图 1-3 所示的二级给水系统,回水由回水箱经回水泵从地下室送至地面以上的给水箱,再由给水泵送至锅炉。

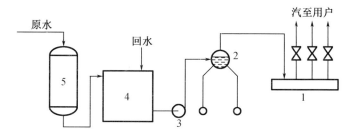

1—分汽缸;2—锅炉;3—给水泵;4—给水箱;5—钠离子交换器。

图1-2　一级给水系统

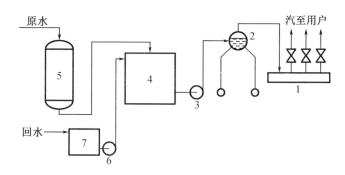

1—分汽缸;2—锅炉;3—给水泵;4—给水箱;5—钠离子交换器;6—回水泵;7—回水箱。

图1-3　二级给水系统

有的锅炉房虽然回水为压力回水,或回水箱设置于地面以上,但为了适应除氧系统(采用热力除氧或解吸除氧等)的要求,也常采用二级给水系统。

当锅炉房有不同压力回水时,如生产回水为高压,采暖回水为低压,常在高压回水管道上设置扩容器(图1-4),使回水压力降低,并产生二次蒸汽。降低压力的回水进入回水箱,二次蒸汽还可加以利用。

1.2.3　蒸汽系统

锅炉生产的蒸汽有两种。一种是由锅筒内分离出来的蒸汽,由于它是锅水在一定压力下达到饱和温度时所产生的蒸汽,因此称为饱和蒸汽。饱和蒸汽的温度与锅水的温度是相同的,并携带有微量的水分。如果锅炉设有过热器,饱和蒸汽在过热器内继续被加热,结果不仅水分被蒸干,还进一步提高了温度,使蒸汽的温度超过了该工作压力下的饱和蒸汽温度,这种蒸汽称为过热蒸汽。

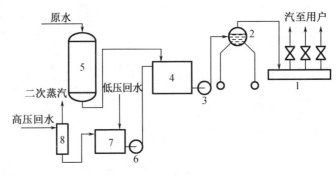

1—分汽缸;2—锅炉;3—给水泵;4—给水箱;5—钠离子交换器;6—回水泵;7—回水箱;8—扩容器。

图1-4 有高压及低压回水的二级给水系统

蒸汽系统比较简单,除蒸汽管道及其阀门配件外,主要部件为分汽缸。分汽缸上接有与蒸汽母管及分送至各用户(或车间)管道连通的短管及阀门,其作用是缓冲及分配蒸汽。蒸汽母管有单母管和双母管两种,一般采用单母管(图1-5)。

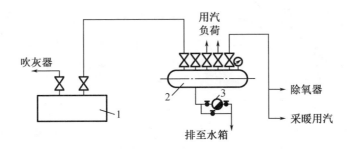

1—蒸汽锅炉;2—分汽缸;3—疏水器。

图1-5 蒸汽系统

1.2.4 循环水系统

热水锅炉的循环水系统根据用户对热介质的要求和输送距离等,分为低温热水系统(供回水温度95 ℃/70 ℃)和高温热水系统(供回水温度110 ℃/70 ℃)。热水锅炉的供水管道、回水管道和循环设备组成循环水系统,如图1-6所示。

1.2.5 补水定压系统

为了保证热水锅炉系统正常运行,对管网系统泄漏的水必须随时补充,压力保持恒定,因而应设置补给水泵、补给水箱和设置恒压装置,即补水定压系统。

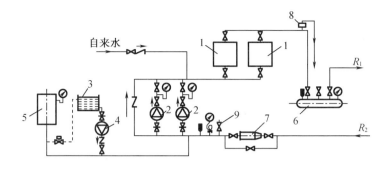

1—热水锅炉;2—循环水泵;3—补给水箱;4—补给水泵;5—稳压罐;6—分水器;7—除污器;8—集气罐;9—安全阀。

图 1-6 循环水系统

▶ 执行标准 ••

1. 热力系统设计要求

(1)保证系统运行的安全可靠、调度灵活,以及有些设备在锅炉运行条件下检修的可能性。例如,主设备建立相互之间备用的关系,重要设备有自备用系统;辅助设备增加旁路,以便故障时进行检修而不影响主设备运行;系统中设立必要的安全阀、止回阀等自动保护设施;省煤器设旁路,给水泵设再循环管路,以保证系统的安全性和可调节性。

(2)设计前要注意热力设备投资与运行的经济性。应合理确定连接方法,简化管路系统,注意凝结水的回收和排污水的废热利用,以减少热损失。

(3)在设计图纸的页面构思上,要求图面的配置尽量与实际布置相一致,设备大小有大致的相对关系,以便使用。有时为了表达清楚和使线路简单,允许在尺寸比例和相对位置上做局部修改,如放大、缩小、转向或移动等。

概括说来,热力系统设计要求做到:

①保证工艺要求及技术规范要求;

②操作和维修方便;

③美观、简洁。

2. 锅炉房设计总则、术语及基本规定

(1)总则

①为使锅炉房设计贯彻执行国家的有关法律、法规和规定,达到节约能源、保护环境、安全生产、技术先进、经济合理和确保质量的要求,制定本规范。

②本规范适用于下列范围内的工业、民用、区域锅炉房及其室外热力管道设计:

a. 以水为介质的蒸汽锅炉锅炉房,其单台锅炉额定蒸发量为 1~75 t/h、额定出口蒸汽压力为 0.10~3.82 MPa(表压)、额定出口蒸汽温度小于或等于 450 ℃;

b. 热水锅炉锅炉房,其单台锅炉额定热功率为 0.7~70 MW、额定出口水压为 0.10~2.50 MPa(表压)、额定出口水温小于或等于 180 ℃;

c. 符合以上参数要求的室外蒸汽管道、凝结水管道和闭式循环热水系统。

③本规范不适用于余热锅炉、垃圾焚烧锅炉和其他特殊类型锅炉的锅炉房和城市热力网设计。

④锅炉房设计除应符合本规范外,尚应符合国家现行的有关强制性标准的规定。

（2）术语

①锅炉房(boiler plant)

锅炉房是指锅炉以及保证锅炉正常运行的辅助设备和设施的综合体。

②工业锅炉房(industrial boiler plant)

工业锅炉房是指企业所附属的自备锅炉房。它的任务是满足本企业供热(蒸汽、热水)需要。

③民用锅炉房(living boiler plant)

民用锅炉房是指用于供应人们生活用热(汽)的锅炉房。

④区域锅炉房(regional boiler plant)

区域锅炉房是指为某个区域服务的锅炉房。在这个区域内,可以有数个企业、数个民用建筑和公共建筑等建筑设施。

⑤独立锅炉房(independent boiler plant)

独立锅炉房是指四周与其他建筑没有任何结构联系的锅炉房。

⑥非独立锅炉房(dependent boiler plant)

非独立锅炉房是指与其他建筑物毗邻或设在其他建筑物内的锅炉房。

⑦地下锅炉房(underground boiler plant)

地下锅炉房是指设置在地面以下的锅炉房。

⑧半地下锅炉房(semi-underground boiler plant)

半地下锅炉房是指设置在地面以下的高度超过锅炉间净高 1/3 且不超过锅炉间净高的锅炉房。

⑨地下室锅炉房(basement boiler plant)

地下室锅炉房是指设置在其他建筑物内,锅炉间地面低于室外地面的高度超过锅炉间净高 1/2 的锅炉房。

⑩半地下室锅炉房(semi-basement boiler plant)

半地下室锅炉房是指设置在其他建筑物内,锅炉间地面低于室外地面的高度超过锅炉间净高 1/3 且不超过锅炉间净高 1/2 的锅炉房。

⑪室外热力(含蒸汽、凝结水及热水,下同)管道(outdoor thermal piping)

室外热力管道是指企业(含机关、团体、学校等,下同)所属锅炉房,在企业范围内的室外热力管道,以及区域锅炉房界线范围内的室外热力管道。

⑫大气式燃烧器(atmospheric burner)

大气式燃烧器是指空气由高速喷射的燃气吸入的燃烧器。

⑬管道(piping)

管道由管道组成件、管道支吊架等组成,用以输送、分配、混合、分离、排放、计量或控制流体流动。

⑭管道系统(piping system)

管道系统是指按流体与设计条件划分的多根管道连接成的一组管道。

⑮管道支座(pipe support)

管道支座是指直接支承管道并承受管道作用力的管路附件。

⑯固定支座(fixing support)

固定支座是指不允许管道和支承结构有相对位移的管道支座。

⑰活动支座(movable support)

活动支座是指允许管道和支承结构有相对位移的管道支座。

⑱滑动支座(sliding support)

滑动支座是指管托在支承结构上做相对滑动的活动支座。

⑲滚动支座(roller support)

滚动支座是指管托在支承结构上做相对滚动的活动支座。

⑳管道支吊架(pipeline trestle and hanging hook)

管道支吊架是指将管道或管道支座所承受的作用力传到建筑结构或地面的管道构件。

㉑高支架(high trestle)

高支架是指地上敷设管道保温结构管底净高大于或等于 4 m 的管道支架。

㉒中支架(medium-height trestle)

中支架是指地上敷设管道保温结构管底净高大于或等于 2 m、小于 4 m 的管道支架。

㉓低支架(low trestle)

低支架是指地上敷设管道保温结构管底净高大于或等于 0.3 m、小于 2 m 的管道支架。

㉔固定支架(fixing trestle)

固定支架是指不允许管道与其有相对位移的管道支架。

㉕活动支架(movable trestle)

活动支架是指允许管道与其有相对位移的管道支架。

㉖滑动支架(sliding trestle)

滑动支架是指允许管道与其有相对滑动的管道支架。

㉗悬臂支架(cantilever trestle)

悬臂支架是指采用悬臂式结构支承管道的支架。

㉘导向支架(guiding trestle)

导向支架是指允许管道轴向位移的活动支架。

㉙滚动支架(roller trestle)

滚动支架是指管托在支承结构上做滚动的活动支架。

㉚桁架式支架(trussed trestle)

桁架式支架是指支架之间用沿管轴纵向桁架联成整体的管道支架。

㉛常年不间断供汽(热)(year-round steam(heat)supply)

锅炉房向热用户的供汽(热)全年不能中断,中断供汽(热)将会导致其人员有生命危险或造成重大的经济损失。

㉜人员密集场所(people close packed area)

如会议室、观众厅、教室、公共浴室、餐厅、医院、商场、托儿所和候车室等。

㉝重要部门(important area)

如机要档案室、通信站和贵宾室等。

㉞锅炉间(boiler room)

锅炉间是指安装锅炉本体的场所。

㉟辅助间(auxiliary room)

辅助间是指除锅炉间以外的所有安装辅机、辅助设备及生产操作的场所,如水处理间、风机间、水泵间、机修间、化验室、仪表控制室等。

㊱生活间(service room)

生活间是指供职工生活或办公的场所,如值班更衣室、休息室、办公室、自用浴室、厕所等。

㊲值班更衣室(duty room)

值班更衣室是指供工人上下班更衣、存衣的场所(非指浴室存衣)。

㊳休息室(rest room)

休息室是指在二、三班制的锅炉房,供工人倒班休息的场所。

㊴常用给水泵(operation feed water pump)

常用给水泵是指锅炉在运行中正常使用的给水泵。

㊵工作备用给水泵(standby feed water pump)

工作备用给水泵是指当常用给水泵发生故障时,向锅炉给水的泵。

㊶事故备用给水泵(emergency feed water pump)

事故备用给水泵是指停电时电动给水泵停止运行,为防止锅炉发生缺水事故而设置的给水泵,一般为汽动给水泵。

㊷间隙机械化(interval mechanical)

装卸与运煤作业为间断性的。其设备较为简易、实用和可靠,一般需辅以一定的人力,效率较低,如铲车、移动式皮带机等。

㊸连续机械化(continuous mechanical)

装卸与运煤作业为连续性的。其设备之间互相衔接,煤自煤场装卸直至运到锅炉房煤斗连接成一条不间断的输送流水线,如抓斗吊车、门式螺旋卸料机、皮带输送机、多斗提升机和埋刮板输送机。

㊹净距(net distance)

净距是指两个物体最突出相邻部位外缘之间的距离。

㊺相对密度(relative density)

相对密度是指气体密度与空气密度的比值。

(3)基本规定

①锅炉房设计应根据已被批准的城市(地区)或企业总体规划和供热规划进行,做到远近结合,以近期为主,并宜留有扩建余地。对扩建和改建锅炉房,应取得原有工艺设备和管道的原始资料,并应合理利用原有建筑物、构筑物、设备和管道,同时应与原有生产系统、设备和管道的布置,以及建筑物和构筑物形式相协调。

②锅炉房设计应取得热负荷、燃料和水质资料,并应取得当地的气象、地质、水文、电力和供水等有关基础资料。

③锅炉房燃料的选用,应做到合理利用能源和节约能源,并与安全生产、经济效益和环境保护相协调,选用的燃料应有产地、元素成分分析等资料和相应的燃料供应协议,并应符合下列规定:

a. 设在其他建筑物内的锅炉房,应选用燃油或燃气作燃料;

b. 选用燃油作燃料时,不宜选用重油或渣油;

c. 地下、半地下、地下室和半地下室锅炉房,严禁选用液化石油气或者相对密度大于或等于0.75的气体燃料;

d. 燃气锅炉房的备用燃料,应根据供热系统的安全性、重要性,以及供气部门的保证程度和备用燃料的可能性等因素确定。

④锅炉房设计必须采取减轻废气、废水、固体废渣和噪声对环境影响的有效措施,排出的有害物和噪声应符合国家现行有关标准、规范的规定。

⑤企业所需热负荷的供应,应根据所在区域的供热规划确定。当企业所需热负荷不能由区域热电站、区域锅炉房或其他企业的锅炉房供应,且不具备热电联产的条件时,宜自设锅炉房。

⑥区域所需热负荷的供应,应根据所在城市(地区)的供热规划确定。当符合下列条件之一时,可设置区域锅炉房:

a. 居住区和公共建筑设施的采暖和生活热负荷,不属于热电站供应范围的;

b. 用户的生产、采暖通风和生活热负荷较小,负荷不稳定,年使用时数较低,或由于场地、资金等原因,不具备热电联产条件的;

c. 根据城市供热规划和用户先期用热的要求,需要过渡性供热,以后可作为热电站的调峰或备用热源的。

⑦锅炉房的容量应根据设计热负荷确定。设计热负荷宜在绘制出热负荷曲线或热平衡系统图,并计入各项热损失、锅炉房自用热量和可供利用的余热量后进行计算确定。

当缺少热负荷曲线或热平衡系统图时,设计热负荷可根据生产、采暖通风和空调、生活小时最大耗热量,并分别考虑各项热损失、余热利用量和同时使用系数后确定。

⑧当热用户的热负荷变化较大且较频繁,或为周期性变化时,在经济合理的原则下,宜设置蒸汽蓄热器。设有蒸汽蓄热器的锅炉房,其设计容量应按平衡后的热负荷进行计算

确定。

⑨锅炉供热介质的选择,应符合下列要求:

a. 供采暖、通风、空调和生活用热的锅炉房,宜采用热水作为供热介质;

b. 主要供生产用汽锅炉房,应采用蒸汽作为供热介质;

c. 同时供生产用汽及采暖、通风、空调和生活用热的锅炉房,经技术经济比较后,可选用蒸汽或蒸汽和热水作为供热介质。

⑩锅炉供热介质参数的选择,应符合下列要求:

a. 供生产用蒸汽压力和温度的选择,应满足生产工艺的要求;

b. 热水热力网设计供水温度、回水温度,应根据工程具体条件,并综合锅炉房、管网、热力站、热用户二次供热系统等因素,进行技术经济比较后确定。

⑪锅炉的选择应符合下列要求:

a. 能有效地燃烧所采用的燃料,有较高热效率,能适应热负荷变化;

b. 有利于保护环境;

c. 能降低基建投资和减少运行管理费用;

d. 宜选用机械化、自动化程度较高的锅炉;

e. 宜选用容量和燃烧设备相同的锅炉,当选用不同容量和不同类型的锅炉时,其容量和类型均不宜超过 2 种;

f. 其结构应与该地区抗震设防烈度相适应;

g. 对燃油、燃气锅炉,除应符合上述规定外,还应符合全自动运行要求和具有可靠的燃烧安全保护装置。

⑫锅炉台数和容量的确定,应符合下列要求:

a. 锅炉台数和容量应按所有运行锅炉在额定蒸发量或热功率时,能满足锅炉房最大计算热负荷确定;

b. 保证锅炉房在较高或较低热负荷运行工况下能安全运行,并使锅炉台数、额定蒸发量或热功率和其他运行性能均能有效地适应热负荷变化,且考虑全年热负荷低峰期锅炉机组的运行工况;

c. 锅炉房的锅炉台数不宜少于 2 台,但当选用 1 台锅炉能满足热负荷和检修需要时,可只设置 1 台;

d. 锅炉房的锅炉总台数,对新建锅炉房,不宜超过 5 台;扩建和改建时,不宜超过 7 台;非独立锅炉房,不宜超过 4 台;

e. 锅炉房有多台锅炉时,当其中 1 台额定蒸发量或热功率最大的锅炉检修时,其余锅炉应能满足:

i. 连续生产用热所需的最低热负荷;

ii. 采暖、通风、空调和生活用热所需的最低热负荷。

⑬在抗震设防烈度为 6 度至 9 度地区建设锅炉房时,其建筑物、构筑物和管道设计,均应采取符合该地区抗震设防标准的措施。

⑭锅炉房宜设置必要的修理、运输和生活设施,当可与所属企业或邻近的企业协作时,可不单独设置。

▶ 任务实施

根据给定任务,确定该锅炉水工系统的构成,主要包括设备、管道及工艺走向等,并绘制该任务工艺流程框图。

▶ 任务评量

任务 1.2 "锅炉水工程系统构成"学生任务评量表见表 1－4。

表 1－4 "锅炉水工系统构成"学生任务评量表

各位同学:

1.教师针对下列评量项目依据评量标准从 A、B、C、D、E 中选定一个对学生操作进行评分,学生在教师评价前进行自评,但自评不计入成绩。

2.此项评量满分为 100 分,占学期成绩的 10%。

评量项目	学生自评与教师评价(A 到 E)	
	学生自评	教师评价
1.平时成绩(20 分)		
2.实作评量(40 分)		
3.课件设计(20 分)		
4.口语评量(20 分)		

▶ 复习自查

1.锅炉水工系统有几种分类方式?

2.锅炉房的锅炉间一般设置哪些设备?

3.锅炉水工系统处于锅炉房的哪些房间?

4.锅炉台数的确定与哪些因素有关?

▶ 项目小结

本项目主要内容如图 1－7 所示。

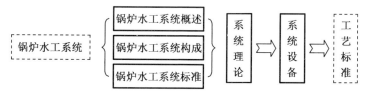

图 1－7 项目 1 主要内容

项目2　水处理系统组成与工艺

> **项目描述** ┅┅┅┅┅┅┅┅┅┅┅┅┅┅┅┅┅┅┅┅┅┅┅┅┅┅┅┅┅┅┅┅

　　锅炉广泛应用于工业生产、采暖空调和热电联产等方面,是重要的热能动力设备。锅炉用水的水质对其安全运行和节能有很大的影响。

　　锅炉水处理研究锅炉用水中的杂质对锅炉本身的危害,并探讨如何清除水中杂质,改善水质,防止发生结垢、腐蚀和蒸汽品质污染等危害。锅炉水处理对确保锅炉安全、经济地运行及防止事故发生、节约能源有着十分重要的意义。

　　对于不同类型锅炉、不同用途锅炉、不同容量锅炉,锅炉水工系统都有不同的设计要求、处理方法和设置方案。

　　本项目旨在使学生精通水处理系统设计原则、标准及用水标准,通过模拟运行、实物仿真等认知锅炉用水预处理、软化、除氧和加药,以实现能够针对不同类型锅炉房系统,正确制定水处理系统的组成方案和选择水处理系统设备。

> **教学环境** ┅┅┅┅┅┅┅┅┅┅┅┅┅┅┅┅┅┅┅┅┅┅┅┅┅┅┅┅┅┅┅┅

　　本项目的教学场地是锅炉运行模拟仿真实训室和锅炉模型实训室。学生可利用多媒体教室进行理论知识的学习,小组工作计划的制订,实施方案的讨论等;可利用实训室进行水处理系统中的锅炉用水预处理、软化、除氧和加药等内容的认知和训练。

任务2.1　水处理系统组成

> **学习目标** ┅┅┅┅┅┅┅┅┅┅┅┅┅┅┅┅┅┅┅┅┅┅┅┅┅┅┅┅┅┅┅┅

　　知识目标:
　　(1)了解锅炉水质不合格的危害及用水标准;
　　(2)能用标准及锅炉形式确定水处理系统形式。
　　技能目标:
　　(1)能够根据锅炉房形式熟练地制定水处理系统设计方案;
　　(2)能够流畅地构建水处理系统模型,进而选择水处理系统设备。
　　素质目标:
　　(1)具备建构模型理念,展现个人负责尽责的态度和涵养;
　　(2)养成创新学习的习惯。

▶ **任务描述** •••

给定农垦 8511 农场一台 SHL29 – 110/70 – A Ⅱ 型热水锅炉锅炉房设计任务,其中泵房水处理系统主要功能为原水过滤、曝气、锰砂除铁、软化和除氧等。图 2 – 1 为除氧系统。针对给定任务,进行系统学习,实践水处理系统的相关理论和标准,完成给定任务。

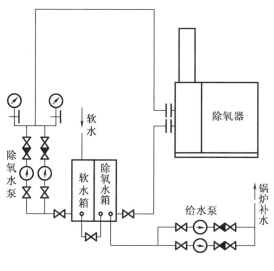

图 2 – 1 除氧系统

▶ **知识导航** •••

2.1.1 锅炉用水的标准

1. 锅炉用水水质指标

为了评价和衡量水的质量,必须采用一系列的水质指标。用途不一样,对水质要求也不同,故采用的水质指标也不同,有时即使采用相同的水质指标,评价和考查的侧重方面也会有所不同。锅炉用水的水质指标可分为两类:一类是反映某种单独物质或离子含量(如无特殊说明,本书中物质的含量均指其质量浓度)的指标,如溶解氧等;另一类是反映水中某些共性物质总含量的指标,如硬度、碱度等。

(1)悬浮物

悬浮物是指悬浮于水中、可经过过滤分离出来的不溶性固体混合物的含量,单位为mg/L。地下水经地层过滤后悬浮物一般较低,直接使用地表水时悬浮物较高。悬浮物高不仅危害锅炉安全运行,采用锅外水处理时还会污染树脂,堵塞给水管道。

悬浮物可用质量分析法测定,即取 1 L 水样经一定量滤纸过滤后,将滤纸截留物在110 ℃下烘干至恒重。由于该方法较复杂,不容易操作,可委托有关单位每年至少测定一次,如果采用的原水是地表水,应每季度至少测定一次。

(2)含盐量

含盐量是指水中溶解性盐类的总含量,是衡量水质好坏的一项重要指标。含盐量通常

有以下三种测定方法。

①含盐量法

这种方法是比较精确的测定含盐量的方法。这种方法是通过水质全分析,测定水中全部阴离子和全部阳离子的含量,通过计算求得含盐量。其单位为 mmol/L 或 mg/L。这种方法既操作复杂,又耗费时间。因此,除特殊要求此项指标外,一般不采用这种测定方法。

②溶解固形物法

比较简便的含盐量测定方法是测定水的溶解固形物(或称蒸发残渣)含量,即取一定体积的过滤水样,蒸干并在 105 ~ 110 ℃下干燥至恒重,单位为 mg/L。这样测得的溶解固形物含量,由于原水中碳酸氢盐在蒸发过程中分解,以及在上述温度下有些物质的水分和结晶水不能除尽,所以只能近似地表示含盐量。

水中的溶解固形物应包括溶解盐类和被溶解的有机物。但在加热到 110 ℃恒温时,一部分溶解盐类发生分解,其反应式为

$$Ca(HCO_3)_2 \Longrightarrow CaCO_3 + H_2O + CO_2 \uparrow$$

测定给水的溶解固形物含量可以判断水质的好坏。溶解固形物含量高,会升高锅水沸点,造成燃料浪费,并引起锅炉汽水共腾。只有严格把固形溶解固形物含量控制在锅炉用水水质标准所规定的范围内,才能避免蒸汽污染。溶解固形物含量是锅炉用水水质标准中的一项重要指标,是确定锅炉排污率的主要依据之一。

③电导率法

电导率是表示水导电能力大小的指标(它是电阻率的倒数,可用电导仪来测定),是最简便的测定含盐量的方法。因为水中溶解的大部分盐类都是强电解质,它们在水中全部电离成离子,所以可利用水的导电能力强弱来评定含盐量的高低。

电导率的单位为 μS/cm,不同水质的电导率见表 2-1。

表 2-1 不同水质的电导率

水质名称	电导率/$(\mu S \cdot cm^{-1})$	水质名称	电导率/$(\mu S \cdot cm^{-1})$
超高压锅炉和电子工业用水	0.1 ~ 0.3	天然淡水	50 ~ 500
新鲜蒸馏水	0.5 ~ 2	高含盐量水	500 ~ 1 000

对于同一类天然淡水,以温度 25 ℃时为准,电导率与含盐量大致呈正比例关系,电导率 1 μS/cm 相当于含盐量 0.55 ~ 0.9 mg/L。在其他温度下需加以校正,即温度每变化 1 ℃,含盐量大约变化 2%;温度升高时变化量为负值,反之为正值。

(3)硬度

硬度是指水中高价金属离子的总含量。在一般天然水中高价金属离子主要是钙离子和镁离子,其他高价金属离子较少,故通常将水中钙、镁离子含量之和称为硬度。硬度是衡量水质的一项重要技术指标,它表示能形成水垢的两种主要盐类,即钙盐和镁盐的总含量。

①总硬度的概念

总硬度是指水中钙、镁离子和其他重金属离子的总含量。一般水中其他重金属离子较少,因此,锅炉水处理中把水中钙、镁离子的总含量叫作总硬度,用 H_T 表示,单位为 mol/L。

②硬度的分类

硬度的表示方法有以下几种。

a. 用阳离子表示

钙硬度是指水中钙离子的含量,用 H_{Ca} 表示。镁硬度是指水中镁离子的含量,用 H_{Mg} 来表示。

$$H = H_{Ca} + H_{Mg}$$

b. 用阴离子表示

碳酸盐硬度是指水中钙、镁的碳酸氢盐及碳酸盐含量之和,用 H_t 来表示。由于天然水中 $CaCO_3$ 和 $MgCO_3$ 含量极少,通常把钙、镁的碳酸氢盐含量叫作碳酸盐硬度。

非碳酸盐硬度是指水中除碳酸盐以外的钙、镁的硫酸盐、硅酸盐和氯化物,如硫酸钙($CaSO_4$)、硫酸镁($MgSO_4$)、氯化钙($CaCl_2$)、氯化镁($MgCl_2$)等的含量之和,用 H_{ft} 来表示。

c. 用硬度变化的规律表示

暂时硬度(简称暂硬)表示水中碳酸盐的含量。因为这种盐类在水中一定温度下会分解生成碳酸钙($CaCO_3$)和氢氧化镁($Mg(OH)_2$)沉淀,使硬度消失,所以叫作暂时硬度,用 H_Z 来表示。其反应式为

$$Ca(HCO_3)_2 = CaCO_3 \downarrow + H_2O + CO_2 \uparrow$$
$$Mg(HCO_3)_2 = Mg(OH)_2 \downarrow + 2CO_2 \uparrow$$

非碳酸盐硬度成分在温度变化时不会分解沉淀,它们在水中的存在相对来说比较长久,故非碳酸盐硬度也叫作永久硬度,用 H_Y 来表示。

负硬度表示水中碳酸氢钠的含量,用 H_F 来表示。因为碳酸氢钠在水溶液中可以去除永久硬度成分降低永久硬度,所以把它在水中的含量称为负硬度。其反应式为

$$CaCl_2 + 2NaHCO_3 = CaCO_3 \downarrow + 2NaCl + CO_2 \uparrow + H_2O$$

③硬度间的相互关系

硬度之间存在下列关系:

$$H_T = H_{Ca} + H_{Mg}$$
$$H_T = H_t + H_{ft}$$
$$H_T = H_Z + H_Y$$
$$H_t = H_Z$$
$$H_{ft} = H_Y$$

④硬度的单位

除 mmol/L 外,硬度还有非标准单位德国度(°G)。每升水中含有的钙、镁离子量相当于含有 10 mg CaO 时的硬度,叫 1 °G。由于 CaO 的相对分子质量为 56.08,所以

$$1\ °G = 10/(56.08/2) \approx 0.357\ mmol/L$$
$$1\ mmol/L \approx 2.8\ °G$$

⑤测定硬度的意义

硬度是评价锅炉水质的一项非常重要的指标,准确地测定其大小和组成,可以帮助合理选择水处理方法,确定水处理成本,控制锅炉少结或不结水垢。通常把水质按硬度分为以下几种。

a. 低硬度水质: H_T 小于 1.0 mol/L;

b. 一般硬度水质: H_T 为 1.0 ~ 3.5 mol/L;

c. 较高硬度水质: H_T 为 3.5 ~ 6.0 moL/L;

d. 高硬度水质: H_T 为 6.0 ~ 9.0 mmol/L;

e. 极高硬度水质: H_T 大于 9.0 mmol/L。

（4）碱度

①碱度的概念

碱度也是水质的一项重要指标，它表示水中能与强酸（HCl 或 H_2SO_2）发生中和作用的所有碱性物质的含量，即水中能够接受氢离子的 OH^-、CO_3^{2-}、HCO_3^- 和其他弱酸根的含量，用 A 来表示，单位为 mmol/L。碱度可分为氢氧根碱度、碳酸根碱度和碳酸氢根碱度，分别用 A_{OH^-}、$A_{CO_3^{2-}}$、$A_{HCO_3^-}$ 来表示。但是，水不能同时存在这三种碱度，因为碳酸氢根能和氢氧根发生如下反应：

$$HCO_3^- + OH^- \rightleftharpoons CO_3^{2-} + H_2O$$

所以，水不能同时有 $A_{CO_3^{2-}}$ 和 A_{OH^-}。

天然水中一般不含 OH^-，CO_3^{2-} 的含量也很少，故天然水中的碱度成分主要是 HCO_3^-。HCO_3^- 进入锅炉后，会全部分解成 CO_3^{2-}，而 CO_3^{2-} 在不同的锅炉压力下按不同的比例水解产生 OH^-。因此，锅水中的碱度成分主要由 OH^- 和 CO_3^{2-} 构成，在锅炉内加磷酸盐进行水处理时，锅水中有 HPO_4^{2-} 和 PO_4^{3-} 等碱度成分。

②碱度和硬度的关系

当水的总碱度大于总硬度时，称之为碱性水。碱性水中的碱度成分除 $Ca(HCO_3)_2$ 和 $Mg(HCO_3)_2$ 以外，还有 $NaHCO_3$ 和 $KHCO_3$ 存在，而 $NaHCO_3$ 碱度称为钠盐碱度。当水有钠盐碱度（即负硬度）存在时，就不可能存在永久硬度，因为钠盐碱度成分能去除永久硬度成分，其反应式为

$$2NaHCO_3 \rightleftharpoons Na_2CO_3 + H_2O + CO_2$$
$$CaSO_4 + Na_2CO_3 \rightleftharpoons CaCO_3 + Na_2SO_4$$

所以，碱度和硬度的关系有三种，见表 2-2。

表 2-2　碱度与硬度的关系

分析结果	硬度		
	碳酸盐硬度（暂硬）	非碳酸盐硬度（永硬）	钠盐碱度（负硬度）
$A > H$	H	0	$A - H$
$A = H$	A	0	0
$A < H$	A	$H - A$	0

③测定碱度的意义

碱度是锅炉水处理中一项非常重要的指标。只有准确地测定原水硬度，才能确定原水硬度的组成，为合理选择有效的水处理方法提供依据。

为了确保防垢效果，防止锅炉腐蚀和蒸汽污染，必须把锅水碱度控制在相应锅炉水质标准规定的范围内。

（5）相对碱度

相对碱度是为防止锅炉产生苛性脆化腐蚀而对锅水制定的一项技术指标。它表示锅水中游离 NaOH 含量与溶解固形物含量的比值，即

相对碱度 = 游离 NaOH 含量/溶解固形物含量

胀接或铆接锅炉在有高浓度的 NaOH 和高度应力集中的情况下，会产生晶间腐蚀，即苛性脆化。发生苛性脆化的部位失去了金属光泽，会使锅炉发生脆性破裂。

（6）pH 值

pH 值是指溶液中 H^+ 的含量，是表明溶液酸碱性强弱的一项指标。pH 值与 H^+ 浓度的关系为

$$pH = \lg \frac{1}{[H^+]}$$

式中　$[H^+]$——溶液中 H^+ 的浓度，mol/L。

pH 值为 7 时溶液呈中性，pH 值小于 7 时溶液呈酸性，而 pH 值大于 7 时溶液呈碱性。天然水 pH 值为 6.5 ~ 8.5。酸性水进入锅炉会使金属产生酸性腐蚀，因此要求给水的 pH 值大于或等于 7。锅水的 pH 值要求控制在 10 ~ 12，其原因如下。

①锅水的 pH 值较低时 H^+ 浓度大，会造成 H^+ 的去极化腐蚀，即酸性腐蚀。随着锅水 pH 值的增高，H^+ 浓度减小，氧的去极化腐蚀成为影响腐蚀的主要因素。在一定 pH 值范围内，锅炉金属表面上形成一层坚固致密的 Fe_3O_4 保护膜，将锅炉金属表面与腐蚀质隔离开来，使腐蚀速度降低。

②锅水的 pH 值小于或等于 9.8 时易结 $CaCO_3$ 水垢。这是由于在锅炉内注水后，带正电的 Fe^{3+} 溶于水中，使锅炉金属表面带负电，吸引带正电的 Ca^{2+}、Mg^{3+}，使 $CaCO_3$ 质点沉淀在锅炉金属表面形成水垢。当锅水的 pH 值大于或等于 9.8 时，由于有足够量的带负电荷的 OH^- 存在于水中与锅炉金属表面所带的负电荷同性相斥，成为一个屏障，不易使 Ca^{2+}、Mg^{2+} 等结垢物质的正离子接近锅炉金属表面结生水垢，同时，由于大量 OH^- 包围 $CaCO_3$ 质点，使其呈负电性，让它们互相积聚或沉附在锅筒、管壁上形成水垢，起到分散和稳定 $CaCO_3$ 质点的作用，使其形成松散的水渣，随排污水排出炉外。

③当锅水的 pH 值较高时，由于锅水中有过多的 OH^- 存在，会使锅炉金属表面的 Fe_3O_4 保护膜遭到破坏，溶于水中，其反应式为

$$Fe_3O_4 + 4NaOH =\!=\!= 2NaFeO_2 + Na_2FeO_2 + 2H_2O$$

这样，锅炉金属表面裸露在高温水中，非常容易腐蚀，而且铁与 NaOH 会直接反应，其反应式为

$$Fe + 2NaOH =\!=\!= Na_2FeO_2 + H_2 \uparrow$$

亚铁酸钠在 pH 值较高的溶液中，具有可溶性，腐蚀会继续发生；在较高温度条件下，一定浓度的 NaOH 还会加快电化学腐蚀，温度越高，碱性越大，这种腐蚀越强烈，其反应式为

$$3Fe + nNaOH + 4H_2O =\!=\!= Fe_3O_4 + 4H_2 + nNaOH$$

④锅水 pH 值太高说明锅水中有过量的 NaOH 存在，不仅会恶化蒸汽品质，还可能使锅水的相对碱度增高，成为造成苛性脆化的一个条件。

出口蒸汽压力为 1.0 MPa 的无过热器水管锅炉，如果锅水的 pH 值为 12.35，其 OH^- 碱度就达到 22.4 mmol/L，相对碱度就会超过 0.2。

由于在一定温度下，达到电离平衡时，溶液中 H^+ 浓度和 OH^- 浓度的乘积是个常数，即

$$[H^+][OH^-] = K_W$$

所以溶液中 $[H^+]$ 越小，那么 $[OH^-]$ 就越大。

pH 值对水中其他杂质的存在形态和各种水质控制过程及金属的腐蚀程度都有重要影响，是最重要的水质指标之一。

（7）氯化物

氯化物是指水中氯离子的含量，用 $\rho(Cl^-)$ 来表示，单位为 mg/L。

氯化物是含盐量成分中阴离子的一个组成部分。水中氯化物含量越低，水质越好；氯

化物含量高,会污染蒸汽,腐蚀锅炉。一般氯化物的溶解度很大,除 Ag^+、Hg^+ 外,Cl^- 与其他阳离子组成的化合物都是可溶性的,不会沉淀析出。

由于在一定的水质条件下,溶解固形物与氯化物的比值接近于常数,而氯离子的测定方法比较简单,因此,在锅炉水处理中,常用氯离子含量的变化间接地表示溶解固形物的变化,从而间接控制锅水溶解固形物。

水质分析时,常用氯盐比来表示在某一种水中每毫克氯离子所代表的含盐量。

根据不同浓度下溶解固形物和氯离子含量的对应关系,作出一条直线,直线的斜率就是所求的比值,如图 2-2 所示。由图 2-2 可以查出任一氯离子含量所对应的溶解固形物。

当水源水质变化较大时,需定期校验曲线,以便减少控制误差。

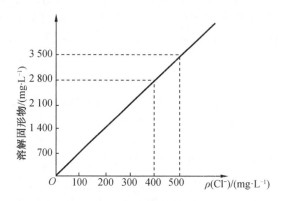

图 2-2　溶解固形物与氯离子含量对应关系曲线

(8)溶解氧

水溶液中氧气的质量浓度叫作溶解氧,用 $\rho(O_2)$ 来表示,单位为 mg/L。

氧在水中的溶解度取决于水温和水表面上的分压力。水温越高,氧在水中的溶解度越小。水中的溶解氧能腐蚀锅炉设备及给水管路,而这种腐蚀随锅炉参数的升高而加剧,特别是在锅炉除垢后,腐蚀问题更严重。因此,锅炉给水中的溶解氧应尽可能除去。

热水锅炉循环水处于密闭循环系统内,给水带入的溶解氧不能像蒸汽锅炉一样随蒸汽蒸发掉,故溶解氧对热水锅炉的腐蚀更为严重,采用锅外化学处理时,必须把溶解氧控制在0.1 mg/L 以下。

(9)亚硫酸根

低压锅炉尤其是热水锅炉多数没有配置除氧设备,为了防止氧腐蚀,一般采用亚硫酸钠化学除氧。为了提高除氧效果,使反应完全,药剂的实际加入量要求多于理论计算量,以维持炉水中一定的亚硫酸根离子含量。但亚硫酸钠加入量过多时,会造成锅水中溶解固形物增加,易恶化蒸汽品质。因此,对锅水中亚硫酸根应按水质标准中的规定进行控制,其单位为 mg/L。

(10)磷酸根

天然水中一般不含磷酸根,但对于发电锅炉和工作压力大于 1.57 MPa 的锅炉,通常在锅炉内进行加磷酸盐处理(即校正处理),以防止给水中残余硬度在锅内结垢,使之形成松软的碱式磷酸钙水渣随锅炉排污除去,并可消除一部分游离的苛性钠,保证锅水的 pH 值在一定范围内。但是锅水中磷酸根的质量浓度不能太高,过高时会生成磷酸镁水垢,导致锅水溶解固形物增加。因此,磷酸根就成为锅水的一项控制指标。

（11）含油量

天然水一般不含油,但蒸汽的凝结水或回水在其使用过程中受到污染后可能会带入油类物质。当含油量大的给水进入锅炉后,会引起汽水共腾和污染蒸汽品质,还会在传热面上生成难以清除的含油水垢而影响传热。所以,有关标准中规定了含油量控制指标。含油量的单位为 mg/L,一般不作为运行中的控制项目。

2. 锅炉水汽质量标准

为了防止锅炉及其热力系统结垢、腐蚀和蒸汽污染,确保锅炉及其他热力设备能长期安全经济运行,锅炉水、汽的质量都应达到一定的标准。我国各种水、汽质量标准在制定时,不仅考虑了锅炉的结构、蒸发量、工作压力、蒸汽温度、水处理技术水平和多年来的运行经验,还参照了国外现行的各项水、汽质量标准。对已经制定的标准应认真执行,并且随着生产技术的发展,不断地加以修改完善。

（1）工业锅炉水质标准

我国现行的《工业锅炉水质》(GB/T 1576—2018)是 2018 年 12 月 1 日由国家市场监督管理总局和中国国家标准化管理委员会共同发布,并于同日开始实施的国家标准。

该标准规定了工业锅炉运行时的水质要求。锅炉房设计时应根据锅炉的参数、用途及水质选用适当的处理方法,并配备适当的水处理设备。

该标准适用于额定出口蒸汽压力 $p \leq 3.8$ MPa 的以水为介质的固定式蒸汽锅炉、汽水两用锅炉和热水锅炉,也适用于铝材制造的锅炉。

①采用锅外水处理的自然循环蒸汽锅炉和汽水两用锅炉的给水和锅水,其水质应符合表 2-3 中的规定。额定蒸发量大于或等于 10 t/h 的锅炉,给水应除氧;额定蒸发量小于 10 t/h 的锅炉,如果发现局部氧腐蚀,也应采取除氧措施。

表 2-3 采用锅外水处理的自然循环蒸汽锅炉和汽水两用锅炉水质标准

水样	额定蒸汽压力 p/MPa		$p \leq 1.0$		$1.0 < p \leq 1.6$		$1.6 < p \leq 2.5$		$2.5 < p \leq 3.8$	
	补给水类型		软化水	除盐水	软化水	除盐水	软化水	除盐水	软化水	除盐水
给水	浊度/FTU		≤ 5.0							
	硬度/(mmol·L^{-1})		≤ 0.03						$\leq 5 \times 10^{-3}$	
	pH 值(25 ℃)		7.0~10.5	8.5~10.5	7.0~10.5	8.5~10.5	7.0~10.5	8.5~10.5	7.0~10.5	8.5~10.5
	电导率(25 ℃)/(μS·cm^{-1})		—	$\leq 5.5 \times 10^2$	$\leq 1.1 \times 10^2$	$\leq 5.0 \times 10^2$	$\leq 1.0 \times 10^2$	$\leq 3.5 \times 10^2$	≤ 80.0	
	溶解氧/(mg·L^{-1})		≤ 0.10			≤ 0.050				
	油/(mg·L^{-1})		≤ 2.0							
	铁/(mg·L^{-1})		≤ 0.30				≤ 0.10			
锅水	碱度 /(mmol·L^{-1})	无过热器	4.0~26.0	≤ 26.0	4.0~24.0	≤ 24.0	4.0~16.0	≤ 16.0	≤ 12.0	
		有过热器	—		≤ 14.0		≤ 12.0			
	酚酞碱度 /(mmol·L^{-1})	无过热器	2.0~18.0	≤ 18.0	2.0~16.0	≤ 16.0	2.0~12.0	≤ 12.0	≤ 10.0	
		有过热器	—		≤ 10.0					
	pH 值(25 ℃)		10.0~12.0						9.0~12.0	9.0~11.0

表 2 −3（续）

水样	额定蒸汽压力 p/MPa		$p \leq 1.0$		$1.0 < p \leq 1.6$		$1.6 < p \leq 2.5$		$2.5 < p \leq 3.8$	
	补给水类型		软化水	除盐水	软化水	除盐水	软化水	除盐水	软化水	除盐水
锅水	电导率（25 ℃）/(μS·cm^{-1})	无过热器	$\leq 6.4 \times 10^3$		$\leq 5.6 \times 10^3$		$\leq 4.8 \times 10^3$		$\leq 4.0 \times 10^3$	
		有过热器			$\leq 4.8 \times 10^3$		$\leq 4.0 \times 10^3$		$\leq 3.2 \times 10^3$	
	溶解固形物/(mg·L^{-1})	无过热器	$\leq 4.0 \times 10^3$		$\leq 3.5 \times 10^3$		$\leq 3.0 \times 10^3$		$\leq 2.5 \times 10^3$	
		有过热器	—		$\leq 3.0 \times 10^3$		$\leq 2.5 \times 10^3$		$\leq 2.0 \times 10^3$	
	磷酸根/(mg·L^{-1})		—		10 ~ 30				5 ~ 20	
	亚硫酸根/(mg·L^{-1})		—		10 ~ 30				5 ~ 10	
	相对碱度		< 0.2							

②额定蒸发量小于或等于 4 t/h，且额定蒸汽压力小于或等于 1.0 MPa 的自然循环蒸汽锅炉和汽水两用锅炉（如对汽、水品质无特殊要求）也可采用锅内水处理、部分软化水处理等方式，但应保证受热面结垢速率不大于 0.5 mm/a。采用锅内水处理的自然循环蒸汽锅炉和汽水两用锅炉水质应符合表 2 −4 中的规定。

表 2 −4　采用锅内水处理的自然循环蒸汽锅炉和汽水两用锅炉水质标准

水样	项目	标准值
给水	浊度/FTU	≤ 20.0
	硬度/(mmol·L^{-1})	≤ 4.0
	pH 值（25 ℃）	7.0 ~ 10.5
	油/(mg·L^{-1})	≤ 2.0
	铁/(mg·L^{-1})	≤ 0.30
锅水	碱度/(mmol·L^{-1})	8.0 ~ 26.0
	酚酞碱度/(mmol·L^{-1})	6.0 ~ 18.0
	pH 值（25 ℃）	10.0 ~ 12.0
	电导率（25 ℃）/(μS·cm^{-1})	$\leq 8.0 \times 10^3$
	溶解固形物/(mg·L^{-1})	$\leq 5.0 \times 10^3$
	磷酸根/(mg·L^{-1})	10 ~ 50

③贯流、直流蒸汽锅炉给水应采用锅外化学水处理，其给水、锅水、回水质量应符合表 2 −5 和表 2 −6 中的规定。

表2-5 贯流、直流蒸汽锅炉给水和锅水量质标准

水样	锅炉类型	贯流蒸汽锅炉			直流蒸汽锅炉		
	额定蒸汽压力 p/MPa	$p \leqslant 1.0$	$1.0 < p \leqslant 2.5$	$2.5 < p < 3.8$	$p \leqslant 1.0$	$1.0 < p \leqslant 2.5$	$2.5 < p < 3.8$
	补给水类型	软水或除盐水			软水或除盐水		
给水	浊度/FTU	$\leqslant 5.0$			—		
	硬度/(mmol·L^{-1})	$\leqslant 0.03$		$\leqslant 5.0 \times 10^{-3}$	$\leqslant 0.03$		$\leqslant 5.0 \times 10^{-3}$
	pH 值(25 ℃)	$7.0 \sim 9.0$			$10.0 \sim 12.0$		$9.0 \sim 12.0$
	溶解氧/(mg·L^{-1})	$\leqslant 0.50$			$\leqslant 0.50$		
	油/(mg·L^{-1})	$\leqslant 2.0$			$\leqslant 2.0$		
	铁/(mg·L^{-1})	$\leqslant 0.30$		$\leqslant 0.10$	—		
	碱度/(mmol·L^{-1})	—			$4.0 \sim 16.0$	$4.0 \sim 12.0$	$\leqslant 12.0$
	酚酞碱度/(mmol·L^{-1})				$2.0 \sim 12.0$	$2.0 \sim 10.0$	$\leqslant 10.0$
	电导率(25 ℃)/(μS·cm^{-1})	$\leqslant 4.5 \times 10^3$	$\leqslant 3.0 \times 10^3$	$\leqslant 3.0 \times 10^3$	$\leqslant 5.6 \times 10^3$	$\leqslant 4.8 \times 10^3$	$\leqslant 4.0 \times 10^3$
	溶解固形物/(mg·L^{-1})	—			$\leqslant 3.5 \times 10^3$	$\leqslant 3.0 \times 10^3$	$\leqslant 2.5 \times 10^3$
	磷酸根/(mg·L^{-1})				$10 \sim 50$		$5 \sim 30$
	亚硫酸根/(mg·L^{-1})				$10 \sim 50$	$10 \sim 30$	$10 \sim 20$
锅水	碱度/(mmol·L^{-1})	$2.0 \sim 16.0$	$2.0 \sim 12.0$	$\leqslant 12.0$	—		
	酚酞碱度/(mmol·L^{-1})	$1.6 \sim 12.0$	$1.6 \sim 10.0$	$\leqslant 10.0$	—		
	pH 值(25 ℃)	$10.0 \sim 12.0$			—		
	电导率(25 ℃)/(μS·cm^{-1})	$\leqslant 4.8 \times 10^3$	$\leqslant 4.0 \times 10^3$	$\leqslant 3.2 \times 10^3$	—		
	溶解固形物/(mg·L^{-1})	$\leqslant 3.0 \times 10^3$	$\leqslant 2.5 \times 10^3$	$\leqslant 2.0 \times 10^3$	—		
	磷酸根/(mg·L^{-1})	$10 \sim 50$		$10 \sim 20$	—		
	亚硫酸根/(mg·L^{-1})	$10 \sim 50$	$10 \sim 30$	$10 \sim 20$	—		

表2-6 贯流、直流蒸汽锅炉回水质量标准

硬度/mmol·L^{-1}		铁/(mg·L^{-1})		铜/(mg·L^{-1})		油/(mg·L^{-1})
标准值	期望值	标准值	期望值	标准值	期望值	标准值
$\leqslant 0.06$	$\leqslant 0.03$	$\leqslant 0.60$	$\leqslant 0.30$	$\leqslant 0.10$	$\leqslant 0.050$	$\leqslant 2.0$

注:回水系统中不含铜材质的,可以不测铜。

④承压热水锅炉补给水和锅水应进行锅外处理,其质量应符合表2-7中的规定。对于有锅筒(壳),且额定功率小于或等于4.2 MW的承压热水锅炉和常压热水锅炉,可采用单纯锅内加药、部分软化等水处理方式,但应保证受热面平均结垢速度不大于0.5 mm/a。额定功率大于或等于7.0 MW的承压热水锅炉应除氧;额定功率小于0.7 MW的承压热水锅炉,如发现氧腐蚀,需要实施除氧、提高pH值或加缓蚀剂等防腐措施。

表 2-7 承压热水锅炉补给水和锅水质量标准

水样		额定功率/MW	
		<4.2	不限
		锅内水处理	锅外水处理
补给水	硬度/($mmol \cdot L^{-1}$)	≤6[①]	≤0.6
	pH 值(25 ℃)	7.0~11.0	
	浊度/FTU	≤20.0	≤5.0
	铁/($mg \cdot L^{-1}$)	≤0.30	
	溶解氧/($mg \cdot L^{-1}$)	≤0.10	
锅水	pH 值(25 ℃)	9.0~12.0	
	磷酸根/($mg \cdot L^{-1}$)	10~50	5~50
	铁/($mg \cdot L^{-1}$)	≤0.50	
	油/($mg \cdot L^{-1}$)	≤2.0	
	酚酞碱度($mmol \cdot L^{-1}$)	≥2.0	
	溶解氧/($mg \cdot L^{-1}$)	≤0.50	

①适用于与结垢物质作用后不生成固体不溶物的阻垢剂,补给水硬度可放宽至小于或等于 8.0 mmol/L。

⑤余热锅炉及电热锅炉的水质应符合同类型、同参数锅炉的水质标准规定。

(2)中、高压锅炉的水汽质量标准

我国现行的《火力发电机组及蒸汽动力设备水汽质量》(GB/T 12145—2016)是 2016 年 2 月 24 日由国家技术监督局发布,并于 9 月 1 日实施的国家标准。该标准规定了火力发电机组及蒸汽动力设备在正常运行和停(备)用机组启动时的水汽质量。该标准适用于锅炉主蒸汽压力不低于 3.8 MPa(表压)的火力发电机组及蒸汽动力设备。该标准中所列标准值为运行控制的最低要求值。超出标准值,机组有发生腐蚀、结垢和积盐等危害的可能性。

①蒸汽质量标准

自然循环、强制循环汽包炉或直流炉的饱和蒸汽与过热蒸汽质量应符合表 2-8 规定。

表 2-8 自然循环、强制循环汽包炉或直流炉的饱和蒸汽与过热蒸汽质量标准

项目		炉型压力/MPa						
		汽包炉			直流炉			
		3.8~5.8	5.9~18.3		5.9~18.3		18.4~25.0	
		标准值	标准值	期望值	标准值	期望值	标准值	期望值
钠/($\mu g \cdot kg^{-1}$)	磷酸盐处理	≤15	≤10	—	≤10	≤5	<5	<3
	挥发性处理		≤10	≤5				
电导率(氢离子交换后25 ℃)/($\mu S \cdot cm^{-1}$)	磷酸盐处理	—	≤0.03		≤0.03	≤0.03	≤0.03	≤0.03
	挥发性处理							
	中型水处理及联合水处理	—	—		≤0.20	≤0.15	<0.20	<0.15
二氧化硅/($\mu g \cdot kg^{-1}$)		≤20	≤20		≤20		<15	<10

为了防止汽轮机内部金属氧化,蒸汽中铁和铜一般应符合表2-9规定。

表2-9 蒸汽中铁和铜标准

项目	炉型压力/MPa							
	汽包炉				直流炉			
	3.8~15.6		15.7~18.3		15.7~18.3		18.4~25.0	
	标准值	期望值	标准值	期望值	标准值	期望值	标准值	期望值
铁/($\mu g \cdot kg^{-1}$)	≤20	—	≤20	—	≤10	—	≤10	—
铜/($\mu g \cdot kg^{-1}$)	≤5	—	≤5	≤3	≤5	≤3	≤5	≤2

②给水质量标准

a. 给水的硬度,溶解氧,铁、铜、钠和二氧化硅的含量及电导率(氢离子交换后),应符合表2-10规定。液态排渣炉和原设计为燃油的锅炉,其给水的硬度和铁、铜的含量应符合压力高一级锅炉的规定。

表2-10 给水质量标准

炉型	锅炉过热蒸汽压力/MPa	电导率(氢离子交换后25 ℃)/($\mu S \cdot cm^{-1}$)		硬度/($\mu mol \cdot L^{-1}$)	溶解氧/($\mu g \cdot L^{-1}$)	铁/($\mu g \cdot L^{-1}$)
		标准值	期望值		标准值	标准值
汽包炉	3.8~5.8	—	≤5	≤15	≤50	≤10
	5.9~12.6	—	≤5	≤5	≤7	≤30
	12.7~15.6	≤0.30	—	≤5	≤7	≤20
	15.7~18.3	≤0.30	≤0.20	≈0	≤7	≤20
直流炉	5.9~18.3	≤0.30	≤0.20	≈0	≤7	≤10
	18.4~25.0	≤0.20	≤0.15	≈0	≤7	≤10

炉型	铜/($\mu g \cdot L^{-1}$)		钠/($\mu g \cdot L^{-1}$)		二氧化硅/($\mu g \cdot L^{-1}$)	
	标准值	期望值	标准值	期望值	标准值	期望值
汽包炉	—	—	—	—	应保证蒸汽二氧化硅含量符合标准	
	≤5	—	—	—		
	≤5	—	—	—		
	≤5	—	—	—		
直流炉	≤5	≤3	≤10	≤5	≤20	—
	≤5	≤3	≤5	—	≤15	≤10

b. 给水的pH值及联氨和油的含量应符合表2-11中的规定。

表 2-11 给水的 pH 值及联氨和油的含量标准

炉型	锅炉过热蒸汽压力/MPa	pH 值(25 ℃)	联氨/(μg·L⁻¹)	油/(mg·L⁻¹)
汽包炉	3.8 ~ 5.8	8.8 ~ 9.2	—	<1.0
	5.9 ~ 12.6	8.8 ~ 9.3(有铜系统) 或 9.0 ~ 9.5(无铜系统)	10 ~ 50 或 10 ~ 30(挥发性处理)	≤0.3
	12.7 ~ 15.6			
	15.7 ~ 18.3			
直流炉	5.9 ~ 18.3			
	18.4 ~ 25.0		20 ~ 50	<1.0

c. 直流炉加氧处理给水质量应符合表 2-12 中的规定。

表 2-12 直流炉加氧处理给水质量标准

处理方式	pH 值(25 ℃)	电导率(氢离子交换后 25 ℃) /(μS·cm⁻¹)		溶解氧 /(μg·L⁻¹)	油 /(mg·L⁻¹)
		标准值	期望值		
中性处理	7.8 ~ 8.0(无铜系统)	≤0.20	≤0.15	50 ~ 250	0
联合处理	8.5 ~ 9.0(有铜系统)	≤0.20	≤0.15	30 ~ 200	0
	8.0 ~ 9.0(无铜系统)				

（3）汽轮机凝结水质量标准

①汽轮机凝结水质量应符合表 2-13 中的规定。

表 2-13 汽轮机凝结水质量标准

锅炉过热蒸汽压力 /MPa	硬度 /(μmol·L⁻¹)	钠 /(μg·L⁻¹)	溶解氧 /(μg·L⁻¹)	电导率(氢离子交换后 25 ℃) /(μS·cm⁻¹)		二氧化硅 /(μg·L⁻¹)
				标准值	期望值	
3.8 ~ 5.8	≤3.0	—	≤50			
5.9 ~ 12.6	≤1.0	—	≤50			保证锅水中二氧化硅含量符合标准
12.7 ~ 15.6	≤1.0	—	≤40	≤0.30	≤0.20	
15.7 ~ 18.3	≈0	≤0.20	≤30			
18.4 ~ 25.0	≈0	≤0.20	≤20	≤0.20	≤0.15	

②凝结水经氢型混合处理后质量应符合表 2-14 中的规定。

表 2-14 凝结水经氢型混合处理后质量标准

硬度 /(μmol·L⁻¹)	电导率(氢离子交换后 25 ℃) /(μS·cm⁻¹)		二氧化硅 /(μg·L⁻¹)	钠 /(μg·L⁻¹)	铁 /(μg·L⁻¹)	铜 /(μg·L⁻¹)
	标准值	正常运行值				
≈0	≤0.20	≤0.15	≤15	≤5	≤8	≤3

(4)锅水质量标准

①汽包炉锅水质量标准应根据制造厂的规范及水汽品质专门试验结果确定,具体参考表2-15中的规定控制。

表2-15 汽包炉锅水质量标准

锅炉过热蒸汽压力/MPa	处理方式	ρ(总含量) /(mg·L^{-1})	$\rho(SiO_2)$ /(mg·L^{-1})	$\rho(Cl^-)$ /(mg·L^{-1})	$\rho(PO_4^{3-})$/mg·L^{-1}			pH值 (25℃)	电导率 (25℃) /(μS·cm^{-1})
					单段蒸发	分段蒸发			
						净段	盐段		
3.8~5.8	磷酸盐处理	—	—	—	5~15	5~12	≤75	9~11	—
5.9~12.6		≤100	≤3.0	—	2~10	2~10	≤50	9~10.5	<150
12.7~15.6		≤50	≤0.45	≤4	2~8	2~8	≤40	9~10	<60
15.7~18.3	磷酸盐处理	≤20	≤0.25	≤1	—	—	—	9~10	<50
	挥发性处理	≤2.0	≤0.20	≤0.5	—	—	—	9~9.5	<20

②汽包炉用磷酸盐处理时,即pH值协调控制时,其锅水的Na^+与PO_4^{3-}含量比值应维持在2.3~2.8。若锅水的Na^+与PO_4^{3-}含量比值低于2.3或高于2.8,可加中和剂进行调节。

(5)其他水质量标准

①补给水质量标准。补给水质量以不影响给水质量为标准,一般应符合表2-16中的规定。

表2-16 补给水质量标准

种类	硬度 /(μmol·L^{-1})	二氧化硅 /(μg·L^{-1})	电导率(25℃) /(μS·cm^{-1})		碱度 /(μmol·L^{-1})
			标准值	期望值	
一级化学除盐系统出水	≈0	≤100	≤5		—
一级化学除盐-混床系统出水	≈0	≤20	≤0.30	≤0.20	—
石灰、二级钠离子交换系统出水	≤5.0	—	—		0.8~1.2
氢-钠离子交换系统出水	≤5.0	—	—		0.3~0.5
二级钠离子交换系统出水	≤5.0	—	—		—

a.进入离子交换器的水,应注意水的浊度及有机物和残余氯的质量浓度,一般按下列数值进行控制:浊度小于5 FTU(固定床顺流再生);浊度小于2 FTU(固定床对流再生);残余氯的质量浓度小于0.1 mg/L;耗氧量小于2 mg/L。

b.蒸发器和蒸汽发生器中的水汽质量一般应符合以下规定。

二次蒸汽:w(Na)≤500 μg/kg;w(SiO$_2$)≤100 μg/kg;游离二氧化碳的质量浓度以不影响锅炉给水质量为标准。

蒸发器和蒸汽发生器的给水:硬度H≤20 μmol/L;溶解氧(经除氧后)≤50 μg/L。

蒸发器内的水:蒸发器和蒸汽发生器内水的质量应根据水汽品质试验确定。

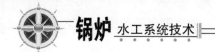

硫酸根的质量浓度应为 5～20 mg/L,对于采用锅炉排污水作为补充水的蒸发器,磷酸根含量不受此限制。

②减温水质量标准。锅炉蒸汽采用混合减温时,其减温水质量应保证减温后蒸汽的质量符合表 2-8 和表 2-9 中的规定。

③疏水和生产回水质量标准。疏水和生产回水质量以不影响给水质量为前提,一般按表 2-17 中的规定控制。

表 2-17 疏水和生产回水质量标准

名称	硬度/(μmol·L^{-1})		铁/(μg·L^{-1})	油/(μg·L^{-1})
	标准值	期望值		
疏水	≤5.0	≤2.5	≤50	—
生产回水	≤5.0	≤2.5	≤100	≤1(经处理后)

④停备用机组启动时的水汽质量标准。锅炉启动后,并汽或汽轮机冲转前的蒸汽质量一般参照表 2-18 中的规定控制,且在 8 h 内应达到正常标准。

表 2-18 锅炉启动后蒸汽质量标准

炉型	锅炉压力/MPa	电导率(氢离子交换后 25 ℃)/(μS·cm^{-1})	二氧化硅/(μg·kg^{-1})	铁/(μg·kg^{-1})	铜/(μg·kg^{-1})	钠/(μg·kg^{-1})
汽包炉	3.8～5.8	≤3.0	≤80	—	—	≤50
	5.9～18.3	≤1.0	≤60	≤50	≤15	≤20
直流炉	—	—	≤30	≤50	≤15	≤20

⑤锅炉启动时,给水质量应符合表 2-19 中的规定,且应在 8 h 内达到正常标准。

表 2-19 锅炉启动时给水质量标准

炉型	锅炉压力/MPa	硬度/(μmol·L^{-1})	二氧化硅/(μg·L^{-1})	铁/(μg·L^{-1})	溶解氧/(μg·L^{-1})
汽包炉	3.8～5.8	≤10.0	—	≤150	≤50
	5.9～12.6	≤5.0	—	≤100	≤40
	12.7～18.3	≤5.0	≤80	≤75	≤30
直流炉	—	≈0	≤30	≤50	≤30

2.1.2　锅炉用水预处理

含有一定的泥沙、悬浮物和胶体物质的天然水,不能直接用于锅炉给水,否则会对锅炉运行造成严重危害。天然水若直接进入离子交换器,同样会影响锅炉正常运行。其危害主要有:污染树脂,并且这种污染较难恢复;天然水中微小杂质会使交换剂网状微孔堵塞,从而使交换剂交换能力降低,同时也会造成再生剂的用量增大;增加交换器的运行阻力和动力消耗,造成交换器效率下降。

为了保证锅炉和交换器的正常运行,必须在补给水进入离子交换器之前,先将补给水中影响离子交换过程的杂质除掉,这种水处理工艺通常称为锅炉用水预处理。下面针对水源的不同,对锅炉用水预处理的原理、设备和工艺流程进行简单介绍。

1. 地表水预处理

地表水预处理的目的主要是去除水中的悬浮物和胶体杂质,通常采用混凝、沉淀(澄清),以及过滤工艺进行水的预处理。

(1)混凝

若取两杯浑浊的河水,让其静止沉淀,首先会发现一些粗大的泥沙颗粒迅速沉到杯底,水则逐渐变清,杯底沉淀物将逐渐增多。但在一定时间后,水就不容易进一步澄清,甚至放置很久以后也达不到自来水那样的透明程度,总是带一点浑,有时还带有颜色和臭味。这种现象称为浑水的稳定性。所谓浑水的稳定性是指浑水中的微小胶体颗粒保持分散状态,即长期悬浮在水中不下沉的现象。胶体颗粒具有稳定性的原因主要在于胶体颗粒的特性。

水中的悬浮物和胶体杂质,粒径不同,沉降速度也相差较大。表 2 - 20 列出了在水温为 10 ℃、颗粒密度为 2.65 g/cm^2 时不同粒径的悬浮颗粒在静水中的沉淀速度。

表 2 - 20　在水温为 10 ℃、颗粒密度为 2.65 g/cm^2 时不同粒径的悬浮颗粒在静水中的沉淀速度

粒径/mm	种类	时间	粒径/mm	种类	时间
1.0	粗沙	10 s	0.001	细菌	5 d
0.1	细沙	2 min	0.000 1	黏土	2 a
0.01	泥沙	2 h	0.000 01	胶体颗粒	210 a

从表 2 - 20 中可以看出,悬浮颗粒沉淀速度与粒径并非呈线性关系,较大粒径悬浮颗粒在重力下易沉淀,而较小粒径悬浮颗粒能在水中长期保持分散状态,这也是胶体颗粒的稳定性的体现。

①胶体颗粒的性质

水中处于胶体状态的微小颗粒,其粒径一般为 $10^{-6} \sim 10^{-4}$ mm。由于粒径太小,又受到分子运动的冲击,做无规则的高速运动,即所谓"布朗运动",这些微小颗粒能均匀地扩散在水中,长期不下沉。

胶体颗粒带有电荷,并且同类胶体颗粒带有相同的电荷。如水中黏土带有负电荷,称为负电胶体。同性电荷相斥,导致胶体颗粒间产生静电斥力,阻止胶体颗粒相互接近,使之处于分散状态,长久悬浮在水中不能下沉。

胶体颗粒的水化作用:由于胶体颗粒带有电荷,水分子具有极性,因此水分子便定向地

被吸引到胶体颗粒周围,形成一层水化膜。水化膜同样能阻止胶体颗粒间相互接触。因此水化作用也是胶体颗粒具有稳定性的原因之一。但水化膜是伴随着胶体颗粒所带电荷而产生的,一旦胶体颗粒所带电荷被消除或减弱,水化膜作用亦会被消除或减弱。

水中反离子的影响:由于胶体颗粒表面带有电荷,所以会从水中吸引带相反电荷的反离子,使水中产生浓度梯度;这些反离子同时又向外扩散,趋向浓度较低的部分,靠近胶核的反离子由于吸附牢固形成吸附层。胶核和吸附层组成胶粒,故胶粒是带电颗粒。在胶粒周围还有若干反离子包围着胶粒,这一层反离子称为扩散层,所以整个胶团是电中性的。当胶粒做热运动时,吸附层和扩散层之间存在一滑动表面,滑动表面处的电位称为 ζ 电位。它是决定胶体颗粒稳定性的一个重要指标,ζ 电位越高,胶体颗粒间电斥力就越大,就越难聚结成大颗粒,胶体颗粒就越稳定。一般天然水的胶体颗粒 ζ 电位为 $20 \sim 40$ mV。

②混凝机理

消除和减弱胶体颗粒的稳定性的作用称为胶体脱稳。混凝是通过向水中投加某种药剂(混凝剂)使水中胶体颗粒结成较大颗粒的过程。混凝机理主要包括以下内容。

a. 反离子的压缩作用

向水中投加某种电解质,电解质可电离出大量的反离子,或水解形成带有相反电荷的聚合体,对扩散层产生压缩作用。反离子或水解聚合物所带电荷越大,这种压缩作用就越强烈,致使一部分反离子被压缩到吸附层中去,结果扩散层变薄,电位降低,甚至趋近于零,胶体颗粒间的静电斥力随之减弱或消除。这种情况下,当胶体颗粒相互接触时就很容易通过吸附作用聚结成大颗粒。这一过程通常称为凝聚。

b. 吸附架桥作用

向水中投加一定量的高分子物质或高价金属盐类(能水解生成高聚物)。此类物质一般呈线性结构,并在溶液中伸展为链状,胶体颗粒容易被吸附在其链节部位。通过高分子物质或高价金属盐类(能水解生成高聚物)把水中悬浮微粒连接在一起,这种作用称为吸附架桥作用(图2-3),该作用破坏了胶体的稳定性,逐渐形成絮状沉淀物,通称絮凝体,俗称矾花。该过程通常称为絮凝。

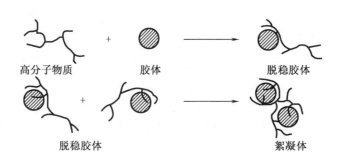

图 2-3 吸附架桥作用

c. 絮状沉淀物的网捕作用

当水中的悬浮物和胶体杂质含量很少时,即为低浊度水,投加的混凝剂与悬浮微粒接触机会很小,难以通过反离子的压缩作用和吸附架桥作用达到使胶体颗粒脱稳的目的,所以需要投加大量的混凝剂,使其自身相互混凝形成絮状沉淀物,在沉降过程中将悬浮于水中的少量胶体微粒吸附并携带下沉。这种作用称为絮状沉淀物的网捕作用,如图2-4所示。

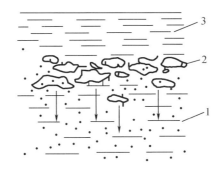

1—原水中的悬浮微粒;2—絮状沉淀物;3—残留悬浮微粒。

图 2 – 4　絮状沉淀物的网捕作用

③影响混凝效果的因素

影响混凝效果的因素较多,这里简要介绍几个主要因素。

a. 水温

水温对混凝效果有较大的影响。水温低时,混凝剂形成絮凝体非常缓慢,而且结构松散,颗粒较小。无机盐类混凝剂水解是吸热反应,水温低时,混凝剂水解困难;此外,水温低时,水黏度较大,水中杂质微粒布朗运动强度低,彼此碰撞机会少,不利于胶体脱稳和凝聚,而水的黏度大,则水流阻力大,影响絮凝体的成长。

为提高低温水的混凝效果,常用的方法是增大混凝剂的投加量和投加高分子助凝剂,但这样会使操作烦琐、成本提高,并且效果仍不理想。

b. 水的 pH 值和碱度

pH 值对混凝过程的影响是一个复杂的过程,对不同水质的水、不同的混凝剂,很难确定一个固定的关系。最适合的 pH 值应通过小型试验来确定。一般认为:用铝盐作混凝剂时,pH 值应控制在 5.5 ~ 7;用硫酸亚铁单独作混凝剂时,pH 值最好控制在 8 ~ 10。

当原水碱度过低时,混凝剂水解产生的酸性离子将影响混凝效果,此时应向水中加碱,以提高碱度。加碱量可按下式估算:

$$c(CaO) = c(\alpha) - c(\chi) + c(\delta)$$

式中　$c(CaO)$——纯石灰(CaO)投加量,mmol/L;

　　　$c(\alpha)$——混凝剂投加量,mmol/L;

　　　$c(\chi)$——原水碱度,mmol/L;

　　　$c(\delta)$——剩余碱度,mmol/L。

c. 水的浊度

原水浊度对混凝效果和混凝剂的投加量都有较大影响。当原水浊度低时,由于悬浮物很少,依靠投加的少量混凝剂与悬浮微粒之间相互接触,是难以达到混凝目的的。所以,必须投加大量的混凝剂,形成的絮状沉淀物对悬浮微粒产生网捕作用,但混凝效果仍不理想。对于中浊度的水,要注意控制混凝剂的投加量,若投放量适当,可使水中悬浮微粒与混凝剂同时参与混凝过程,发生吸附架桥作用,这样用较少的混凝剂就可取得较明显的效果。但如果投加过量,会适得其反,使胶体由原来带负电荷转变为带正电荷(称超荷状态),已脱稳的胶体又重新获得稳定性,混凝效果急剧变坏。而对于高浊度的水,混凝剂主要起吸附架桥作用,随着水中悬浮物的增加,混凝剂的投加量也相应增大。

（2）沉淀（澄清）

混凝处理后的水，其中微小颗粒被聚集成较大絮粒。这些絮粒在重力的作用下从水中分离出来的过程称为沉淀。进行沉淀分离的设备称为沉淀池。

在沉淀过程中，新形成的沉淀泥渣称为活性泥渣，其具有较大的表面积和吸附活性。活性泥渣对水中尚未脱稳的胶体或微小悬浮物仍有良好的吸附作用，产生所谓的"二次混凝"，这种作用称为接触混凝作用。利用活性泥渣与混凝处理后的水进一步接触，使未结成较大颗粒的悬浮杂质与活性泥渣发生接触絮凝，从而加快沉淀物与水分离的速度，该过程称为澄清，进行澄清分离的设备称为澄清池。沉淀和澄清其实是同一现象的两种说法。

①沉淀的分类

a.根据沉淀颗粒的性质，沉淀可分为以下三种。

i.自然沉淀，即不投加促凝药剂的沉淀。其特点是沉淀颗粒在沉淀过程中不改变其大小、形状和密度，完全靠自重进行沉淀。对于泥沙含量较高的河水水源，为节省投药费用，在混凝处理前往往先用自然沉淀方式使大量泥沙颗粒沉淀。

ii.混凝沉淀，即投加促凝药剂的沉淀。在沉淀过程中，沉淀颗粒由于相互接触凝聚而改变其形状和密度，这种沉淀称为混凝沉淀。当原水中的固体颗粒较小，特别是原水含有较多的胶体颗粒时，必须先进行混凝处理，使之形成较大的絮凝体再行沉淀。

iii.化学沉淀。在某些特种水处理中，会投加化学药剂，使水中的溶解杂质结晶为沉淀物，这种沉淀称为化学沉淀。

b.根据沉淀颗粒的浓度，沉淀可分为以下两种。

i.自由沉淀。沉淀颗粒在下沉过程中不受其他颗粒和容器壁影响和干扰，仅受到沉淀颗粒本身的重力和水的阻力作用，这种沉淀称为自由沉淀。

ii.拥挤沉淀。沉淀颗粒在沉淀过程中受到其他颗粒和容器壁影响和干扰，在清水与浑水之间形成明显的交界面，并逐渐向下移动。这种沉淀称为拥挤沉淀。浓缩即属此例。

c.根据沉淀过程中水流的方向，沉淀可分为以下三种。

i.沉淀颗粒在水平水流中下沉（图2-5）。沉淀颗粒一方面为水平水流所携带水平前进，另一方面又靠着本身的重力垂直"下沉"，沉淀颗粒的运动轨迹为切线方向为合速度方向的一条倾斜曲线，最后沉淀颗粒沉到池底。平流沉淀池采用的就是此原理。

ii.沉淀颗粒在上升水流中下沉（图2-6）。在上升水流中，沉淀颗粒下沉速度取决于水流上升速度与沉淀颗粒在静水中的下沉速度的合速度。当沉淀颗粒在静水中的下沉速度大于水流上升速度时，沉淀颗粒能够持续下沉。立式沉淀池采用的就是此原理。水流携带的絮凝体通过悬浮层时便从水中分离出去了。

iii.沉淀颗粒在倾斜水流中下沉（图2-7）。沉淀颗粒在倾斜水流中下沉时，沉淀颗粒的运动方向为倾斜水流流速与沉淀颗粒垂直下沉速度的合速度方向，沉淀颗粒碰到底板即被去除。斜板（管）沉淀池采用的就是此原理。

当水流上升速度与沉淀颗粒在静水中下沉速度相等时，沉淀颗粒处于悬浮状态，一群比较密集的沉淀颗粒均处于悬浮状态便形成悬浮层。悬浮层起到了接触絮凝介质的作用，水流中携带的絮凝体通过悬浮层时便从水中分离出去了。

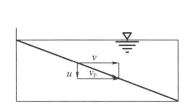 

图 2-5 沉淀颗粒在水平水流中下沉　　　图 2-6 沉淀颗粒在上升水流中下沉

②沉淀池

沉淀池类型较多,现介绍两种常用的沉淀池,即平流沉淀池和斜管(板)沉淀池。

a.平流沉淀池

平流沉淀池构造简单,如图 2-8 所示。它既可用于自然沉淀,也可用于混凝沉淀。该设备管理方便,适应性强,可用于大型水处理厂,对于水量较小的工业锅炉水处理也适用。平流沉淀池的长宽比应不小于 4:1,长深比应不小于 10:1,沉淀池数或沉淀池内分格数一般不小于 2,池深为 2.5~3.5 m,高为 0.3~5 m。有混凝处理的沉淀池,池内水流的水平流速度通常为 5~20 mm/s。无混凝处理的沉淀池,池内水流的水平流速通常不超过 3 mm/s。水在沉淀池内的停留时间应根据原水水质和沉淀后水质要求,通过试验来确定,一般采用 1~2 h。当处理低温、低浊度水或高浊度水时,沉淀时间应适当延长。混凝沉淀时,出水悬浮物的质量浓度一般不超过 20 mg/L。

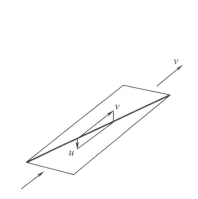 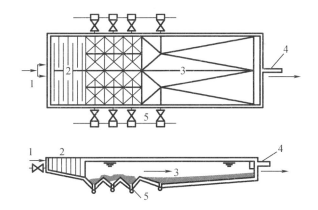

图 2-7 沉淀颗粒在倾斜水流中下沉

1—投加混凝剂原水;2—隔板凝絮;3—沉淀池;4—出水管;5—排泥渣管。

图 2-8 平流沉淀池构造

b.斜管(板)沉淀池

这种沉淀池是在浅池平流沉淀池基础上发展起来的。斜管(板)沉淀池就是在沉降区域设置许多密集的斜管或斜板,水中悬浮杂质的沉降过程在斜管(板)内进行,使单位容积内沉淀区面积增大,沉淀效率提高。其构造如图 2-9 所示。斜管断面一般采用蜂窝六角形、矩形或正方形,可用酚醛树脂浸泡的牛皮纸制成蜂窝管,或用聚乙烯塑料片热压成形,近年来也有用玻璃钢材料加工而成的。斜管(板)长度一般为 800~1 000 mm,水平倾角常采用60°。斜管（板）上部的清水区高度一般在1 m以上,下部布水区高度为1.2 m左右。根据水流和滑泥方向,斜管（板）沉淀池运行过程分为同向流和异向流两种形式。同向流就是指水流方向和泥的下滑方向相同,都是从上而下;异向流则是指水流方向从下而上,而泥的下滑则是从上而下,这种运行方式有利于沉淀颗粒的接触絮凝。另外,还有平（横）向流斜板沉淀池,即运行过程中水流与泥渣下沉方向相垂直。

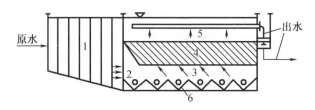

1—絮凝区;2—穿孔花墙;3—布水区;4—斜管（板）;5—清水区;6—排泥区。

图2-9 斜管（板）沉淀池构造

③澄清池

澄清池利用活性泥渣与原水进行接触絮凝。它将混合、絮凝、沉淀合在一个池内完成,具有节约用药量、占地面积小等特点。澄清池可充分地发挥混凝剂的作用和提高单位容积的产水能力。澄清池具有生产能力高、沉淀效果好等优点,但管理相对复杂。制水量、原水水质、水温及混凝剂等因素的变化,对澄清池净化效果影响较显著。澄清池一般采用钢筋混凝土结构,也有用砖石砌筑的。小型澄清池可采用钢板制作。

澄清池按泥渣的工作状态可分为悬浮泥渣型（也称泥渣过滤型）澄清池和循环泥渣型（也称泥渣徊流型）澄清池两种。悬浮泥渣型澄清池又分为悬浮澄清池和脉冲澄清池,循环泥渣型澄清池又分为水力循环澄清池和机械搅拌澄清池。

悬浮泥渣型澄清池的工作过程是:原水与混凝剂混合后,由下向上通过处于悬浮状态的泥渣层,该悬浮泥渣层如同栅栏,截留进水中的悬浮杂质,并发生接触絮凝,从而提高水的上升流速和产水量。如图2-10所示为无穿孔底板锥底式悬浮澄清池工作过程。加了药剂的原水经过气水分离器后,从穿孔配水管流入澄清室,水自下向上通过泥渣悬浮层,水中悬浮杂质被泥渣悬浮层截留,清水从穿孔集水槽流出。泥渣悬浮层中不断增加的泥渣在泥渣自行扩散或强制出水管的作用下由排泥窗口进入泥渣浓缩室,经浓缩后定期排除。悬浮泥渣层的质量浓度与净水效果关系很大,一般应控制在2 500～5 000 mg/L,清水区的水流上升速度控制在1 m/s左右。如图2-11所示为水力循环澄清池工作过程,它利用进水2～7 m水位差造成流速为6～9 m/s的高速射流,使喉管口周围形成负压,将原水的2～4倍的活性泥渣吸入。该泥渣与原水在喉管内剧烈混合,达到悬浮颗粒与活性泥渣接触絮凝的目的。从喉管出来的水进入第一反应室,其为锥形,水流的速度逐渐减慢,有利于絮凝体不断长大,水流到澄清池顶部折回第二反应室,在此完成接触絮凝过程,然后进入分离室,使水和泥渣分离。水在分离区的上升流速采用1 m/s,如果加设斜板（斜管）可提高至2～2.5 m/s。清水向上经环形集水槽引出,泥渣少部分进入泥渣浓缩室,大部分被吸入喉管重新循环。

水力循环澄清池进水悬浮物质量浓度通常小于200 mg/L,短时间允许达到5 000 mg/L。一般设计回流量采用进水流量的2～4倍。为了适应原水水质的变化和调节回流水量与进水量之比,需通过池顶的升降网来调节喉管与喷嘴的距离。

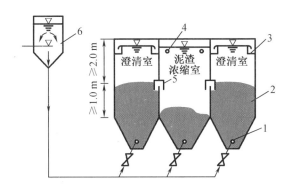

1—穿孔配水管;2—泥渣悬浮层;3—穿孔集水槽;4—强制出水管;5—排泥窗口;6—气水分离器。

图2-10 无穿孔底板锥底式悬浮澄清池工作过程

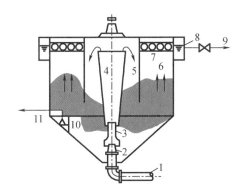

1—进水管;2—喷嘴;3—喉管及喇叭管;4,5—第一、二反应室;6—分离室;7—环形集水槽;

8—出水槽;9—出水管;10—污泥浓缩室;11—排泥管。

图2-11 水力循环澄清池工作过程

（3）过滤

原水经混凝沉淀处理后,大部分悬浮杂质已被去掉,但水中仍残留少量细小的悬浮颗粒,含油量指标还满足不了离子交换器对水质的要求,为去除这部分剩余杂质,需要进行过滤处理。

①过滤的相关概念

a. 过滤

过滤一般是指以石英砂等粒状滤料截留和吸附水中的悬浮杂质,从而使水进一步获得澄清的工艺过程。过滤介质称为滤料,起过滤作用的设备称为过滤器或滤池。

过滤过程中,当滤料中截留的杂质较多时,滤料孔隙被堵塞,水流的阻力增大,滤速减慢,出水量减少,于是过滤被迫停止。为恢复过滤能力,需对滤料进行反冲洗,即用清水自上而下冲洗滤料。反冲洗时,一般冲洗强度控制在 $12 \sim 16 \ \text{L/(s·m}^2\text{)}$,滤料膨胀率控制在 $40\% \sim 50\%$ 较为合适。反冲洗后,滤池连续运行的时间称为过滤周期。

b. 滤料

滤池常用的滤料有石英砂和无烟煤,此外还有为去除水中某种杂质而采用的专用滤料。如为去除地下水中的铁,采用锰砂作滤料;为去除水中的臭味和游离性余氯等,采用活性炭作滤料。石英砂的粒径一般为 $0.5 \sim 1.2 \ \text{mm}$,无烟煤的粒径一般为 $0.8 \sim 2 \ \text{mm}$。滤料的不均匀程度用不均匀系数 K 表示。K 是指在一定粒径范围的滤料,按质量计,能通过 80% 滤料的筛孔孔径 d_{80} 与能通过 10% 滤料的筛孔孔径 d_{10} 之比,即

$$K = d_{80}/d_{10}$$

系数 K 越大,表示滤料颗粒尺寸相差越大。滤料粒径不均匀,对过滤和冲洗都不利。

c. 滤层

滤层由滤料堆积而成。滤层的厚度一般采用 700 mm,若采用双层滤料,一般上层为无烟煤,其厚度为 400 mm;下层为石英砂,其厚度为 300 mm。在滤层下部设有承托层。

滤层的孔隙率对过滤有较大影响,孔隙率是指滤层中孔隙体积与滤层总体积的比值,孔隙率与滤料的粒径和不均匀系数有关。粒径越小,或不均匀系数越大,孔隙率就越小。滤层的孔隙率太高时,过滤器截污能力变差;滤层的孔隙率太小时,滤层水流阻力增大。在实际应用中,石英砂滤层的孔隙率约为 0.4,无烟煤滤层的孔隙率约为 0.5。滤层在过滤过程中并不只是简单地拦截水中悬浮杂质,其滤料也具有表面活性作用,悬浮杂质在水力作用下靠近滤料表面时,就发生接触絮凝。由于滤池中的滤料比澄清池中的悬浮泥渣层排列得更紧密,水在滤层孔隙中曲折流动时,悬浮杂质与滤料具有更多的接触机会,所以除浊作用更彻底,一般过滤后水的浊度都在 3 mg/L 以下。

② 过滤设备

过滤设备类型很多,这里仅介绍目前在锅炉用水预处理方面应用较普遍的机械过滤器和无阀滤池。

a. 机械过滤器

机械过滤器中的水经泵的升压作用后通过滤层,所以机械过滤器又称压力式过滤器。以井水或自来水为水源的锅炉用水预处理系统多采用机械过滤器。机械过滤器分为小型和大型两类。

小型机械过滤器一般为钢制容器,工作压力为 0.6 MPa,直径为 300 ~ 1 000 mm,处理水量为 1 ~ 8 m³/h,反冲洗只用压力水,滤层可根据原水水质采用单层、双层或多层。

大型机械过滤器分为单流式及双流式(即双向过滤)两种。单流式机械过滤器是工业锅炉水处理中常用的一种过滤设备,其构造如图 2-12 所示。

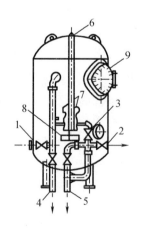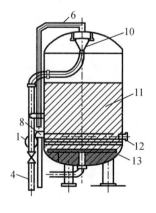

1—进水管;2—出水管;3—反洗水管;4—反冲洗排水管;5—正洗排水管;6—排空气管;7—进出水压力表;
8—水槽;9—人孔;10—进水漏斗;11—滤层;12—压缩空气管;13—排水装置。

图 2-12 单流式机械过滤器构造

这种过滤器由钢板制成,由于工作时承受一定压力,所以两端装有封头。过滤时,有一定压力的水经上部漏斗形的配水装置均匀地分配到过滤器内,并以一定的滤速通过滤层,最后经排水装置流出。排水装置的作用是:在过滤时,汇集清水,并阻止滤料被水带出;在反冲洗时,使冲洗水沿过滤器截面均匀分配。

在过滤时,由于滤层中截留的悬浮杂质不断增多,孔隙率不断减小,水流阻力会逐渐增大,出水量也会随之降低,当过滤器出入口处的压力差达到 0.05 MPa 时,过滤器即停止运行,开始反冲洗。先将过滤器内的水放到滤层上缘,送入压缩空气,其流速为 18 ~ 25 L/(s·m²)。吹洗 3 ~ 5 min 后,在继续供气的同时送入反冲洗水,反冲洗水的强度应使滤层膨胀 10% ~ 15%,2 ~ 3 min 后,停止送入空气,继续用水反冲洗 1 ~ 1.5 min,此时滤层膨胀率应为 25%。单层滤料单流式机械过滤器易改成双层滤料单流式机械过滤器,只需要将原滤层厚度减少300 ~ 500 mm,补装适量的无烟煤(如原滤料是无烟煤就补石英砂)即可。

单流式机械过滤器出水的悬浮物的质量浓度通常在 5 mg/L 以下;进水的悬浮物选用双层滤料时,其质量浓度要求在 100 mg/L 以下,选用单层滤料时,其质量浓度要求在520 mg/L 以下,滤速为 10 m/h 左右。

双流式机械过滤器构造如图 2 – 13 所示。

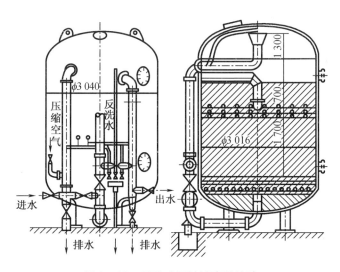

图 2 – 13 双流式机械过滤器构造

双流式机械过滤器进水一路由滤层上部进入,另一路由滤层下部进入,过滤后的出水、进水都由中部的排水系统引出。其滤层中部以上厚 0.6 ~ 0.7 m,下层厚 1.5 ~ 1.7 m,所用滤料的有效直径、不均匀系数比单流式机械过滤器大。运行开始后,上部和下部的进水各占50%,用压缩空气吹洗 5 ~ 10 min,然后从中间引入清水,从上部排出。然后,停止压缩空气吹洗,中部和下部同时进水,由上部排出进行反冲洗,反冲洗强度控制在 16 ~ 18 L/(s·m²),反洗时间为 10 ~ 15 min。

机械过滤器占地面积小,过滤速度快,常与离子交换软化器串联使用,将其应用在工业锅炉水处理上是非常方便的。

b. 无阀滤池

无阀滤池有压力式和重力式两种。重力式无阀滤池构造如图 2 – 14 所示,它是因没有阀门而得名的。

过滤时,从澄清池来的水通过进水堰流入进水槽,再通过进水管到达滤层顶部,水流经挡板均匀地分配到滤层,然后自上而下过滤,滤后水通过垫层和排水系统,流入底部空间,经连通管上升到冲洗水箱。当冲洗水箱水位高出喇叭口后,清水通过出水管流至清水池。在过滤过程中,滤料层中杂质不断增加,水头损失不断增大,虹吸上升管中水位便不断升高。当水位升高到虹吸辅助管管口时,即达到水头损失 1.5~2 m 时,便从虹吸辅助管中下落,急速水流经抽气管不断将虹吸下降管中的空气抽走,从而使虹吸管的真空度逐渐增大,虹吸上升管中的水位则很快到达顶端而开始溢流带气,从而很快形成虹吸。当虹吸管形成虹吸后,滤层上部水流压力急剧下降,冲洗水箱中的水流经连通管进入底部空间,并自下而上通过排水系统、垫层和滤层,对滤层进行冲洗,冲洗后的水通过虹吸管排入排水井,越过水封堰流入下水道。随着冲洗的进行,冲洗水箱水位不断下降,直到露出虹吸破坏管的管口时,空气经虹吸破坏管进入,从而破坏真空环境,虹吸停止,则冲洗完成,水的过滤过程又重新进行。

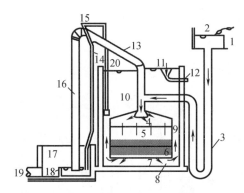

1—进水堰;2—进水槽;3—进水管;4—挡板;5—滤层;6—垫层;7—滤板;8—集水区;9—连通管;10—冲洗水箱;
11—喇叭口;12—出水管;13—虹吸上升管;14—辅助虹吸管;15—抽气管;16—虹吸下降管;
17—排水井;18—水封堰;19—排水管;20—虹吸破坏管。

图 2-14　重力式无阀滤池构造

地表水预处理系统及设备如下。

(1)混凝、澄清、过滤系统

地表水预处理系统的选择应根据进水水质,采用的软化装置所要求的进水水质指标,后处理装置情况,以及产水量大小等实际情况,通过技术经济比较来选定。

图 2-15 为地表水预处理系统,它适用于补给水量大的锅炉。其工艺流程为:混凝剂投入溶解箱内,注入原水,通过水力搅拌来加速药剂溶解。将混凝剂配制成质量分数为 5% 左右的溶液,用加药泵送至水力循环澄清池中。溶解箱和加药泵各设置两个,一个运行,另一个备用。水力循环澄清池出水进入无阀滤池,过滤后的清水流入清水箱,由清水泵送至离子交换软化器。

(2)循环泥渣澄清、重力式过滤净水池

循环泥渣澄清、重力式过滤净水池由水力循环澄清池和过滤池两部分组成,如图 2-16 所示。其工艺流程为:混凝剂加至进水管中,澄清水由环形穿孔出水槽出来后,直接流入滤池顶部,滤池省去了进水阀门。整个环形滤池分为两组,过滤水由半圆形滤池底部集水区流往清水池。反冲洗时,清水自下而上将滤料清洗,冲洗水溢入排水槽排往下水道。

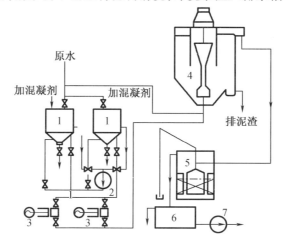

1—溶解箱;2—水力搅拌泵;3—加药泵;4—水力循环澄清池;5—无阀滤池;6—清水箱;7—清水泵。

图 2-15 地表水预处理系统

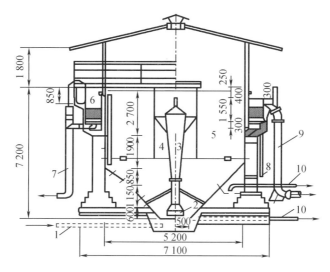

1—进水管;2—喷嘴;3—第一反应室;4—第二反应室;5—分离室;6—环形滤池;
7—出水管;8—取样管;9—排水管;10—排泥管。

图 2-16 循环泥渣澄清、重力式过滤净水池

滤池内滤层厚度为 500 m,滤层底部支承层厚度为 200 m,滤速为 6.6 m/h。这种综合净水池一般要求原水浊度不大于 300 mg/L,出水平均浊度为 10 mg/L。它将混凝、澄清、过滤等几道工艺综合在一个构筑物内做到一次净化。它具有流程简单、管理方便、充分利用池体结构、占地面积小等优点,适用于工业锅炉及铁路部门小型给水工程。实践证明,这种设备效果良好。

2. 地下水预处理

地下水的特点是悬浮物的质量浓度较低,但 Fe^{2+} 的质量浓度普遍较高。这种水除浊处理比较简单,而除铁处理又非常麻烦。下面对无铁地下水和含铁地下水的预处理分别进行介绍。

（1）无铁地下水的预处理

地下水含铁是一种普遍现象，但不同地下水含铁量相差较大，当地下水中铁的质量浓度小于 0.3 mg/L 时，就认为其是无铁地下水。其预处理方法的选择主要取决于水中悬浮物的质量浓度。原水悬浮物质量浓度小于 20 mg/L 时，不需要经混凝和沉淀处理，可直接进行过滤；原水悬浮物质量浓度为 20～100 mg/L 时，需经混凝处理，但因生成泥渣较少，可不必设置澄清或沉淀设备，而直接进行混凝过滤，这种工艺称为直流混凝。如果原水悬浮物质量浓度约为 150 mg/L，就需采用双层滤料过滤设备进行直流混凝。

直流混凝是在原水进入过滤设备之前投加混凝剂。原水和混凝剂经充分混合后直接进入过滤设备，在过滤设备的水空间中，水的流速明显减慢，在没有接触滤料之前可初步完成反应阶段，经过与滤层的接触混凝作用就能较彻底地去除悬浮物。为了使混凝剂与原水充分混合，通常采用泵前加药或管道加药的方式进行直流混凝。

①泵前加药

泵前加药是将配制好的混凝剂溶液定量地加入水泵吸水管中或水泵吸水井内，通过叶轮的转动达到混合的目的。泵前加药系统如图 2-17 所示。

在浮子式定量加药箱中，药液依靠浮子下面的管口与水泵吸入管水面的高度所形成的压力而流动。这个高度不随浮子式定量加药箱中液面的变动而改变，虽然浮子可以随着液面的高低变化而上下浮动，但浮子所处的液面与药液出口管的相对位置却始终不变。与浮子进药管连接的是橡胶软管，它只是输送药液的通道。为防止这种连接产生虹吸作用而影响定量加药，在浮子与连接浮子的橡胶软管的接合部位开一小孔，使其与大气相通来破坏真空的形成。需要改变加药量时，可更换进药管的口径。

水封箱中的液面依靠浮球阀的作用保持恒定不变，浮球随着水位的变化而浮起或降落，带动阀门关闭或开启，使液面维持一定高度，调节水封箱的出水始终保持充满进药管，防止空气随药液进入泵内。

这种加药方式设备简单，混合充分，效果好，没有额外的能量消耗，但水泵不宜离过滤设备太远，混合时间一般不应超过 608 s。加药时应注意药剂的性质，避免腐蚀水泵叶轮和管道。

②管道加药

管道加药装置多种多样，图 2-18 所示为水力喷射管道加药装置，混凝剂在溶液箱内配制成一定浓度的溶液，由水力喷射泵进行输送。水力喷射泵利用高压水通过喷嘴和喉管之间真空抽吸作用将药液吸入，同时随水的余压注入原水管中。喷射泵的效率较低，但设备简单，使用方便，溶液箱的高度不受限制。

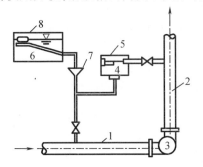

1—水泵吸入管；2—水泵压出管；3—水泵；4—水封箱；
5—浮球阀；6—浮子式定量加药箱；7—加药漏斗；8—浮子。

图 2-17 泵前加药系统

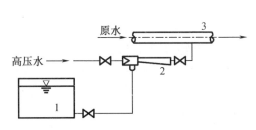

1—溶液箱；2—水力喷射泵；3—原水管。

图 2-18 水力喷射管道加药装置

为了保证混凝剂在进入过滤设备之前能充分地与水混合,并完成水解和缩聚反应,加药地点应设在过滤设备前相当于进水管管径 50 倍左右的距离。例如,过滤设备进水管管径为 100 mm,则加药点应设置在距过滤设备 5 m 以上的地方。

直流混凝通常采用硫酸铝作混凝剂。用这种方法进行混凝处理时,混凝剂的加药量可以比用澄清池时少,因为它只是用来消除水中悬浮杂质的稳定性,有利于滤料的接触混凝,并且所形成的沉积物有良好的透水性。

混凝剂的投加量一般通过试验的最佳效果来确定。直流混凝的效果可由过滤设备入口和出口水中悬浮物含量或浊度降低程度来判断,但此法较为麻烦。由于混凝过滤过程能同时去除水中部分有机物,所以也可用耗氧量变化来判断直流混凝效果,其关系式为

$$K = [\rho(O)_1 - \rho(O)_2]/[\rho(O)_1 - \rho(O)_3]$$

式中　K——直流混凝效率系数;

　　　$\rho(O)_1$——原水耗氧量,mg/L;

　　　$\rho(O)_2$——过滤设备出水耗氧量,mg/L;

　　　$\rho(O)_3$——软化器出水耗氧量,mg/L。

当 $\rho(O)_2 = \rho(O)_3$ 时,$K = 1$,此时直流混凝效率最高。

管道加药直流混凝具有设备简单、管理方便、消耗能量少等优点。但当管道中水的流速减小时,可能在管道中反应形成沉淀。

(2)含铁地下水的预处理

水中含铁在生活上和工业上有较大的危害,对工业锅炉及其水质处理的危害也不能忽视。Fe^{2+} 易污染离子交换树脂,使树脂铁中毒而降低交换能力。用铁含量高的水作补给水时,容易在锅炉受热面上结成铁垢,这样就会影响传热效果,还会使垢下炉管发生腐蚀。

含铁地下水在我国分布甚广,通常水中 Fe^{2+} 的浓度都在 1 mmol/L 以下。地下水中的 HCO_3^- 浓度大多在 1 mol/L 以上,所以,根据假想化合物的组合关系,地下水通常只含有 $Fe(HCO_3)_2$ 化合物。

由于地下水的溶解氧含量很低,而游离二氧化碳含量较高,所以地下水中 Fe^{2+} 比较稳定。通常采用以下几种方法将 Fe^{2+} 从地下水中除掉。

①曝气除铁法

Fe^{2+} 具有较强的还原性,它易被氧化剂(如氧气、氯气、高锰酸钾等)氧化成 Fe^{3+};Fe^{3+} 在水中易发生水解反应,生成难溶化合物 $Fe(OH)_3$ 沉淀,从而达到除铁的目的。用空气中的氧气对地下水中的 Fe^{2+} 进行氧化处理是最经济的。此法是将含铁地下水提汲到地表后,使其充分与空气接触,空气中的氧气便迅速溶于水中,这个过程称为地下水曝气。地下水中的 Fe^{2+} 与溶解的氧气发生如下反应:

$$4Fe^{2+} + O_2 + 10H_2O \Longrightarrow 4Fe(OH)_3 + 8H^+$$

$Fe(OH)_3$ 在形成过程中可与水中的悬浮杂质发生吸附架桥作用使其脱稳,即同时起到混凝作用。所以,含铁地下水的曝气过程是除铁和混凝同时发生的,曝气后经过滤处理,即可将含铁地下水中的铁和悬浮物去除。

含铁地下水经曝气氧化后生成相当数量的 H^+,会引起水的 pH 值降低。水的碱度大或 pH 值高对氧化除铁是十分有利的。通常在水的 pH 值大于 7 的条件下,这种反应才能顺利进行。

地下水曝气的目的不仅是让水中溶解氧气,也是为了散除水中的二氧化碳。自然氧化除铁所需反应时间一般不超过 2 h,若反应时间过长,处理系统会显得过于庞大而不经济,

这时应采取加速氧化反应的措施。

当原水经曝气后 pH 值小于 7 时,需要采用石灰碱化法将水的 pH 值调整至 7 以上。地下水曝气装置种类较多,较为简单的有莲蓬头曝气装置和跌水曝气装置。

a. 莲蓬头曝气装置

这种曝气装置使水通过莲蓬头上的许多小孔向下喷洒,把水分散成细小的水流,在其下落过程中实现曝气,如图 2 – 19 所示。莲蓬头的直径为 150 ~ 300 mm,莲蓬头上的孔眼直径为 3 ~ 6 mm,莲蓬头距水面高度视水中铁含量而定,原水铁含量越大,其距水面高度越高。原水中 $\rho(Fe^{2+}) < 5$ mg/L 时,莲蓬头距水面高度为 1.5 m;$\rho(Fe^{2+}) > 10$ mg/L 时,莲蓬头距水面高度为 2.5 m。该装置通常直接设置于重力式无阀滤池的上面,莲蓬头淋洒水量不宜小于 2 m/s。图 2 – 20 所示为莲蓬头出水量与溶解氧的关系。

莲蓬头曝气装置适用于铁含量小于或等于 10 mg/L 的地下水。其曝气效果能使水中溶解氧达到饱和时的 60% 左右,二氧化碳散除率可达到 50% 左右。

该装置的特点是结构简单、操作方便,在曝气过程中起到既溶解氧气又散除二氧化碳的作用;但喷淋的水易飘散在大气中,造成环境污染。另外,莲蓬头上的孔眼常因杂质沉积而堵塞。

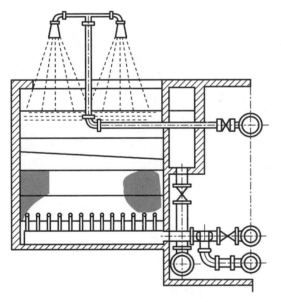

图 2 – 19　莲蓬头式曝气装置

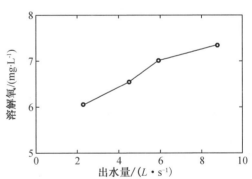

图 2 – 20　莲蓬头出水量与溶解氧的关系

b. 跌水曝气装置

跌水曝气装置如图 2 – 21 所示,令提升到地面的地下水经溢流堰或者水管自高处自由下落,使水流变薄、变细。水在下落过程中,不仅可与空气充分接触,还能夹带一定量的空气进入下部受水池中,使已经流入受水池中的水得以再次曝气。当跌水高度为 0.5 ~ 1 m 时,曝气后水中溶解氧浓度可达 2 ~ 4 mg/L,能满足铁含量小于或等于 5 mg/L 的地下水除铁的要求。跌水曝气装置的溶氧效果较好,但散除水中二氧化碳的效果很差,故只适用于溶解含铁地下水中的氧气。

跌水曝气装置结构简单,运行安全,可与重力式除铁无阀滤池组合使用。

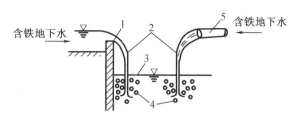

1—溢流堰;2—下落水舌;3—受水池水面;4—气泡;5—进水管。

图 2 - 21　跌水曝气装置

②锰砂过滤除铁法

a. 锰砂除铁原理

锰砂的主要成分是二氧化锰(MnO_2),它是 Fe^{2+} 氧化成 Fe^{3+} 良好的催化剂。含铁地下水的 pH 值大于 5.5 时,与锰砂接触即可将 Fe^{2+} 氧化成 Fe^{3+},其反应式为

$$4MnO_2 + 3O_2 = 2Mn_2O_7$$

$$Mn_2O_7 + 6Fe^{2+} + 3H_2O = 2MnO_2 + 6Fe^{3+} + 6OH^-$$

生成的 Fe^{3+} 立即水解成絮状氢氧化铁沉淀,其反应式为

$$Fe^{3+} + 3OH^- = Fe(OH)_3 \downarrow$$

$Fe(OH)_3$ 沉淀经锰砂滤层后被去除,所以锰砂滤层起着催化和过滤双重作用。由以上反应式可见,在 Fe^{2+} 氧化成 Fe^{3+} 的过程中,水中必须保持有足够的溶解氧,所以用锰砂除铁时,仍需将原水充分曝气。

锰砂过滤除铁,除了依靠自身的催化作用以外,过滤时在锰砂滤料表面会逐渐形成一层滤膜,称为活性滤膜,仍能起催化作用。活性滤膜由 γ 型羟基氧化铁($\gamma - FeO(OH)$)所构成,它能与 Fe^{2+} 发生离子交换反应,并置换出等当量的氢离子,其反应式为

$$Fe^{2+} + FeO(OH) = FeO(OFe)^+ + H^+$$

结合到化合物中的 Fe^{2+},能迅速地进行氧化和水解反应,又重新生成羟基氧化铁,使催化物质得到再生,其反应式为

$$4FeO(OFe)^+ + O_2 + 6H_2O = 8FeO(OH) + 4H^+$$

新生成的羟基氧化铁作为活性滤膜的组成物质又参与新的催化过程,所以活性滤膜除铁过程是一个自动催化过程。

活性滤膜不仅能在锰砂表面形成,也能在其他滤料(如石英砂)表面形成,但形成的过程十分缓慢,一般没有生产价值。如果能提高水中的铁含量,则能大大加速活性滤膜的形成,从而得到一种人工制作的接触催化除铁滤料——人造锈砂。例如,向水中投加硫酸亚铁,使水中 Fe^{2+} 质量浓度达到 100 ~ 200 mg/L,并调整水的 pH 值为 6 ~ 7,将此水曝气后立即经石英砂滤层过滤,滤后水抽回池前循环使用,如此对石英砂滤层连续处理 60 ~ 70 h,便制成具有接触催化除铁能力的人造锈砂。人造锈砂的除铁原理与锰砂活性滤膜的除铁原理相同。

锰砂或人造锈砂有强烈的催化作用,能使水中 Fe^{2+} 在较低的 pH 值条件下顺利进行氧化反应,所以锰砂除铁一般不要求提高水的 pH 值,曝气的主要目的是向水中溶解氧气,而不是散除水中的二氧化碳。

锰砂的产地有辽宁瓦房子、湖南湘潭等。

锰砂除铁可用无阀滤池装填锰砂或人造锈砂,并提高进水区的跌水高度,即可成为良好的除铁设备。

②锰砂除铁系统

由于锰砂除铁只要求向水中溶解氧气,而不必考虑散除二氧化碳的问题,所以用水量较小的工业锅炉的水处理宜采用压力式除铁系统。这种系统是在压力式锰砂过滤器之前设有气水混合装置,进行曝气充氧。气水混合器曝气除铁系统是常用的压力式除铁系统有,如图 2-22 所示。

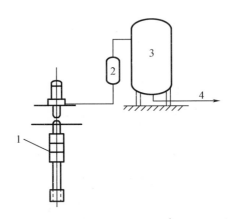

1—水泵;2—气水混合器;3—压力式锰砂过滤器;4—清水。

图 2-22　气水混合器曝气除铁系统

压力式锰砂过滤器和单流式机械过滤器相似。压力式锰砂过滤器的滤料粒径、滤层厚度及滤速见表 2-21,反冲洗强度见表 2-22。

表 2-21　压力式锰砂过滤器的滤料粒径、滤层厚度及滤速

原水铁含量/(mg·L^{-1})	滤料粒径/mm	滤层厚度/mm	滤速/(m·h^{-1})
<5	0.6~2.0	900~1 000	15~30
5~10	0.6~2.0	900~1 200	12~15
>10	0.6~2.0	1 000~1 500	10~12

表 2-22　压力式锰砂过滤器的反冲洗强度

冲洗方式	冲洗强度/(L·m^{-2}·s^{-1})	膨胀率/%	冲洗时间/min
单用水冲洗	18~24	30	10~15
水和压缩空气交替冲洗	水:14~16 压缩空气:16~20	30	总冲洗时间 20
反洗和表面冲洗分别进行	反洗:16~18 表面冲洗:4	35	总冲洗时间 10~15

气水混合器的构造如图 2-23 所示。它可用铸铁或钢板制作,其容积按气水混合时间为 10~15 s 进行计算。根据实验,这只能获得约 40% 的溶解氧饱和度。如果将气水混合时

间延长至 20～30 s,就能使溶解氧饱和度增至 70% 左右,这样可大大减小所需的空气流量。喷嘴口径 a 一般取为进水管径 D 的一半,即 $a = D/2$,故喷嘴流速是管内流速的 4 倍。在喷嘴出口处设置弧形挡板,水能形成强烈的扰动,使空气被破碎成小的气泡。

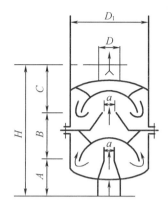

图 2-23 气水混合器的构造

水与空气相继通过两个喷嘴,以提高曝气效果。外壳直径 D_1 依水在气水混合器内流动的速度 $= 0.05～0.06$ m/s 进行计算。气水混合器其他部分常用数据为:$H = (4～5)D$;$A = C = (1.5～2)D$;$B = (2～3)D$;$D_1 = 3D$。

图 2-24 为加气阀曝气除铁装置,加气阀的构造如图 2-25 所示。进入加气阀的压力水经喷嘴以很高的速度喷出,由于势能转变为动能,射流的压力降至大气压以下,从而在吸入室中形成真空,于是空气经进气口流入吸入室,并在高速射流的紊动携带作用下随水进入喉管。空气与水在喉管中进行激烈的掺杂,使空气破碎成极小的气泡,以气水乳浊液的形式进入扩散管,然后经水管进入压力式锰砂过滤器。加气阀各部分常用数据为:喷嘴流速,当水压在 0.05 MPa 以下时采用 7～9 m/s,当水压为 0.1～0.2 MPa 时采用 15～20 m/s;喷嘴截面积与喉管截面积之比一般为 0.5～0.8,喷嘴与喉管之间的距离为 L_2,一般 $L_2 \leq d_1$;喉管长度 $L_3 \leq (2～3)d_2$;扩散管长度 $L_4 \geq L_3$。加气阀具有工作稳定、管理方便、溶氧效率高等优点,但空气对水泵的气蚀等问题有待于解决。

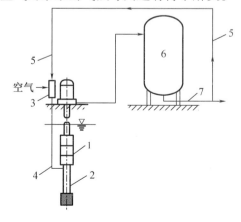

1—水泵;2—吸水管;3—加气阀;4—空气混合器;
5—除铁水;6—压力式锰砂过滤器;7—清水。

图 2-24 加气阀曝气除铁装置

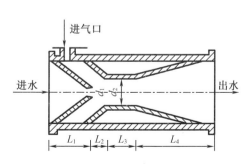

图 2-25 加气阀的构造

3. 自来水预处理

(1) 自来水的水质特点

自来水是经过净化等一系列处理后的水,水中悬浮杂质和胶体杂质含量都很少,一般都在 3 mg/L 以下,这种水无须再进行除浊处理。水厂为了消灭水中的细菌等微生物,防止疾病传播而对其进行加氯消毒,故自来水与天然水的不同之处就是含有游离性氯(常以次氯酸($HClO$)形式存在)。向自来水中投加的氯量一般由需氯量和余氯量两部分组成。需氯量是指杀死细菌和氧化有机物等所消耗的部分,为了抑制水中残存细菌的再度繁殖,避免水质二次污染,一般要求自来水管网中尚需维持少量剩余氯,这部分即为余氯量。通常规定,自来水管网末端余氯量不能低于 0.05 mg/L,出厂水余氯量控制在 0.5 ~ 1 mg/L。如锅炉的给水余氯量较大,其进入离子交换器则会破坏离子交换树脂的结构,使其强度变差,颗粒容易破碎。因此,用自来水作锅炉的补给水源时,如果水余氯量较大,在离子交换软化之前,需将水中的游离性余氯去除;特别是锅炉距自来水厂较近时,更应注意。

(2) 除氯方法

通常采用的除氯方法有化学还原法和活性炭脱氯法。

① 化学还原法

化学还原法是向含有余氯的水中投加一定量的还原剂,使之发生脱氯反应。常用的还原剂有二氧化硫和亚硫酸钠。

二氧化硫的脱氯反应为

$$SO_2 + HClO + H_2O =\!=\!= 3H^+ + Cl^- + SO_4^{2-}$$

此反应非常迅速,脱氯效果好,但反应结果是弱酸转变成强酸,会使水的 pH 值有所降低。

亚硫酸的脱氯反应为

$$Na_2SO_3 + HClO =\!=\!= Na_2SO_4 + HCl$$

亚硫酸钠具有较强的还原性,不仅能与次氯酸迅速反应,还能与水中的溶解氧发生反应:

$$2Na_2SO_3 + O_2 =\!=\!= 2Na_2SO_4$$

因此,亚硫酸钠在处理自来水时起到脱氯和除氧的双重效果。

亚硫酸钠加药量可按下式计算:

$$\rho(Na_2SO_3) = 63\alpha(\rho(O)/8 + \rho(Cl_2)/71)$$

式中 $\rho(Na_2SO_3)$——需投加纯亚硫酸钠的质量浓度,mg/L;

   α——投药系数,可选取 2 ~ 3;

   $\rho(O)$——水中溶解氧的质量浓度,mg/L;

   $\rho(Cl_2)$——水中余氯的质量浓度,mg/L;

   63,8,71——分别为 Na_2SO_3、O、Cl_2 的相对分子质量。

亚硫酸钠的投加可采用如图 2 – 26 所示的排挤式孔板加药装置,用转子流量计控制加药量。此方法设备简单、操作方便,可同时达到脱氯和除氧的目的。

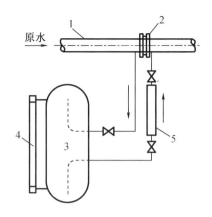

1—原水管;2—孔板;3—排挤式加药罐;4—液面计;5—转子流量计。

图 2-26 排挤式孔板加药装置

②活性炭脱氯法

活性炭是以木炭、煤、果核及果壳等为原料,经高温炭化和活化而制成的一种吸附剂,其微孔结构发达,吸附性能优良,用途广泛。活性炭对许多物质都有一定的吸附能力,同时也能去除水的臭味、色度及其中的有机物等,活性炭表面还能起到接触催化的作用。活性炭脱氯并非是单纯的吸附过程,在其表面同时发生了一系列的化学反应。含有活性氯的水通过活性炭滤层时,活性炭的催化作用使游离性氯变成氯离子。如果单纯以脱氯为目的,则活性炭的使用寿命是很长的。例如,用 19.6 m 的粒状活性炭滤料处理余氯量为 4 mg/L 的自来水,可连续制取 264.95×10^4 m³ 的余氯量小于 0.01 mg/L 的水。在相同条件下,处理氯含量为 2 mg/L 的水时,其寿命可延长至 6 a 左右。如果在原水中还有有机物和悬浮物,在这些物质的作用下,活性炭的脱氯能力会渐渐下降。另外,游离性氯分解时所生成的氧可对活性炭表面起氧化作用,使其性能下降。

$$Cl_2 + H_2O + C = 2H^+ + 2Cl^- + O + C$$
$$C + O = CO$$
$$CO + O = CO_2$$

活性炭的脱氯反应非常迅速,因此可用于快速处理水质。可用下式表示:

$$\lg(\rho_0/\rho) = K_0(L/\mu)$$

式中 ρ_0、ρ——炭塔入口处、出口处的游离余氯质量浓度,mg/L;

K_0——常数;

L——填充炭层高度,cm;

μ——空塔线速度,cm/s。

活性炭吸附过滤装置通常采用单流式机械过滤器,过滤器的入口可直接与自来水管连接,当自来水的压力不足时,可装设水箱用泵输送,过滤器和离子交换器串联运行。

过滤器内活性炭层高一般为 1~1.5 m,脱氯和除浊同时进行时,一般采用 6~12 m/s 滤速,单纯脱氯可采用 40~50 m/s 滤速,当过滤器截留悬浮物较多而使水流阻力增大,或出水水质恶化时,应进行反冲洗。反冲洗方法与普通滤池相同。

活性炭的炭粒变小,温度升高,pH 值降低,都会使反应速度加快。活性炭脱氯法简单、经济、有效,其应用较普遍。

4.高硬度与高碱度水预处理

原水硬度过高时,如果直接进入离子交换器进行软化,采用单级钠离子难以达到软化要求且经济效益明显下降。而碱度过高的水,也不能直接用作锅炉的补给水。对于高硬度或高碱度的水,在送入锅炉或进行离子交换软化之前,宜采用化学方法进行预处理,通常有以下几种方法。

(1)石灰处理法

①石灰处理的化学反应

生石灰(CaO)由石灰石经过燃烧制取。生石灰加水消化后制成熟石灰$Ca(OH)_2$,其反应为

$$CaO + H_2O =\!=\!= Ca(OH)_2$$

将$Ca(OH)_2$配制成一定浓度石灰乳投加到水中,进行如下化学反应:

$$Ca(OH)_2 + CO_2 =\!=\!= CaCO_3 \downarrow + H_2O$$
$$Ca(OH)_2 + Ca(HCO_3)_2 =\!=\!= 2CaCO_3 \downarrow + 2H_2O$$
$$Ca(OH)_2 + Mg(HCO_3)_2 =\!=\!= 2CaCO_3 \downarrow + MgCO_3 + 2H_2O$$
$$Ca(OH)_2 + MgCO_3 =\!=\!= 2CaCO_3 \downarrow + Mg(OH)_2 \downarrow + H_2O$$

熟石灰最容易与水中CO_2发生化学反应,其次容易与碳酸盐硬度成分发生化学反应,后者是石灰处理的主要化学反应。由于先反应生成的$MgCO_3$溶解度较高,还需要再与$Ca(OH)_2$进一步反应,生成溶解度很小的$Mg(OH)_2$才会沉淀出来。去除1 mmol的$Mg(HCO_3)_2$,要消耗2 mmol的$Ca(OH)_2$。因此,上面一系列反应可以合并成下面的反应式:

$$2Ca(OH)_2 + Mg(HCO_3)_2 =\!=\!= 2CaCO_3 \downarrow + Mg(OH)_2 \downarrow + 2H_2O$$

这些反应实际上也就是碳酸平衡向生成CO_2的方向移动,其反应式为

$$HCO_3^- =\!=\!= CO_2 + CO_3^{2-} + H_2O$$
$$CO_3^{2-} + Ca^{2+} =\!=\!= CaCO_3 \downarrow$$

从上面的反应式可以看出,促使HCO_3^-和CO_3^{2-}相互转化的重要因素是游离CO_2,当$Ca(OH)_2$与水中游离CO_2发生反应时,有利于反应向右进行,易使水中Ca^{2+}生成沉淀析出。

$Ca(OH)_2$虽然可以与水中非碳酸盐的镁硬度成分发生化学反应生成$Mg(OH)_2$沉淀,但同时又产生了等物质的量的非碳酸盐钙硬度成分。

$$MgSO_4 + Ca(OH)_2 =\!=\!= Mg(OH)_2 \downarrow + CaSO_4$$
$$MgCl_2 + Ca(OH)_2 =\!=\!= Mg(OH)_2 \downarrow + CaCl_2$$

所以,单纯石灰处理不能降低水的非碳酸盐硬度,但是通过石灰处理,在软化水的同时还可以去除水中部分铁与硅的化合物,其反应式为

$$4Fe(HCO_3)_2 + 8Mg(OH)_2 + O_2 =\!=\!= 4Fe(OH)_3 + 8MgCO_3 \downarrow + 6H_2O$$
$$H_2SiO_3 + Ca(OH)_2 =\!=\!= CaSiO_3 \downarrow + 2H_2O$$

当水的总碱度大于总硬度时,水存在钠盐碱度,石灰处理不能去除钠盐碱度成分,仅是把$NaHCO_3$等物质的量地转化为$NaOH$,即碱度不变,其反应式为

$$NaHCO_3 + Ca(OH)_2 =\!=\!= CaCO_3 \downarrow + NaOH + H_2O$$

②石灰处理的加药量计算

根据上述化学反应关系,可得出生石灰的消耗量。

1 mmol的CO_2消耗1 mmol的CaO,1 mmol的$Ca(HCO_3)_2$消耗1 mmol的CaO,1 mmol的$Mg(HCO_3)_2$消耗2 mmol的CaO,因此可以用下式估算需投加工业石灰的质量浓度:

$$\rho(CaO) = (28/w_1)(c(CO_2) + c(Ca(HCO_3)_2) + 2c(Mg(HCO_3)_2) + \alpha)$$

式中 $\rho(CaO)$——需投加工业石灰的质量浓度，mg/L；

　　α——石灰过剩量，一般为 0.2～0.4 mmol/L；

　　w_1——工业石灰的质量分数，%；

　　28——$\frac{1}{2}CaO$ 相对分子质量；

　　$c(CO_2)$、$c(Ca(HCO_3)_2)$、$c(Mg(HCO_3)_2)$——水中 CO_2、$Ca(OH)_2$、$Mg(HCO_3)_2$ 的浓度，mmol/L。

③石灰处理后的水质变化

经石灰处理后，水中碳酸盐硬度成分大部分被去除，非碳酸盐硬度成分未被去除，残留碳酸盐硬度可减少到 0.4～0.8 mmol/L，水的残留总硬度可用下式计算。

$$H_C = H_{ft} + H_{ct} + b$$

式中 H_C——石灰处理后水的残留总硬度，mmol/L；

　　H_{ft}——原水非碳酸盐硬度，mmol/L；

　　H_{ct}——石灰处理后残留碳酸盐硬度，mmol/L；

　　b——混凝剂中 $FeSO_4$ 投加浓度，mmol/L。

投加混凝剂 $FeSO_4$ 后，还需要按一定比例加石灰进行碱化，其反应式为

$$4FeSO_4 + 4Ca(OH)_2 + O_2 \longrightarrow Fe(OH)_3 + CaSO_4 \downarrow$$

由此反应式可看出，反应结果使水中等当量增加了钙的非碳酸盐硬度成分。若不投加混凝剂，此项应略去。

经石灰处理后，水的和碳酸盐硬度相应的碱度也得到去除。残留碱度可降到 0.8～1.2 mmol/L，但水中的钠盐碱度成分得不到去除，只能等当量由 $NaHCO_3$ 转化为 $NaOH$。

经石灰处理后，水中有机物去除率为 25% 左右，硅化物含量降低 30%～35%，铁的残留量小于 0.1 mg/L，所以相应减少了溶解固形物。

④石灰处理系统

a. 澄清池石灰处理系统

石灰处理需要的构筑物与混凝剂去除悬浮物需要的构筑物类似。石灰也和混凝剂一样，需要经过一个配制和投加过程，水里加了石灰后，也需经过混合、反应、沉淀和过滤的过程。但石灰处理构筑物有以下几个特点。

石灰的溶解配制比混凝剂困难，一般石灰用量比混凝剂要大得多，并容易产生堵塞管道、排渣困难等一系列问题。石灰处理产生的沉淀物较细，比悬浮物沉得慢，因此往往需要同时投加一定量的絮凝剂以形成较大颗粒，设备采用澄清池较好，当用其他设备时，停留时间相对较长。

石灰比较便宜，又易得到，所以当水的碳酸盐硬度较高时，用石灰除去碳酸盐硬度成分会降低软化水的成本。尤其是当原水是地面水，需要同时降低浊度时，采用石灰处理不必增加沉淀设备，更方便，图 2-27 给出了两个石灰处理系统。图 2-27(a)是一个软水量为 15 m³/h 的预处理系统，采用澄清池。图 2-27(b)是一个软水量为 120 m/h 的预处理系统，采用平流沉淀池，这个系统在过滤出水中加磷酸三钠(Na_3PO_4)和硫酸(H_2SO_4)的目的是稳定出水的水质，防止在钠离子交换剂上产生 $CaCO_3$ 和 $Mg(OH)_2$ 等沉淀物，降低交换剂的能力。

投加石灰有两种方式：一种是图 2-27(b)所示系统所采用的，$w(CaO) = 10\%～25\%$。

这种方式适用于石灰用量较大的情况。另一种方式是图 2-27(a)所示系统所采用的,石灰饱和器下部装石灰乳,让一部分原水通过石灰乳,由石灰饱和器上部流出,即得到石灰饱和溶液。原水在石灰饱和器里面停留的时间约为 5~6 h,石灰饱和液质量浓度可按 Ca(OH)$_2$ 的溶解度估计,在 0 ℃时 ρ(Ca(OH)$_2$) = 1 770 mg/L。用这种方法投加石灰比较准确,但由于原水在石灰饱和器中停留时间太长,只适用于石灰用量小的情况。

沉淀设备可以采用平流沉淀池或澄清池,采用平流沉淀池时,沉淀时间需延长到 4~6 h。水在澄清池中的停留时间随澄清池的类型有所不同,对加速澄清池可按 1.5 h 考虑。

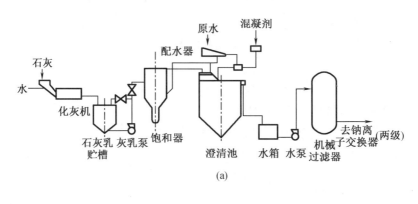

(a)

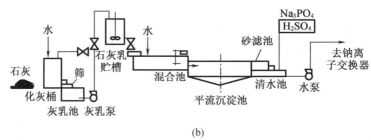

(b)

图 2-27　石灰处理系统

b. 涡流反应器石灰处理系统

用涡流反应器(图 2-28)也可进行软化处理。此设备主要用于在钙硬度较大、镁硬度不超过总硬度的 20% 和悬浮物不大的情况,可设计成压力式或敞开重力式。原水和石灰乳都从锥底沿切线方向进入反应器,因水的喷射速度较高,产生强烈的涡流旋转上升,与注入的石灰乳充分混合并迅速发生反应,生成碳酸钙沉淀。先形成的沉淀为结晶核心,后生成的碳酸钙与结晶核心接触逐渐长大成球形颗粒从水中分离出来。沉淀物形成致密的结晶体防止了高度分散的泥渣产生,从而加快了沉淀物的分离速度。这种设备体积小,出水能力较高,但它不能将镁硬度成分分离出来。

涡流反应器最大的优点是把软化所需要的混合、反应和沉淀三种作用包括在一个设备中,而停留时间只需 10~15 min,它是容积最小的一种预处理设备。另外,其沉渣都呈颗粒状,排渣水量小,沉渣容易脱水。但是,由于产生的 Mg(OH)$_2$ 不能被吸附在砂粒上,会使水变浑。为避免出现这种现象,一般加石灰量应略低于和重碳酸钙反应的需要量,且当水中 Mg^{2+} 浓度超过 0.8 mol/L 时,不宜采用涡流反应器。

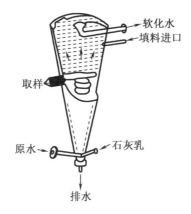

图 2 - 28 涡流反应器

(2)石灰－苏打处理法

①石灰－苏打处理化学反应

当原水硬度高而碱度较低时,除了采用石灰处理去除碳酸盐硬度成分外,通常还可用碳酸钠(化学式 Na_2CO_3,俗称苏打)去除非碳酸盐硬度成分。这种处理方法是向水中同时投加石灰和苏打,所以称为石灰－苏打处理法。石灰与水中 CO_2 和碳酸盐硬度成分的化学反应如前所述,苏打与非碳酸盐硬度成分发生如下化学反应。

$$CaSO_4 + Na_2CO_3 \longrightarrow CaCO_3 \downarrow + Na_2SO_4$$
$$CaCl_2 + Na_2CO_3 \longrightarrow CaCO_3 \downarrow + 2NaCl$$
$$MgSO_4 + Na_2CO_3 \longrightarrow MgCO_3 \downarrow + Na_2SO_4$$
$$MgCl_2 + Na_2CO_3 \longrightarrow MgCO_3 \downarrow + 2NaCl$$

反应生成的 $MgCO_3$ 进一步与 $Ca(OH)_2$ 反应生成 $Mg(OH)_2$ 沉淀。

$$MgCO_3 + Ca(OH)_2 \longrightarrow Mg(OH)_2 + CaCO_3 \downarrow$$

该方法适用于硬度大于碱度的原水,软化水的剩余硬度可降低到 0.3～0.4 mmol/L。

②石灰－苏打处理的加药量计算

石灰质量浓度的估算:

$$\rho(CaO) = (28/w_1)(c(CO_2) + A_0 + H_{Mg} + \alpha)$$

苏打用量的估算:

式中　A_0——原水总碱度,mmol/L;

　　　　H_{Mg}——原水镁硬度,mmol/L;

　　　　$\rho(Na_2CO_3)$——需投加工业苏打的质量浓度,mg/L;

$$\rho(Na_2CO_3) = (53/w_2)(H_{ft} + \beta)mg/L$$

式中　H_{ft}——原水非碳酸盐硬度,mmol/L;

　　　　β——苏打过剩量,一般取 1.0～1.4 mmol/L;

　　　　w_2——工业苏打的质量分数,%;

　　　　53——$1/2 Na_2CO_3$ 相对分子质量;

③石灰－苏打处理后的酸化

在石灰或石灰－苏打处理过程中,为了较彻底地除掉镁硬度成分,需多投加石灰,因此会致使水中的 Ca^{2+} 和 OH^- 含量明显地增加。这会影响水的软化效果,并且导致 OH^- 的增加,在这种情况下可采用下列两种方法进行再处理。

i. 采用部分原水混合。这种方法是将 60% ~90% 的原水通过石灰或石灰 - 苏打处理,而将另一部分(10% ~40%)原水与处理后的水进行混合,也可达到中和过量碱度及降低硬度的目的。

ii. 通过二氧化碳进行酸化

反应式如下。

$$CO_2 + 20H^- \longrightarrow CO_3^{2-} + H_2O$$
$$CO_3^{2-} + Ca^{2+} \longrightarrow CaCO_3 \downarrow$$

在用 CO_2 酸化时,应保持水的 pH 值不能低于 10,否则大量的 CO_3^{2-} 会转化为 HCO^-,其反应式为

$$CO_3^{2-} + H_2O \longrightarrow HCO_3^- + OH^-$$

因此过量 Ca^{2+} 不能沉淀下来。

④石灰 - 苏打处理系统

图 2 - 29 为苏打溶液配制与加药系统。该系统适用于处理用水量较大的锅炉。碳酸钠用电动吊桶运至水力搅拌溶药箱内,通过水力搅拌进行溶解,一般配制成质量分数为 5% ~10% 的溶液;药液泵既起着水力搅拌溶解的作用,又起着输送药液的作用。用药液泵将药液输送到加药罐内,然后通过水力排挤法注入水管中。

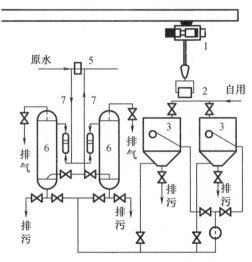

1—电动吊车;2—料斗;3—水力搅拌溶药箱;4—药液泵;5—孔板;6—加药罐

图 2 - 29　苏打溶液配制与加药系统

(3)石灰 - 石膏处理

①石灰 - 石膏处理的水质条件

石灰 - 石膏处理适用于原水硬度大于碱度的情况。当原水碱度大于硬度时,单纯石灰处理只能降低与碳酸盐硬度相对应的那一部分碱度,而其余的钠盐碱度是不能降低的。如果同时投加石膏($CaSO_4$,也可用 $CaCl_2$),其反应式为

$$4NaHCO_3 + 2CaSO_4 + Ca(OH)_2 \Longrightarrow 2CaCO_3 \downarrow + 2Na_2SO_4 + 2H_2O$$

②石灰－石膏处理的加药量计算
$$\rho(CaO) = (28/w_1)(A_T - 1 + H_{Mg} + CO_2 + \alpha)$$
式中　A_T——水的总碱度,mmol/L。
$$\rho(CaSO_4) = (68.06/w_3)(A_T - H_T - 1)$$
式中　W_3——$CaSO_4$ 的质量分数,% ;
　　　68.06——1/2$CaSO_4$ 相对分子质量;
　　　1——保留的钠盐碱度;
　　　H_T——水的总硬度,mmol/L。

（4）NaOH 处理

①NaOH 处理反应机理

NaOH 处理可以代替石灰－苏打处理,其化学反应式为
$$Ca(HCO_3)_2 + 2NaOH \longrightarrow CaCO_3 \downarrow + Na_2CO_3 + 2H_2O$$
$$Mg(HCO_3)_2 + 4NaOH \longrightarrow Mg(OH)_2 \downarrow + 2Na_2CO_3 + 2H_2O$$
$$MgSO_4 + 2NaOH \longrightarrow Mg(OH)_2 \downarrow + 2Na_2SO_4$$
$$MgCl_2 + 2NaOH \longrightarrow Mg(OH)_2 \downarrow + 2NaCl$$
$$CO_2 + 2NaOH \longrightarrow Na_2CO_3 + H_2O$$
$$CaCl_2 + Na_2CO_3 \longrightarrow CaCO_3 \downarrow + 2NaCl$$
$$CaSO_4 + Na_2CO_3 \longrightarrow CaCO_3 \downarrow + Na_2SO_4$$

②NaOH 处理的加药量计算
$$\rho(NaOH) = (40/w_4)(H_t + H_{Mg} + CO_2 + A_c)$$
式中　W_4—NaOH 的质量分数;
　　　40—NaOH 相对分子质量,% ;
　　　A_c—NaOH 的过剩量,一般取 0.2 ~ 0.4 mmol/L。

2.1.3　锅炉用水的软化

通过对水的预处理可除去水中的悬浮物质和部分胶体物质。为除去水中的溶解的杂质,通常采用离子交换处理的方法,它既可降低硬度,又可除碱和盐。

离子交换处理是一种去除水中可溶性杂质离子的方法,水可在一定条件下通过离子交换剂完成离子交换处理过程,水本身被软化、除碱和除盐等。这种过程是依靠离子交换剂本身所具有的某种离子和水中同电性的离子相互交换而完成的,如交换反应:
$$2NaR + Ca^{2+} \Longrightarrow CaR_2 + 2Na^+$$
式中,R 不是化学符号,表示离子交换剂母体。

反应后 Na 型离子交换剂（NaR）因吸附水中的 Ca^{2+} 而转变为 Ca 型离子交换剂（CaR_2）,原含 Ca^{2+} 的水因其中的 Ca^{2+} 同 Na 型离子交换剂中的 Na^+ 发生交换而被软化。离子交换剂失去交换能力后可用 NaCl 溶液再生。

离子交换处理具有高效,简便,交换剂可再生,去除水中离子状态杂质比较彻底,适应性广等特点。根据欲处理水的特点采用不同的离子交换处理方式,可以得到满足各类型锅炉对给水水质的要求。经过混凝、沉淀和过滤处理后,虽然表面看上去水已清澈、透明,悬浮杂质极少,但水的硬度或碱度有时不能满足给水水质要求,所以补给水在进行预处理后常要进行离子交换处理来进一步除去以离子状态存在于水中的杂质,以确保锅炉安全经济运行。

离子交换处理设备运行方式分为静态和动态,静态运行方式是让离子交换剂与水接触(有时还需搅拌)进行离子交换,然后将它们彼此分离,所以只能间歇使用,在工业上一般不使用,只适合在实验室中研究离子交换剂的性能时采用;动态运行方式是水在流动状态下进行离子交换,是工业上常采用的方式。动态运行方式又分为固定床和连续床等。

1. 离子交换的基本知识

(1) 离子交换概述

① 发展历程

在古代人们采用砂砾净水,沙漠地带的人早就知道可用树木使苦水变甜,不自觉地运用了离子交换原理。

1850 年左右,英国人汤姆森和韦发现了离子交换反应,并系统地描述了土壤中钙离子和水中铵离子的交换现象,该发现得到了当时科学界的重视。

20 世纪初,甘斯首先把天然的和合成的硅酸铝盐离子交换剂应用于工业软水和糖的净化。之后,甘斯为克服硅质离子交换剂的缺点,又发现了磺化煤阳离子交换剂。

1933 年,英国人亚当斯和霍姆斯首先人工制造酚醛类型的阳、阴离子交换树脂。后来,德、英、美、苏、日等国都开始进行离子交换树脂的工业规模生产。

1945 年,美国人迪阿莱里坞发明了聚苯乙烯型强酸性阳离子交换树脂和聚丙烯酸型弱酸性阳离子交换树脂的制备方法。后来,聚苯乙烯阴离子交换树脂、氧化还原树脂、螯合型树脂以及大孔型树脂相继出现,使离子交换技术得到了日益广泛的应用。

水质处理是离子交换剂应用最多的领域,离子交换技术的发展与水处理技术的发展紧密相关。1950 年左右,我国低压锅炉主要采用沸石软化水来满足锅炉对水质的要求,后来改用磺化煤代替沸石。随着高压和超高压锅炉的应用,对补给水的水质提出了更高的要求,促使水处理技术进一步得到发展,促进了离子交换树脂的合成及其应用技术的发展。现在,离子交换处理已成为关键的锅炉水处理工艺,离子交换树脂在锅炉水处理中已得到广泛应用。

② 离子交换剂的分类

离子交换剂种类很多,分类方法也很不统一。一般根据离子交换剂所带的交换功能基团的特性对其进行分类。凡带酸性功能基团,能与阳离子进行交换的物质,叫阳离子交换剂;凡带碱性功能基团,能与阴离子进行交换的物质,叫阴离子交换剂。再分别按交换功能基团酸性或碱性的强弱程度,粗略地划分为强、弱两类。

此外,离子交换剂还有天然和人造、有机和无机、大孔和凝胶等之分。离子交换剂分类的大致情况如图 2 - 30 所示。

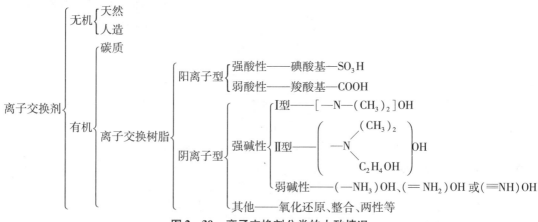

图 2 - 30 离子交换剂分类的大致情况

最早使用的离子交换剂是无机的天然海绿砂和天然沸石,之后又使用合成的人造沸石。这几种离子交换剂由于颗粒核心结构致密,应用时只有颗粒表层参与反应,故交换能力很差,而且机械强度和化学稳定性较差,目前在锅炉水处理中已不再使用。现在锅炉水处理中应用的是有机的磺化煤和离子交换树脂。

a. 磺化煤

磺化煤是粉碎的烟煤经过发烟硫酸(浓硫酸与质量分数18%~20%的SO_3的混合物)磺化处理后,再经过洗涤、干燥、筛分等工序而制成的。磺化煤直接利用煤本身的空间结构作为高分子骨架,它是黑色无光泽颗粒。

磺化煤的活性基团主要是磺化处理时引入的磺酸基($—SO_3H$),此外还有一些煤本身原有的基团(如$—COOH$和$—OH$)以及因硫酸氧化作用生成的羧基($—COOH$)。所以,磺化煤实质上是一种混合型离子交换剂。

磺化煤的价格较便宜,现在在小型锅炉的水处理中仍有采用,但由于磺化煤有交换能力差、机械强度低、化学稳定性差等缺点,已逐渐被离子交换树脂所代替。

b. 离子交换树脂

用化学合成法制成的有机离子交换剂称为离子交换树脂(简称树脂)。

离子交换树脂是一种反应性高分子化合物,由许多低分子化合物(单体)经聚合或缩合过程彼此头尾结合串联而成。根据其单体的种类,离子交换树脂可分为苯乙烯系、丙烯酸系和酚醛系等。

③离子交换剂的结构

离子交换剂是一种反应性高分子电解质,具有立体网状交联结构。它不溶于酸性或碱性溶液中(磺化煤不耐碱),却具有酸或碱的性质。如图2-31所示,离子交换剂的结构包括两部分:一部分是具有网状结构的高分子骨架,起支撑整个化合物的作用;另一部分是能离解的活性基团。活性基团能牢固地与高分子骨架结合,不能自由移动,称为惰性物质。活性基团上还带有一个能离解的离子,它可以自由移动,并与周围的外来同电性离子互相交换,称为可交换离子。

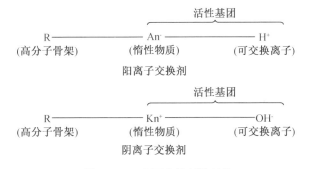

图2-31 离子交换剂的结构

阳离子交换剂中可交换离子为阳离子,阴离子交换剂中可交换离子为阴离子,而离子交换仅仅是离子交换剂中的可交换反应离子与水中电解质的同电性离子之间的交换反应。

(2)离子交换原理

①离子交换机理

目前有三种理论解释离子交换现象,即晶格交换理论、双电层理论和唐南(Donnan)膜理论。各理论有相似之处,但也有较大的分歧,目前还不能统一。对于离子交换处理来说,用双电层理论解释最合适。

双电层理论认为,在离子交换剂的高分子表面上存在着与胶体表面相似的双电层如图2-32所示。结合在高分子表面上的离子不能自由移动,称为固定离子层或吸附层;其外部离子能在一定范围内自由移动,称为可动离子层或扩散层。与内层离子符号相同的离子称为同离子,与内层离子符号相反的离子称为反离子。

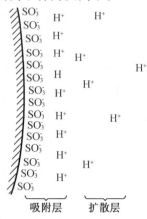

图 2-32 离子交换剂双电层结构

固定离子层中的同离子依靠化学键结合在高分子骨架上,其中的反离子依靠异性电荷的吸引力被固定。可动离子层中的反离子由于受到异性电荷的引力较小,热运动比较显著,所以有自高分子表面向溶液中逐渐扩散的现象。这些反离子在溶液中能自由移动,并与溶液中其他反离子互换位置,即进行离子交换。

离子交换作用主要发生在扩散层中的反离子和溶液中其他反离子之间。这是因为离子层中离高分子表面越远的反离子,其能量越大,活动能力就越强,也就越容易和其他反离子交换。但是,这种交换不完全限制在可动离子层,溶液中的反离子交换至可动离子层后,因动平衡发生压缩作用,使可动离子层的活动范围变小,从而使可动离子层中部分反离子变成固定层的反离子。这就可以解释当再生溶液的浓度太大时,不仅不能提高再生效果,有时反而使再生效果降低。

②离子交换速度及其影响因素

在采用离子交换处理的水处理中,一般总希望离子交换在较高的流速下运行,所以反应的时间是有限的,因此,研究离子交换速度及其影响因素有重要的实际意义。

离子交换速度是指水溶液中离子浓度改变的速度,不是单指离子交换反应本身的速度。

离子交换速度的大小主要受树脂颗粒特性和外界运行条件的影响,但影响离子交换速度的因素较多,情况较复杂,至今还没有完全弄清楚。下面简要地阐述影响离子交换速度的一些因素。

a. 树脂的交换基团

由于离子间的化学反应速度很快,因此树脂的交换基团一般不会影响离子交换速度。例如,磺酸型阳树脂不论其呈 H、Na 或其他形态,对各种阳离子的交换速度有很大差别,见表2-23,这是由交换基团不同,膨胀率变化较大所致。

表 2 – 23　交换基团形态与离子交换速度关系

反应	达90%平衡所需时间	湿视密度/(g·cm⁻³)
$RSO_3H + KOH$	2 min	0.435
$RSO_3Na + CaCl_2$	2 min	0.500
$RCOOH + KOH$	7 d	0.400
$RCOONa + CaCl_2$	2 min	0.300

b. 树脂的交联度

树脂的交联度大,其网孔就小,则其颗粒内扩散就慢。所以对交联度大的树脂,离子交换速度一般偏向受内扩散控制。水中有比较大的离子存在时,树脂的交联度对离子交换速度的影响更显著。

c. 树脂颗粒的大小

树脂颗粒越小,离子交换速度越快。但树脂颗粒太小会增加树脂层的阻力,所以树脂颗粒也不宜太小。

d. 水中离子的浓度

由于扩散过程是依靠离子浓度梯度进行的,所以水中离子浓度是影响扩散速度的重要因素。当水中离子浓度较大(在0.1 mol/L以上)时,膜扩散速度较快,整个交换速度偏向受内扩散控制,这相当于水处理工艺中树脂再生时的情况;当水中离子浓度较小(在0.003 mol/L以下)时,膜扩散速度就变得很慢,整个交换速度就偏向受膜扩散控制,这相当于用阳离子交换树脂进行水软化时的情况。当然,水中离子的浓度变化时,树脂膨胀和收缩也会影响内扩散速度

e. 水的温度

在一定范围内,提高水温能加快离子交换速度。所以,离子交换器运行时,将水温提高到30~50 ℃可得到较好的交换效果。

f. 水的流速

树脂颗粒表面的水膜厚度随着水的流速的增加而减小,所以水的流度增加,可以加快膜扩散,但不影响内扩散,水的流速适当增加,可加快离子交换速度。

g. 离子的特性

离子水合半径越大或所带电荷越多,内扩散速度就越慢。试验证明:阳离子每增加一个电荷,其内扩散速度约减慢到原来的1/10。

离子交换速度的影响因素对阴、阳离子交换树脂来说基本相同,只是各因素的影响程度不同而已。

对于大孔型树脂,其内扩散的速度比普通树脂快得多。

2. 阳离子交换软化法

锅炉水处理的主要内容是对水的软化,降低水的钙、镁硬度,防止锅炉结垢。软化水的方法很多,目前常用的是阳离子软化法。

(1)基本原理

原水流经阳离子交换剂时,水中的 Ca^{2+}、Mg^{2+} 等阳离子被阳离子交换剂所吸附,而阳离子交换剂中的可交换离子(Na^+、H^+ 或 NH_4^+)则进入水中,从而去除了水中的钙、镁离子,使

水得到了软化。

阳离子交换剂可看成由不溶于水的阳离子交换剂母体和可离解的可交换离子两部分组成。如果把以阳离子交换剂母体为主的复杂阴离子团用 R^- 表示,可交换离子用相应的离子符号(Na^+、H^+ 或 NH_4^+)表示,则上述阳离子交换软化过程可表示为

$$Ca^{2+} + 2NaR \Longleftrightarrow CaR_2 + 2Na^+$$

$$Mg^{2+} + 2NaR \Longleftrightarrow MgR_2 + 2Na^+$$

在阳离子交换软化反应中,阳离子交换剂和水的可交换离子(Na^+ 和 Ca^{2+}、Mg^{2+})之间进行了等当量而可逆的反应。

(2)钠离子交换软化法

钠离子交换剂用 NaR 表示。钠离子交换软化反应为

$$Ca(HCO_3)_2 + 2NaR \Longrightarrow CaR_2 + 2NaHCO_3$$

$$Mg(HCO_3)_2 + 2NaR \Longrightarrow MgR_2 + 2NaHCO_3$$

$$CaSO_4 + 2NaR \Longrightarrow CaR_2 + 2NaSO_4$$

$$MgSO_4 + 2NaR \Longrightarrow MgR_2 + 2NaSO_4$$

$$CaCl_2 + 2NaR \Longrightarrow CaR_2 + 2NaCl$$

$$MgCl_2 + 2NaR \Longrightarrow MgR_2 + 2NaCl$$

可见,钠离子交换软化既可降低暂硬,又可降低永硬,处理后水的残余硬度可降到 $0.01 \sim 0.6$ mmol/L,甚至更低。但它不能除碱,因为构成天然水碱度主要部分(或全部)的 $Ca(HCO_3)_2$ 和 $Mg(HCO_3)_2$ 等当量地变为 $NaHCO_3$,后者仍构成碱度。另外,处理后水的含盐量增加,因为钙盐、镁盐等当量地转变成钠盐,而钠的当量值(23)比钙和镁的当量值(20.04和12.16)高,所以用水的含盐量将有所提高。

随着钠离子交换软化过程的进行,钠离子交换剂中的 Na^+ 逐渐被 Ca^{2+}、Mg^{2+} 所代替,处理后水的残余硬度将逐渐增大。当残余硬度达到某一值后,水质已不符合锅炉给水水质标准要求,则认为钠离子交换剂失效,应立即停止软化,对钠离子交换剂进行再生(还原),以恢复其软化能力。常用的再生剂是 NaCl。由于 Ca^{2+}、Mg^{2+} 比 Na^+ 所带的电荷多,处于选择性置换顺序的前列,所以必须使用浓度较高的 NaCl 溶液。再生反应的反应式为

$$CaR_2 + 2NaCl \Longrightarrow 2NaR + CaCl_2$$

$$MgR_2 + 2NaCl \Longrightarrow 2NaR + MgCl_2$$

再生反应生成物 $CaCl_2$ 和 $MgCl_2$ 溶于水,可随再生废液一起排掉。再生后,钠离子交换剂重新吸附 Na^+,变成 NaR,又恢复离子交换能力,可继续用来对水进行软化。

恢复交换剂 1 mol 的交换能力所消耗的再生剂克数叫作再生剂的耗量,如用 NaCl 再生,则叫作盐耗。因离子交换是按一定的比例进行的,所以理论上每除掉 1 mol 硬度成分需消耗 1 mol NaCl,即 58.5 g NaCl(理论盐耗)。在实际应用中,再生剂的用量总要超过理论值。

钠离子交换软化法的主要缺点是不能除碱。对于使用暂硬高的碱性水的锅炉,采用此法往往会造成锅水碱度过高,增加锅炉排污水量和热量损失。

(3)部分钠离子交换软化法

部分钠离子交换软化即让原水只有一部分流经钠离子交换器进行软化,而另一部分原水则不经软化直接流入水箱(通有蒸汽加热)。经钠离子软化的这部分软水,其中的暂硬成分转变为 $Na(HCO_3)_2$,后者在水箱中受热分解,形成 Na_2CO_3 和 NaOH;再利用 Na_2CO_3 和

NaOH 去与未经软化的原水中的硬度成分反应,生成 $CaCO_3$ 沉淀,定期从水箱底部排掉,同时除掉了一部分碱度成分,其反应式为

$$2NaHCO_3 \stackrel{\triangle}{=\!=\!=} Na_2CO_3 + CO_2 \uparrow + H_2O$$

$$CaCl_2 + Na_2CO_3 =\!=\!= CaCO_3 \downarrow + 2NaCl$$

$$CaSO_4 + Na_2CO_3 =\!=\!= CaCO_3 \downarrow + Na_2SO_4$$

$$Na_2CO_3 + H_2O \stackrel{\triangle}{=\!=\!=} 2NaOH + CO_2 \uparrow$$

$$Ca(HCO_3)_2 + 2NaOH =\!=\!= CaCO_3 \downarrow + Na_2CO_3 + 2H_2O$$

采用这种方法必须控制好需经钠离子软化的原水的比例,保证混合后的水具有适当的残余碱度和硬度。需经钠离子软化的原水占总水量的比例可按下式计算。

$$\chi = (H - A + A_1 p/100)/(H - \Delta H)$$

式中　χ——需经钠离子软化的原水占总水量的比例;

　　H、A——原水总硬度和总碱度,mmol/L;

　　A_1——锅水总碱度,mmol/L;

　　p——锅炉排污率,%;

　　ΔH——软水残余硬度,mmol/L。

部分钠离子交换软化法具有以下特点:可以除碱;可用较小的钠离子交换器;软化不彻底,混合后水的残余硬度较高;水箱中有碳酸钙沉积,需清理。因此,它只适用于低压工业锅炉原水总硬度不太高时的软化、除碱。

(4)氢离子交换和氢-钠离子交换软化法

①氢离子交换反应及特点

阳离子交换剂如果不用 NaCl,而是用酸(HCl 或 H_2SO_4)去还原,则可得到氢离子交换剂 HR,反应式为

$$CaR_2 + 2HCl =\!=\!= 2HR + CaCl_2$$

$$MgR_2 + 2HCl =\!=\!= 2HR + MgCl_2$$

原水流经氢离子交换剂,同样可以得到软化,其反应式为

$$Ca(HCO_3)_2 + 2HR =\!=\!= CaR_2 + 2H_2O + 2CO_2 \uparrow$$

$$Mg(HCO_3)_2 + 2HR =\!=\!= MgR_2 + 2H_2O + 2CO_2 \uparrow$$

$$CaSO_4 + 2HR =\!=\!= CaR_2 + H_2SO_4$$

$$MgSO_4 + 2HR =\!=\!= MgR_2 + H_2SO_4$$

$$CaCl_2 + 2HR =\!=\!= CaR_2 + 2HCl$$

$$MgCl_2 + 2HR =\!=\!= MgR_2 + 2HCl$$

氢离子交换剂还能与钠盐进行交换反应:

$$NaHCO_3 + HR =\!=\!= NaR + H_2O + CO_2 \uparrow$$

$$Na_2SO_4 + 2HR =\!=\!= 2NaR + H_2SO_4$$

$$NaCl + HR =\!=\!= NaR + HCl$$

$$Na_2SiO_3 + 2HR =\!=\!= 2NaR + 2H_2SiO_3$$

经氢离子交换处理后的水有如下特点。

a. 去除了暂硬成分和永硬成分,而且可以除碱和降盐。这是因为重碳酸盐和碳酸盐在交换过程中形成了水和二氧化碳,后者可通过脱气塔被从水中排除,从而消除了碱度成分,

并可起到部分除盐的作用。

b. 出水呈酸性。在去除非碳酸盐(永硬成分和 Na_2SO_4 等)时生成了一定量的酸(硫酸、盐酸和硅酸),故出水呈酸性,产生的酸量决定于原水中相应的阴离子(Cl^- 、 SO_4^{2-} 等)含量。

氢离子交换时的终点控制分两种情况:一是以钠离子出现作为终点,相当于置换了水中的全部阳离子;二是以硬度的出现为终点,这时只置换了水中的钙、镁离子,而原已吸附了钠离子的交换剂(NaR)又去置换水中的钙、镁离子,并从水中排出钠盐。但是,无论以哪种情况作为氢离子交换的终点,其出水残余硬度都可降低到 $0.01 \sim 0.03$ mmol/L,甚至完全消除。

因经氢离子交换处理的水呈酸性和再生时用酸作为再生剂,故氢离子交换器及其管道必须采取防腐措施,且处理后的水不能直接送入锅炉。通常,它必须与其他离子交换法联合使用。

②氢 – 钠离子交换软化法

氢 – 钠离子交换软化法是将氢离子交换处理后的酸性水与钠离子交换处理后的碱性水相混合,使之发生中和反应:

$$H_2SO_4 + 2NaHCO_3 \Longrightarrow NaSO_4 + 2H_2O + 2CO_2 \uparrow$$

$$HCl + NaHCO_3 \Longrightarrow NaCl + H_2O + CO_2 \uparrow$$

反应后所产生的 CO_2 在除 CO_2 器中除掉,这样既降低了碱度,又消除了硬度成分,且使水的含盐量有所降低。氢 – 钠离子交换软化法分为并联、串联、综合三种。而按再生时用酸量的多少,其又可分为足量酸再生和不足量酸再生(贫再生)。

a. 并联法

原水一部分(X_{Na})流经钠离子交换器,其余部分($1 - X_{Na}$)则流经氢离子交换器,然后两部分原水汇合后进入除 CO_2 器,排出除 CO_2 器的软水存入水箱,并由水泵送出。

并联法的氢离子交换器是采用足量酸再生的,因此氢离子交换处理后的软水是酸性的。为避免混合后的水呈酸性,并维持一定的残余碱度(一般为 0.35 mmol/L),运行中必须根据原水水质适当调整流经两种离子交换器的水量比例。

b. 串联法

原水一部分($1 - X_{Na}$)流经氢离子交换器,另一部分原水则不经软化而与氢离子交换器的出水(酸性水)相混合。此时,经氢离子交换处理产生的酸和原水中的碱相互中和,中和后产生的 CO_2 在除 CO_2 器中被除去,之后剩下的水经水箱由水泵打入钠离子交换器。

除 CO_2 器必须设在钠离子交换器之前,否则 CO_2 形成碳酸后再流经钠离子交换器会产生 $NaHCO_3$,软水碱度重新增加,其反应式为

$$Na_2CO_3 + NaR \Longrightarrow HR + NaHCO_3$$

串联法的再生方式有两种:足量酸再生和不足量酸再生。不足量酸再生系统原水不再分成二路,而是全部流经氢离子交换器;氢离子交换器失效后,不像通常那样用过量的酸再生,而是用理论量的酸进行再生。

贫再生的氢离子交换器,由于其再生时酸量不足,故不能使交换剂充分再生,只有上层交换剂转变成 H 型,而下层交换剂仍为 Ca 型、Mg 型或 Na 型,通常称之为缓冲层。当原水流经上层交换剂时,其中的钙、镁离子被氢离子所置换,其反应式为

$$CaSO_4 + 2HR \Longrightarrow CaR_2 + H_2SO_4$$

$$CaCl_2 + 2HR \Longrightarrow CaR_2 + 2HCl$$

$$Ca(HCO_3)_2 + 2HR \Longrightarrow CaR_2 + H_2O + CO_2 \uparrow$$

水流经下层——缓冲层时,水中的强酸又会把 CaR_2 和 MgR_2 还原成 HR,并重新生成永硬,其反应式为

$$CaR_2 + H_2SO_4 \Longrightarrow CaSO_4 + 2HR$$

$$CaR_2 + 2HCl \Longrightarrow CaCl_2 + 2HR$$

而水在下流时,其中的 CO_2 会有一部分形成 H_2CO_3 后者是弱酸,不能与 CaR_2 和 MgR_2 发生置换反应,但它电离生成的 HCO_3^- 与 Na^+ 发生反应,其反应式为

$$HCO_3^- + Na^+ \Longrightarrow NaHCO_3$$

因此出水呈碱性,但其碱度比原水低。

综上所述,贫再生氢离子交换器的工作特点如下。

i. 只去除了原水中暂硬,而永硬基本未变,故软化不彻底,必须与钠离子交换器串联使用。

ii. 保留了氢离子交换器除碱作用,但出水无酸,呈碱性,因此防腐问题较易解决。

iii. 再生用酸量少,运行费用低。

贫再生串联法适用于永硬小或有负硬的水。由于它有一系列优点,所以已经被一些较大的工业锅炉房采用。但是,此法所用的氢离子交换器尺寸大(因全部原水都流经它),初投资较多,故小型锅炉房少用。

c. 综合法

综合法示意图如图 2 – 33 所示。它只用一台离子交换器。此交换器中的离子交换剂上面为氢型,用的是弱酸性阳离子交换树脂,下面为钠型,用的是强酸性阳离子交换树脂,靠二者的密度差(弱酸阳树脂的密度小)实现分层。离子交换剂先用硫酸溶液再生,然后进行中间正洗(即用清水冲掉还原产物),接着再用 NaCl 溶液再生。NaCl 溶液流至上层交换剂时,H^+ 并不会被 Na^+ 所置换,因为上层为弱酸性阳离子交换树脂,其选择性置换顺序为 H^+ 先于 Na^+。弱酸性阳离子交换树脂的交换基团是羧基(—COOH),它不能吸附中性盐 $CaCl_2$、$CaSO_4$ 等,但能与 $Ca(HCO_3)_2$、$Mg(HCO_3)_2$ 充分作用,其反应式为

$$Ca(HCO_3)_2 + 2H^+ - RCOOH \Longrightarrow Ca^{2+}(-RCOOH)_2 + 2H_2O + 2CO_2\uparrow$$

$$Mg(HCO_3)_2 + 2H^+ - RCOOH \Longrightarrow Mg^{2+}(-RCOOH)_2 + 2H_2O + 2CO_2\uparrow$$

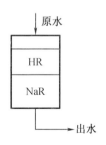

图 2 – 33 综合法示意图

因此,经弱酸性阳离子交换树脂处理后的水中不会产生强酸。

采用综合法时,原水流经上层弱酸性阳离子交换树脂时除去了暂硬和碱度,再流经下层强酸性阳离子交换树脂时除去了永硬。用综合法处理后的软水,其残余碱度可控制在 $0.5 \sim 1$ mmol/L。

氢 – 钠离子交换软化法三种方法比较见表 2 – 24。

表 2-24 氢-钠离子交换软化方法三种方法比较

方法	并联法	串联法	综合法
设备系统		最复杂	最简单
耐酸设备	需要最多		需要最少
残余碱度	≤ 0.35 mmol/L	$0.35 \sim 0.7$ mmol/L	$0.5 \sim 1$ mmol/L
运行操作	要控制好水流分配比,否则可能出酸性水	不会出酸性水,运行可靠	要进行树脂分层操作和控制好上、下层高度比,不会出酸性水

(5)铵离子交换和铵-钠离子交换软化法

铵离子交换与氢离子交换的软化原理基本相同,但是不用酸再生,而用铵盐再生,并得到铵离子交换剂 NH_4R。铵离子交换反应式为

$$Ca(HCO_3)_2 + 2NH_4R == CaR_2 + 2NH_4HCO_3$$

$$Mg(HCO_3)_2 + 2NH_4R == MgR_2 + 2NH_4HCO_3$$

$$CaSO_4 + 2NH_4R == CaR_2 + (NH_4)_2SO_4$$

$$MgSO_4 + 2NH_4R == MgR_2 + (NH_4)_2SO_4$$

$$CaCl_2 + 2NH_4R == CaR_2 + 2NH_4Cl$$

$$MgCl_2 + 2NH_4R == MgR_2 + 2NH_4Cl$$

经铵离子交换处理的水,其暂硬转变成重碳酸氢铵(NH_4HCO_3),后者在炉内会受热分解

$$NH_4HCO_3 \xrightarrow{\triangle} NH_3 \uparrow + CO_2 \uparrow + H_2O$$

故铵离子交换与氢离子交换一样,在去除暂硬的同时,也除掉了碱度,并具有除盐作用。其除盐量与原水中的暂硬在当量上相等。

从上述交换反应还可看出,经铵离子处理后的软水中没有游离酸,并且其交换剂不用酸再生,故铵离子交换器及其管道无须防腐。但是,铵离子交换"隐藏"着酸性,因为在它去除永硬反应中生成的硫酸铵$[(NH_4)_2SO_4]$和氯化铵(NH_4Cl)在炉内受热后还会分解出酸,其反应式为

$$(NH_4)_2SO_4 \xrightarrow{\triangle} 2NH_3 \uparrow + H_2SO_4$$

$$NH_4Cl \xrightarrow{\triangle} 2NH_3 \uparrow + HCl$$

所以与氢离子交换一样,铵离子交换在去除永硬时也会生成等当量的酸,只不过水的酸性要在进入锅炉受热后才能呈现出来。因此,铵离子交换处理也不能单独采用,也需要和其他方法联合使用。

铵离子交换器失效后一般用 NH_4Cl 和 $(NH_4)_2SO_4$ 再生,其反应式为

$$CaR_2 + 2NH_4Cl == CaCl_2 + 2NH_4R$$

$$MgR_2 + 2NH_4Cl == MgCl_2 + 2NH_4R$$

实际中,常在用铵-钠离子交换处理软化后,令铵离子交换处理后在锅内生成的酸与钠离子交换处理后在锅内生成的碱相中和进行如下反应:

$$2HCl + Na_2CO_3 == 2NaCl + H_2O + CO_2 \uparrow$$

$$H_2SO_4 + Na_2CO_3 == Na_2SO_4 + H_2O + CO_2 \uparrow$$

综上所述,铵－钠离子交换软化法与氢－钠离子交换软化法的原理和效果基本相同,但不同之处是:铵－钠离子交换处理的除碱、除盐效果,只是在软水受热后才呈现,而氢－钠离子交换处理则在氢离子交换后立即呈现;铵离子交换处理要受热后才呈现酸性,同时不用酸再生,故铵－钠离子交换软化法的设备不需采取防腐措施,也不需要设置除 CO_2 器;铵－钠离子交换处理的水受热后产生氨气(NH_3)和二氧化碳(CO_2),它们会腐蚀金属(特别是氨在蒸汽中有氧存在时,会腐蚀铜件)。

铵－钠离子交换软化法有并联法和综合法两种。通常不用串联法,因为 NH_4^+ 和 Na^+ 的选择性置换顺序很相近,采用串联法时铵离子交换处理后的水流经钠离子交换剂时,一部分铵盐又会被置换为钠盐,而使水的碱度重新升高。

并联法铵－钠离子交换的水量分配计算与并联法氢－钠离子交换基本相同,但综合法铵－钠离子交换软化时,其交换剂(NH_4R 和 NaR)混合在一起,是不分层的,且用的都是强酸性阳离子树脂或都是磺化煤。再生时,使用按比例配制好的食盐－氯化铵混合液。

3. 阴离子交换除碱和除盐

(1)阴离子交换

阴离子交换的原理与阳离子交换相同,都是离子交换剂与被处理水中的相应离子间所进行的等当量的可逆交换反应,且在交换过程中离子交换剂本身的结构并无实质性的变化。阴离子交换剂的交换基团,视再生剂是盐($NaCl$)还是碱($NaOH$),可以是氯型的或羧基(氢氧)型的。相应的阴离子交换剂则用 RCl(氯型)和 ROH(羧基型或氢氧型)表示,这里 R 代表以离子交换剂母体为主的复杂的阳离子基团。由于沸石和磺化煤等离子交换剂不耐碱,所以必须用树脂作为阴离子交换剂。

一般阴离子交换并不单独使用,而是与阳离子交换并用,如氯－钠离子交换(软化和除碱)、阴、阳离子交换(化学除盐)等。

(2)氯－钠离子交换

氢－钠或铵－钠阳离子交换,不但能软化,而且能除碱,并有局部除盐作用,但由于设备复杂、初投资大、操作较复杂,或由于担心氨对蒸汽的污染或对铜制件的腐蚀等,一般中小型锅炉房很少采用。氯型强碱性阴离子交换树脂的除碱反应式为

$$2RCl + HCO_3^- =\!=\!= 2RHCO_3 + 2Cl^-$$

由上式可见,氯离子交换除碱过程中不产生 CO_2,无须除气,其除碱效果好,可使水的残余碱度降到 0.5 mmol/L 以下。常用串联氯－钠离子交换法:原水先流经氯离子交换器,将水中各种酸根阴离子置换成 Cl^-,其反应式为

$$2RCl + CaCO_3 =\!=\!= R_2HCO_3 + CaCl_2$$
$$2RCl + MgSO_4 =\!=\!= R_2SO_4 + MgCl_2$$
$$2RCl + Ca(HCO_3)_2 =\!=\!= 2RHCO_3 + CaCl_2$$
$$2RCl + Mg(HCO_3)_2 =\!=\!= 2RHCO_3 + MgCl_2$$

此水再流经钠离子交换器时,其中的 $CaCl_2$、$MgCl_2$ 又被置换成 $NaCl$,并得到软化。

当钠离子交换器的出水残余硬度超出允许值时,两离子交换器同时失效,并均用 $NaCl$ 溶液进行再生。氯离子交换剂的再生反应的反应式为

$$2RHCO_3 + NaCl =\!=\!= RCl + NaHCO_3$$
$$R_2SO_4 + 2NaCl =\!=\!= 2RCl + Na_2SO_4$$

氯离子交换剂也可利用还原钠离子交换剂的废盐液进行再生,但在氯离子交换剂层中

容易出现 $CaSO_4$、$CaCO_3$ 的沉积,而降低其工作交换容量。

也有令原水先流经钠离子交换器,后流经氯离子交换器的。这种氯－钠离子交换系统可避免有 $CaCO_3$ 或 $Mg(OH)_2$ 沉积于氯离子交换剂中。该系统使用软水配制的 NaCl 溶液作为再生剂,因此它具有更高的工作交换容量。氯－钠离子交换也可在同一个交换器中进行。交换器上部为强碱性氯型阴离子交换树脂,下部为强酸性钠型阳离子交换树脂,成为不混合的两层。分层处装有中间排液管,再生废液的一部分从离子此管排出,其余部分从交换器底部排出。这就是综合氯－钠离子交换。

氯－钠离子交换适用于碱度高而 Cl^- 含量较低的水的软化和除碱。其特点是:只能软化除碱,不能除盐;出水的 Cl^- 含量增多;再生不用酸,也无须除气,故系统简单,操作方便;阴离子交换树脂的交换容量较低,价格也较贵。

(3)阴、阳离子交换(化学除盐)

用离子交换使水中的阴、阳离子减少到一定程度的方法,叫作离子交换除盐或化学除盐。它使用游离酸、碱型(H 型和 OH 型)的阳、阴离子交换剂,而不能用盐型(如 Na 型和 Cl 型等)交换剂。

含盐水先流经氢离子交换器,H 型树脂吸附水中各种阳离子并生成无机酸;然后再流经装有 OH 型树脂的阴离子交换器,其反应式为

$$2ROH + H_2SO_4 \rule[0.5ex]{2em}{0.4pt} R_2SO_4 + 2H_2O$$
$$ROH + HCl \rule[0.5ex]{2em}{0.4pt} RCl + H_2O$$
$$ROH + HNO_3 \rule[0.5ex]{2em}{0.4pt} RNO_3 + H_2O$$
$$2ROH + H_2CO_3 \rule[0.5ex]{2em}{0.4pt} R_2CO_3 + 2H_2O$$
$$ROH + H_2SiO_3 \rule[0.5ex]{2em}{0.4pt} RHSiO_3 + H_2O$$

含盐水经此阳、阴离子处理后,水中各种离子几乎除尽,从而得到近乎中性的纯水。

阳、阴离子交换树脂失效后,要进行再生。阳离子交换树脂一般用 HCl(或 H_2SO_4)再生。阴离子树脂则用 NaOH 再生,其反应式为

$$R_2SO_4 + 2NaOH \rule[0.5ex]{2em}{0.4pt} ROH + Na_2SO_4$$
$$RCl + NaOH \rule[0.5ex]{2em}{0.4pt} ROH + NaCl$$
$$RNO_3 + NaOH \rule[0.5ex]{2em}{0.4pt} ROH + NaNO_3$$
$$R_2CO_3 + 2NaOH \rule[0.5ex]{2em}{0.4pt} ROH + Na_2CO_3$$

这种将阳、阴离子交换器串联使用的系统称为复床系统,它又分为一级(单级)和二级两种。二级复床系统可以深度除盐。随着锅炉参数的提高和直流锅炉的出现,二级复床系统有时也不能满足对给水品质的要求,为此可采用混床除盐系统。

将阳、阴离子交换剂按比例混合装在一个离子交换器中使用时称之为混床,它相当于无数级的化学除盐系统。混床中阴、阳离子交换树脂的体积比通常为 2:1,借两种树脂的密度差在反洗时自然分成两层(阴树脂在上层),但阴、阳两种树脂是不能完全分开的。而"层式"混床可以做到这一点,它在阴、阳两树脂层中间增加一高度为 150~200 mm 的惰性树脂层,后者的粒度和密度是精心选配的,反洗后,其树脂层规则地分成了三层:上层为阴树脂,中层为惰性树脂,下层为阳树脂,从而将阴、阳离子分开。将复床和混床串联使用称为复混系统,其出水质量高且稳定,应用广泛。

几种典型的除盐系统见表 2－25。

表 2 – 25　几种典型的除盐系统

系统流程	出水水质			适用条件		特点
	溶解固形物/(mg·L⁻¹)	SO₂/(mg·L⁻¹)	电导率/(μS·cm⁻¹)	进水水质	用途	
强酸→强碱	2～3	0.02～0.1	10～15	碱度较低,含盐量和含硅量不高	高、中、低压锅炉	系统简单
强酸→除CO₂→强碱	2～3	0.02～0.1	10～15	碱度不太高,含盐量和含硅量不高	高、中、低压锅炉	系统简单
强酸→弱碱→除CO₂→强碱	2～3	0.02～0.1	10～15	SO₄²⁻、Cl⁻含量高,碱度和含硅量不高	高、中、低压锅炉	强碱性阴离子交换器用于除硅、出水水质好,经济性好
弱酸→弱碱→除CO₂→弱碱→强碱		<0.1	<5	SO₄²⁻、Cl⁻含量和碱度均高,含硅量不高	高、中、低压锅炉	运行经济性好,但设备投资费用高,占地面积大
阳双层床→除CO₂→阴双层床		<0.1	<5	SO₄²⁻、Cl⁻含量和碱度均高,含硅量不高	高、中、低压锅炉	运行经济性好,设备费用低,占地面积小
强酸→除CO₂→强碱→混床		<0.02	<5	碱度不太高,含盐量低,含硅量高	高压或直流锅炉	系统简单,出水水质好
弱酸→除CO₂→混床		<0.1	1～5	碱度高,含盐量低,含硅量高	高压或直流锅炉	经济性好
阴双层床→除CO₂→阳双层床→混床		<0.02	<0.5	碱度、含盐量和含硅量均较高	高压或直流锅炉	经济性好,出水水质稳定,设备费用低,系统简单

4.离子交换系统与设备

(1)固定床离子交换设备

固定床离子交换设备是指运行中离子交换剂基本上固定不动的水处理设备。离子交换时原水自上而下流过离子交换剂层,再生时,停止供水,进行反洗、还原和正洗。因此,在固定床离子交换设备中,离子交换在同一设备内间断地重复进行着,而离子交换剂本身则基本固定不动。

通常的固定床离子交换设备,其再生液的流动方向是和原水的流向一致的,叫作顺流再生固定床。

顺流再生固定床虽然设备类型古老,而且存在离子交换剂用量多,利用率低,尺寸大,占地面积大,出水质量不稳定和盐、水耗量大等缺点,但它的结构简单,建造、运行、维修方便,对各种水质适应性强,因此在中小型锅炉房中仍然采用。

目前,双层床和混床、逆流再生(再生液和原水的流向相反)和浮动床等新工艺的采用,以及设备自动化水平的提高,都大大地提高了固定床中离子交换剂的利用率和设备的出力,改善了出水质量,降低了运行费用。

①离子交换器的设备结构

顺流再生离子交换器结构如图2-34所示。交换器本体通常是压力式圆柱形容器,装有进水装置、进再生液装置、排水装置和排气装置等。为运行操作方便,离子交换器结构要合理、紧凑,并应尽量使所有的控制阀门、取样装置、计量和测试仪表等都集中在离子交换器前并合理安装。

逆流再生离子交换器除了有上述部件外,还设有中间排液装置,供逆流再生时排再生废液用,且为防止再生时离子交换剂乱层,在中间排液装置上放置有150~200 mm的压实层(可用交换剂本身,也可采用5~30目的聚苯乙烯白球)。逆流再生离子交换器结构如图2-35所示。

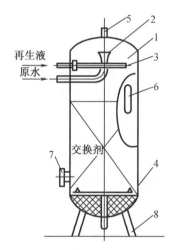

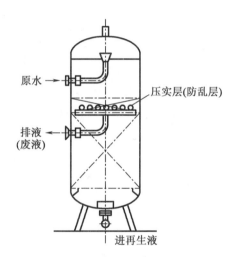

1—交换器本体;2—进水装置;3—进再生液装置;
4—排水装置;5—排气装置;6—窥视孔;7—人孔;8—支柱

图2-34 顺流再生离子交换器结构

图2-35 逆流再生离子交换器结构

②主要部件结构

a. 交换器本体

交换器本体通常为一立式密闭圆筒形容器,可承受一定的压力。交换器本体多是钢制,小型离子交换器的交换器本体也可用塑料(聚氯乙烯)或有机玻璃制造。对于在酸性介质条件下工作的氢离子交换器和离子交换剂为树脂的离子交换器,其内壁还必须涂以防腐涂料,如涂刷环氧树脂层、衬胶、衬玻璃钢等。

b. 进水装置

进水装置(同时用于反洗排水)要保证水流分布均匀,并使水流不直接冲刷离子交换剂层。为使反洗时离子交换剂层有膨胀余地和防止细颗粒流失,在离子交换剂表面至进水装置之间,要留有一定空间,称"水垫层"。通常,水垫层的高度即为离子交换剂的反洗膨胀高度,约为离子交换剂层高的 40% ~60%(混床可达 80% ~100%)。如果水垫层或设备高度不够,可能造成离子交换剂颗粒流失,则可考虑减小进水装置的缝隙宽度或小孔孔径,也可在进水装置管外包涤纶网。

最简单的进水装置为漏斗式进水装置(图 2 – 34),多用在小型离子交换器上。漏斗的上截面(最大截面)面积通常取为离子交换器截面面积的 2% ~4%,漏斗角度一般为 60°或 90°,漏斗顶至离子交换器封头顶的距离为 100 ~200 mm。另一种结构简单的进水装置是喷头式进水装置,按其开孔形式可分为缝隙式进水装置(图 2 – 36)和开孔式(图 2 – 37)两种。开孔式进水装置的外面还包有涤纶网,用以防止离子交换剂流失。缝隙或小孔流速一般取 1 ~1.5 m/s,进水管流速取 1.5 m/s。

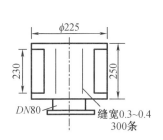

图 2 – 36 缝隙式进水装置

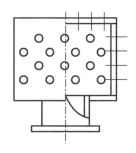

图 2 – 37 开孔式进水装置

使用普遍、结构又较简单的进水装置为十字架式进水装置(图 2 – 38)和环形开孔式进水装置(图 2 – 39)。它们的布水均匀性比前两种好,其小孔流速和进水管流速与喷头式进水装置相同。

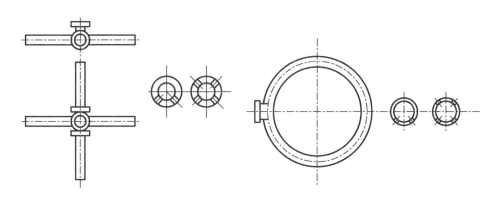

图 2 – 38 十字架式进水装置   图 2 – 39 环形开孔式进水装置

对于直径较大的离子交换器,为使其进水分配均匀,可采用辐射支管式进水装置(图 2 – 40)。其小孔流速和进水管流速都与前面相同。布水更均匀的进水装置是鱼刺式进水装置(图 2 – 41)。它的结构较复杂,且中间母管不开孔,故中部不进水面积较大。鱼刺式进水装置多用在直径较大的离子交换器上。

进水装置的设计除应考虑布水均匀和避免水流直接冲刷离子交换剂层表面,且留有适当高度的水垫层外,还应使进水装置的出口总截面面积满足最大进水流量的需要。

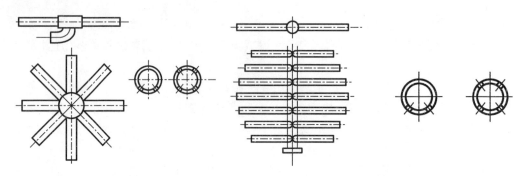

图 2-40　辐射支管式进水装置　　　　　图 2-41　鱼刺式进水装置

c. 进再生液装置

进再生液装置应能确保再生液均匀地分布在离子交换剂层中。有的小型水处理设备，为使结构简化不设专门的进再生液装置，而将它与进水装置合用。应当指出，再生液的密度通常比水大，而其流速又较小，故不易散开而不能用漏斗式或喷头式进再生液装置，常用的进再生液装置有圆环型、母管支管型和辐射管型等。圆环型进再生液装置（图 2-42）的环形管上开有小孔（10~20 mm），再生液由均匀分布在环形管上的小孔以 1~1.5 m/s 的流速喷出。环形管的直径通常为离子交换器直径的 1/2~1/3。为了使再生液更好地喷散开，可在向上开的环形管孔上加装喷嘴，这样既可避免液流直接冲刷离子交换剂层表面，又可防止反洗时孔眼被杂质堵塞。母管支管型进再生液装置与如图 2-41 所示结构相近，但它的母管位于诸平行支管上部，并用法兰接头与各支管连通。再生液从分布在支管上的小孔流出（流速为 0.5~1 m/s）。这种进再生液装置较圆环型进再生液装置结构复杂，但再生液分布均匀。

辐射管型进再生液装置（图 2-43）由 4 根长管和 4 根短管相间排列组成。长管的长度为离子交换器半径的 3/4，短管半径为长管半径的 1/2。8 根辐射管的端部均被压扁，再生液即由此流出。再生液在管中的流速一般为 1~1.5 m/s。

顺流再生离子交换器有时也可不设专门的进再生液装置，而把它与进水装置合并。但从再生液的分布效果看，还是分别设置好。逆流再生离子交换器的进再生液装置一般都与排水装置合并。

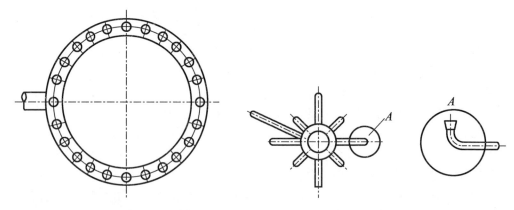

图 2-42　圆环型进再生液装置　　　　　图 2-43　辐射管型进再生液装置

d. 排水装置

排水装置既能顺利排出水流(或再生液),又不造成离子交换剂的流失,同时保证离子交换器截面上出水均匀,所以它要多点泄水,而不使水流汇集成一股,避免在离子交换剂中形成偏流和水流死区。排水装置常用的有鱼刺式、支管式、多孔板式和石英砂垫层式等。

常用的母管支管式排水装置如图 2-44 所示。母管端部和各平行支管的两端是封闭的,支管上均匀地开小孔,并在外面包以塑料窗纱和涤纶网。小孔流速一般为 0.3~0.5 m/s。另一种母管支管式排水装置是在各支管孔处焊有管座,塑料水帽(图 2-45)插在或用丝扣拧在管座上。塑料水帽上有很多缝隙,水可从缝隙流入支管,离子交换剂颗粒则不能通过。这两种母管支管式排水装置的上部都不需要石英砂垫层,从而可以降低高度。为减少水流死区,排水装置应尽量贴近底部的混凝土支承层。母管支管式排水装置出水均匀,但缺点是结构复杂。另外,塑料水帽容易损坏,且检修、更换困难。

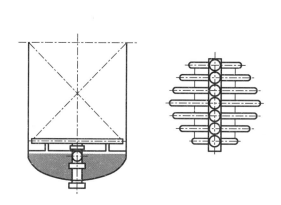

图 2-44 常用的母管支管式排水装置

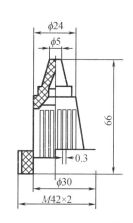

图 2-45 塑料水帽

结构比较简单的弓形板式排水装置和塑料大水帽排水装置分别如图 2-46 和图 2-47 所示。这两种排水装置制作容易、耐用,出水也较均匀。但是,由于采用了石英砂垫层(高度为 700~900 mm),故离子交换器高度较高,因此只适用于大直径的离子交换器。弓形板上的小孔直径多取为 6~12 mm。其通水总截面面积应为出水管截面积的 3~5 倍。弓形板顶部 1/3 直径范围内不应开孔,以利出水均匀。垫层用的石英砂必须经过筛选,铺装前应用 $w(HCl) = 15\% \sim 20\%$ 的溶液浸泡 24 h 左右,以除去可溶性杂质。石英砂垫层粒度分布可参照表 2-26 铺设。

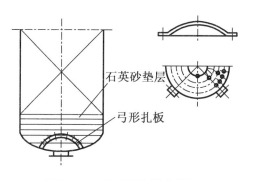

图 2-46 弓形板式排水装置

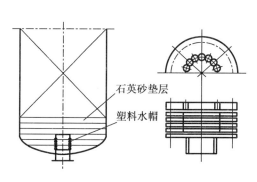

图 2-47 塑料大水帽排水装置

表 2 − 26　石英砂垫层粒度分布

层次(自上而下)	1	2	3	4	5	6
层厚/mm	120	80	100	100	100	200
粒径/mm	1 ~ 2	2 ~ 4	4 ~ 7	7 ~ 15	15 ~ 25	25 ~ 35

　　排水装置的设计既要使水流(或再生液)顺利通过,又不造成离子交换剂流失,而且要保证出水均匀,无偏流和水流死区。

　　一般顺流再生离子交换器除以上三种主要部件外,在顶部还装有排气装置,在壳体上还设有窥视孔,用以观察离子交换剂层高度和反洗时离子交换剂的膨胀情况。为了检修和装卸离子交换剂需要,还应在壳体上设置人孔。大型离子交换器多设两个人孔:一个在上部,距离子交换剂表面 200 ~ 400 mm 处;另一个在下部,距排水装置上平面约 200 mm 处。小型离子交换器的上、下封头可用法兰与筒体连接,故可只设一个人孔(离子交换剂卸孔)或不设人孔。另外,在离子交换器壳体外部还配备有各种管道、阀门、取样管以及流量计和进出口压力表等。必要时还可在出水管上装树脂捕捉器(多孔管外包滤网),以防树脂流失。

　　e.中间排液装置

　　逆流再生离子交换器有时装有中间排液装置(简称中排装置),其作用有二:一是排出再生时的废液;二是离子交换剂失效后先由此装置进入反洗水,冲洗中排装置上的滤网、清洗压实层。

　　常用的中排装置有鱼刺式和母管支管式等。鱼刺式进水装置(图 2 − 41)排液管的缺点是:焊口不易均匀,安装不易水平,再生时母管底部有死角。现多采用母管支管式中间排液装置(图 2 − 48)。支管上可开孔或开缝,也可在支管上安装塑料水帽。对于开孔或缝隙式的支管外面应包以塑料窗纱和涤纶网,并用尼龙绳扎紧。由于中排装置埋在离子交换剂层内部,当离子交换剂体积变化时,中排装置要承受较大弯曲应力。因此,母管及支管应予加强,常用的加强方式如图 2 − 49 所示。

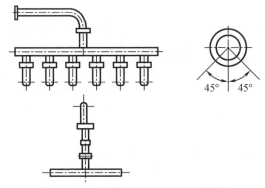

图 2 − 48　母管支管式中间排液装置

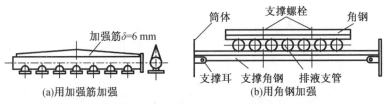

图 2 − 49　母管支管式加强方式

中排装置关系到逆流再生时沿离子交换器断面的水力均匀性,设计与安装时必须足够重视。其具体要求是:反洗时布水均匀,再生时集水(再生液)均匀,排水时水流畅通。其中,最重要的是集水和布水均匀,为此,设计时有如下建议:计算流量应按再生最大排液量考虑,如有顶压,还应包括排出顶压用的压缩空气量或水量;母管管径可按流速约1 m/s选定;支管管径多在25~40 m范围内选用;支管流速取为1~1.5 m/s;小孔流速可采用0.4~0.6 m/s;孔间距≤50 mm;支管间距应适当,通常最大不超过250 mm。

国产离子交换器的常用规格为直径500 mm、750 mm、1 000 mm、1 500 mm、2 000 mm、2 500 mm,离子交换剂层高度有1 500 mm、2 000 mm、2 500 mm等规格。

③树脂的再生

树脂的再生是离子交换处理中极为重要的环节。树脂再生的情况对离子交换容量和出水质量有直接影响,而且再生剂的消耗还在很大程度上决定着离子交换系统运行的经济性。影响再生效果的因素很多,这里主要讨论影响固定床再生效果的一般因素,至于某些床型的特殊情况,将在介绍离子交换装置结构时再作说明。

a. 再生方式

在离子交换处理系统中,离子交换器的再生方式可分为顺流、对流、分流和串联四种。这四种再生方式中被处理水和再生液的流动方向如图2－50所示。

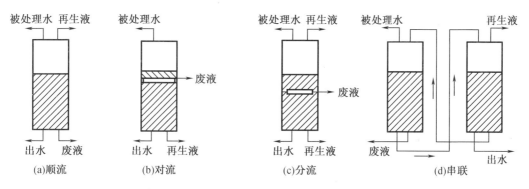

图2－50 离子交换器四种再生方式中被处理水和再生液的流动方向

i. 顺流再生。顺流再生是指制水时被处理水的流动方向和再生时再生液的流动方向是一致的,通常都是由上向下流动。采用这种方式的设备和运行都较简单,在低压锅炉水处理中应用较多,如图2－50(a)所示。对原水硬度不高的软化,或原水含盐量不高(如低于150 mg/L)的除盐,顺流再生均可以得到较满意的技术经济效果。顺流再生的缺点是再生效果不理想,即出水端树脂层再生程度低,影响出水水质。如要提高这部分树脂的再生度,就要多耗用再生剂。在弱型(弱酸性或弱碱性)树脂与强型(强酸性或强碱性)树脂串联的氢离子交换或氢氧离子交换系统中,顺流再生也是适用的。

ii. 对流再生。对流再生是指制水时被处理水的流动方向和再生时再生液的流动方向是相反的。习惯上将制水时被处理水向下流动,再生时再生液向上流动的水处理工艺称为逆流再生固定床工艺;将制水时被处理水向上流动(此时床层呈密实浮动状态),再生时再生液向下流动的水处理工艺称为浮动床工艺。图2－50(b)是指前者。对流再生可使出水端树脂层再生度最高,交换器出水水质好,它可扩大进水硬度或含盐量的适用范围,并可以节省再生剂。

对于逆流再生固定床,为了防止再生时树脂乱层,在中间排液装置以上设有 150 ~ 200 mm 厚的压实层(也称压脂层)。

除了逆流再生固定床、浮动床以外,双层床、双室双层浮动床也都属于对流再生的床型,都具有对流再生的技术经济效果。

iii. 分流再生。分流再生是在床层表面下约 400 ~ 600 mm 处安装排液装置,使再生液从上、下同时进入,废液从中间排液装置中排出,制水时原水自上而下通过床层。在这种离子交换器中,下部床层为对流再生,上部床层为顺流再生,如图 2 – 50(c) 所示。若原水钙离子含量较高,又是以硫酸作为再生剂,则上下两股再生液以不同的再生液浓度流速进行再生,可防止硫酸钙在树脂层中沉积。

iv. 串联再生。串联再生适用于两个阳床或两个阴床串联运行的场合,对于每个离子交换器可用顺流或对流方式,图 2 – 50(d) 所示为顺流串联。

弱型树脂与强型树脂联合运行的氢离子交换或氢氧离子交换系统中串联再生的技术经济效果,比两个强型树脂离子交换器串联再生的技术经济效果好,而两个强型树脂离子交换器串联再生所需的再生剂量比分别再生时少。

b. 再生剂品种与纯度

再生剂品种直接影响再生效果与再生成本。以强酸性阳离子交换树脂为例:盐酸的再生效果优于硫酸,但盐酸的单价高于硫酸。如能很好地掌握硫酸再生时的操作条件(浓度、流速),也可以取得满意的再生效果及较低的再生成本。盐酸与硫酸作为再生剂的比较见表 2 – 27。

表 2 – 27　盐酸与硫酸作为再生剂的比较

盐酸	硫酸
1. 价格高	1. 价格便宜
2. 再生效果好	2. 再生效果差,有生成 $CaSO_4$ 沉淀的可能,用于对流再生较为困难
3. 腐蚀性强	3. 较易采取防腐措施
4. 具有挥发性,运输和贮存比较困难	4. 不能清除树脂的铁污染,需定期用盐酸清洗树脂

再生剂的纯度对离子交换树脂的再生效果及再生后出水水质有较大的影响。再生剂的纯度高、杂质含量少,则树脂的再生度高,再生后树脂层出水水质好。在对流再生方式中,再生剂纯度对再生效果的影响更为显著,再生剂纯度对阴离子交换树脂的影响大于对阳离子交换树脂的影响。

在钠离子交换处理中,如工业食盐中硬度盐类含量太高,使用前可用 Na_2CO_3 软化。

c. 再生剂用量

再生剂的用量影响再生效果,它对树脂交换容量恢复的程度和经济性有直接关系。实际上只用理论的再生剂用量去再生树脂时,是不能使树脂的交换容量完全恢复的。因此在生产上再生剂的用量总要超过理论值。

提高再生剂用量,可以提高树脂的再生程度,但当再生剂比耗增加到一定程度后,再继续增加,再生程度则提高很少,所以采用过高的比耗是不经济的。实际应用时,应根据水质的要求及水处理系统等的具体情况,通过调整试验确定最优比耗。再生剂用量与离子交换树脂的性质有关,一般强型树脂所需的再生剂用量高于弱型树脂。再生剂用量与再生方式有直接关系,通常要取得相同的工作交换容量顺流再生所需的再生剂用量大于逆流再生所需的再生剂用量。

对强碱性阴离子交换树脂增加再生剂用量,不仅能提高其工作交换容量,而且除硅效果显著。

d. 再生液的质量分数

当再生剂用量一定时,在一定范围内,随着再生液的质量分数的提高,树脂的再生程度也提高,但过高的再生液的质量分数会使再生液体积减小,不易与树脂均匀接触,从而降低再生效果。

再生液的质量分数与再生方式有关。一般顺流再生固定床和混合床所用的再生液质量分数高于对流再生固定床所用的再生液的质量分数。推荐的再生液质量分数见表2-28。

表 2 – 28 推荐的再生液质量分数

再生方式	强酸性阳离子交换树脂		强碱性阴离子交换树脂	混合床	
	钠型	氢型		强酸性树脂	强碱性树脂
再生剂品种	食盐	盐酸	烧碱	盐酸	烧碱
顺流再生液质量分数/%	5~10	3~4	2~3	5	4
对流再生液质量分数/%	3~5	1.5~3	1~3	—	—

再生液质量分数还与再生剂品种及树脂的形态有关,如原水中 Ca^{2+} 质量分数与全部阳离子质量分数的比值越大,则 H 型交换器失效后树脂层中 Ca^{2+} 的相对质量分数也越大。若用浓度高的硫酸再生这种交换器,就容易在树脂层中产生 $CaSO_4$ 沉淀,故必须对硫酸的浓度进行限制。图 2 – 51 为进水 Ca^{2+} 质量分数与允许的硫酸再生液最高质量分数关系。

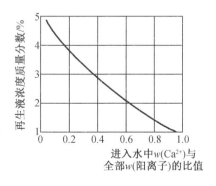

图 2 –51 进水 Ca^{2+} 质量分数与允许硫酸再生液最高质量分数关系

为防止用硫酸再生时在树脂层中产生 $CaSO_4$ 沉淀,采用先用低浓度、高流速硫酸再生液进行再生,然后逐步增加浓度、降低流速的分步再生法可取得比较满意的再生效果。表 2 – 29 是推荐的用硫酸再生强酸性阳离子树脂的三步再生法参数,也可设计成硫酸浓度连续缓慢增大的再生方式。

在再生阴双层床时，为了防止树脂层内形成二氧化硅胶体，导致无法再生和清洗的恶果，也宜用变质量分数的分步再生法。

表 2 - 29　推荐的用硫酸再生强酸性阳离子树脂的三步再生法参数

再生步骤	再生剂用量占总量比例	再生液质量分数/%	流速/($m \cdot h^{-1}$)
1	1/3	1.0	8 ~ 10
2	1/3	2.0 ~ 4.0	5 ~ 7
3	1/3	4.0 ~ 6.0	4 ~ 6

e. 再生液温度

再生时适当提高再生液温度，能提高树脂的再生程度。但再生液温度不能高于树脂允许的最高使用温度，否则将影响树脂的使用寿命。

强酸阳树脂用盐酸再生时一般不需加热，当需要清除树脂中的铁离子及其氧化物时，可将盐酸的温度提高到 40 ℃。

强碱阴树脂以氢氧化钠作再生剂时，再生液的温度对吸着氯离子、硫酸根、碳酸氢根的树脂的再生效率影响较小，但对吸着硅酸的树脂的再生效率及再生后制水过程中硅酸的泄漏量有较大影响。

实践表明，强碱 I 型阴树脂，适宜的再生液温度为 35 ~ 50 ℃；强碱 II 型阴树脂，适宜的再生液温度为 (35 ± 3) ℃。

f. 再生液流速

再生液的流速影响再生液与树脂接触的时间，因此再生效果与再生液流速有关。实践表明，浸泡再生的再生效率低于动态再生。阳离子交换树脂再生液流速可高于阴离子交换树脂。逆流再生的再生液流速应以不导致树脂层扰乱为前提。一般再生液流速为 4 ~ 8 m/h。

（2）连续式离子交换设备

在固定床离子交换器中，交换剂是固定不动的（或基本固定不动），交换过程则是断续进行的，因此，固定床离子交换器有设备体积大、利用率低、交换后期出水稳定性差等缺点。

连续式离子交换装置可分为两类：基本连续式——移动床和完全连续式——流动床。它们又有单塔式、双塔式和三塔式三种。单塔式是将交换、再生、清洗三个塔叠置成一个塔，它流程简单，管道少，但是高度较高也给运行和检修带来不便。双塔式是将交换塔单独设置，而再生和清洗两个塔合成了一个塔，叫作再生、清洗塔。三塔式即交换、再生、清洗三个塔各自设置，用管道相互连接成一套连续式离子交换设备。

① 移动床

a. 原理

固定床离子交换器有两个缺点：第一，固定床离子交换器的体积较大，树脂用量多。这是由于在交换剂层需要再生以前，上层交换剂早已呈失效状态，所以交换器的大部分容积，实际上经常充当贮存失效交换剂的仓库；第二，固定床离子交换器不能连续供水。这是由于它的运行成周期性，每一周期中有一段时间（再生和冲洗）不能制水。为克服上述不足，后来又发展出了移动床离子交换技术。

移动床指交换器中的交换剂层在运行中是呈周期性运动的,即定期地排出一部分已失效的树脂和补进等量再生好的新鲜树脂。被排出再生树脂的再生过程,是在另一专用设备中进行的。所以在移动床系统中,交换和再生过程是分别在专用设备中同时进行的,供水基本上是连续的。

在移动床中交换剂的用量比固定床要少得多,在同一出力下,它约为后者的 1/2~1/3。这是因为交换剂在移动床中经常在周转,再生的次数多,利用率高。固定床再生是有一定周期的,如再生次数太多,非生产的时间就占得长,对生产不利。而移动床总是使交换剂要在各设备中周转多次,所以,即使移动床的交换、再生和清洗设备中都有交换剂在运行,但其总量仍比固定床所用的量要少。

在设计移动床系统时,为了能将交换器中部分失效的交换剂排放出来,均采用进水快速上流的运行方式。当水流由交换剂层的下部进入,向上流动时,随其流速的不同,有三种不同的情况:当流速很慢时,水流渗过交换剂层流出,此时,交换剂层是稳定的;流速稍快,交换剂层就发生扰动,以致形成如同反冲洗的情况,交换剂层膨胀;当流速再加快时,会发生类似浮动床中的情况,即整个交换剂层全部被水流托起,顶在交换塔上部,层间各颗粒间基本上仍保持原来的情况,是紧密地相连的,所以好像只是此交换剂层上移。这样,和进水首先接触的是交换剂层的下部,故易将失效部分的树脂排放到再生塔中。

移动床系统的形式较多,按其设置的设备可分为三塔式、双塔式和单塔式的,按其运行方式可分为多周期的和单周期的。

b. 工艺过程

三塔式移动床是移动床中的典型,它是由交换塔、再生塔和清洗塔组成的,如图 2–52 所示。

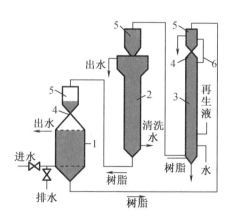

1—交换塔;2—清洗塔;3—再生塔;4—浮球阀;5—贮存斗;6—连通管。

图 2–52　三塔式移动床

交换塔是这个系统的主体,离子交换过程就是在这里进行的。交换塔的上部设有贮存斗,该贮存斗中存有从清洗塔送来的新鲜树脂;贮存斗下部装有浮球阀,浮球阀下面是交换塔本体,或称为交换罐。在交换塔中的水流是采用快速上流法,水由下向上通过托起的树脂层进行离子交换。当运行了一段时间后,如果要从交换剂层下部排出部分失效树脂和从上部补充经再生和清洗后的树脂,只要停止进水进行排水即可。当排水时,塔中压力下降,

产生泄压现象,水向下流动,整个树脂层下落,称为落床。

与此同时,设于交换塔上部的贮存斗和交换塔间的浮球阀,也会因水流向下而自动下落(即被打开),于是,贮存在贮存斗中的树脂就落入交换塔中交换剂层的上面。所以,失效树脂的排放和新鲜树脂的添加,是在落床过程中同时进行的。此落床过程所需的时间很短,约2~3min。两次落床间交换塔运行的时间,称为此移动床的一个大周期,一般约1。随后继续进水,靠上升水流的作用,又将进水装置以上的树脂层托起(称起床),并自动关闭浮球阀,交换塔即开始运行供水。与此同时,落在进水装置下部的失效树脂依靠进水的压力被一小股水流渐渐输送到再生塔上部的贮存斗中。

再生塔中,用以处理失效树脂的再生液也采用从下向上通过树脂层的方法,即同时快速地从下部送进再生液和水,把树脂层托起顶在上部进行再生。这里排出的废再生液经过连通管送入上部贮存斗,使贮存在其中的失效树脂先进行初步再生,然后将废液排掉。当再生操作进行了一段时间后,停止进水和进再生液,并进行排水泄压,使再生塔中树脂层下落。与此同时,上部贮存斗中的失效树脂经自动打开的浮球阀落入再生塔中,使再生塔中最下部的已经再生好的树脂,落入再生塔下部的输送部分,然后依靠部分进水水流不断地将其输送到清洗塔中。而两次排放再生好的树脂的间隔时间,称为一个小周期。这种将交换塔一个大周期中排放过来的失效树脂,分成几次再生的方式称为多周期。通常3~4个小周期处理的树脂总量等于交换塔一个大周期所排出的树脂量。

采用多周期再生方式时,失效树脂由上向下逐段下移,再生液由下向上不断地流动,在这里树脂和再生剂的流向成对流状态。此种再生方式可使再生剂充分利用,从而降低其比耗,但设备复杂、输送管道长、输送管径小、树脂易受磨损,同时清洗水的耗量也较大。

c. 特点

i. 树脂利用率高,损耗率大。在相同出力的情况下,移动床所需树脂比固定床少。移动床中的树脂处于不断流动的状态,因此磨损较大,而且因再生次数频繁,树脂膨胀和收缩也易造成损坏。

ii. 流速高,对进水水质和水量变化的适应性较差。移动床中交换剂层低,水通过时阻力小,所以运行流速高。因为移动床的运行周期通常是按时间控制的,所以对进水水质和水量变化的适应性较差。由于移动床所用树脂少,设备小,所以投资与出力相同的固定床相比可节省约30%。但它对自动化程度要求高,而且再生剂比耗普遍偏高,出水水质也不如逆流再生固定床或浮动床好。

②流动床

移动床离子交换工艺过程中有起床、落床的动作,因此它的生产过程并不是完全连续的。而且由于要进行这些操作,其自动控制的程序比较复杂。

流动床使离子交换过程完全是连续式的,这样,既可保证连续供水,又可简化自动控制的设备。流动床分无压力式和压力式两类。

a. 工艺过程

无压力式流动床主要由交换塔和再生塔组成,如图2-53所示。在这两个塔中都是水(或再生液)向上流,树脂向下流,成对流状态。此系统的运行情况是:原水由交换塔底部进入向上流动,通过树脂层后由上部溢流出。所以,水的流速不能太快,否则会带出树脂。树脂由交换塔上部渐渐下落,待落至底部时,被喷射器送到再生塔的上部。树脂在再生塔内下落的过程中,先被由中下部通入的再生液再生,当落到再生塔的下部(清洗段)时,受到向上流动水的清洗,即成新鲜树脂,此后随同一部分清洗水,依靠交换塔和再生塔之间的水位差,被送回交换塔上部,再进行工作。

在再生塔的上部可设置溢流管,使部分输送树脂的水流回交换塔,以减少水流损失。

b. 特点

无压力式流动床虽然可以连续运行,但其弱点是上升水速不能太快,否则就会将树脂颗粒带出。运行实践表明,这种装置对树脂磨损较大,再生剂比耗高,出水水质也较差。

移动床和流动床较适用于水的软化处理。当供水量较大,对水质要求不高时,用移动床是可行的。

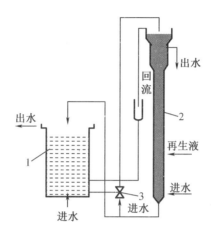

1—交换塔;2—再生塔;3—喷射器。

图 2 – 53 无压力式流动床

(3)离子交换设备的再生系统

离子交换用的再生剂主要有固态的食盐和液态的酸、碱。食盐系统主要用于水的软化,酸碱系统则用于化学除盐或氢离子交换。

①食盐系统

固态的食盐必须加水溶解、过滤。溶解、过滤和输送食盐的系统分为压力式和重力式两种。重力式系统的运行是在敞开式溶盐池中进行的,一般工业锅炉房中应用较多。

a. 压力式食盐溶解器

压力式食盐溶解器起溶解食盐和盐水过滤两种作用,如图 2 – 54 所示。食盐由加盐口加入,进水使食盐溶解,并在水压下使盐水通过石英砂滤层过滤,洁净的盐水则经盐水出口送出。每次用完后应进行反洗,水由石英砂滤层下部进入,冲洗滤层后由上部经排水口排出。

一般压力式食盐溶解器的工作压力 $p \leq 0.6$ MPa,过滤速度通常在 5 m/h 左右。其常用规格为直径 300 mm、500 mm、750 mm、1 000 mm,每次可溶食盐液量相应为 30 kg、75 kg、150 kg、400 kg 左右,食盐溶解器的容量常以可溶食盐量表示,配用时也按需溶食盐量选。

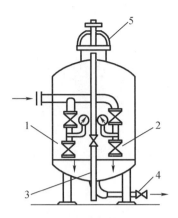

1—进水;2—盐水出口;3—反冲排水;4—排水口;5—加盐口。

图2-54　压力式食盐溶解器

用压力式食盐溶解器配制盐水,虽然设备简单,但盐水浓度开始时很浓,以后逐渐变稀,不易控制而且设备易受腐蚀。

b.用溶盐箱(池)以盐泵输送盐水

在钢制溶盐箱(内衬塑料板)或混凝土溶盐池中把食盐加水溶解。箱(池)中有一隔板把溶盐箱(池)按2/5及3/5的容积比分成两部分。盐和水加入占3/5容积的一边,盐水经隔板(墙)上错列的许多孔(直径10)流到占2/5容积的一边,再由此用耐腐蚀的盐泵将其打至机械过滤器,洁净的盐水再流入离子交换器。这种系统比压力式食盐溶解器稍复杂,但盐水浓度容易控制,故新建锅炉房采用较多。

c.用喷射器输送盐水

溶盐池与上述基本相同,但在第一个池的中部偏下位置上设有木制栅格,上放滤料(卵石、石英砂、活性炭、棕榈等)。盐在此池中溶解,溶解后的盐水流经滤层过滤后,从隔墙底部的孔或底部连通管流入第二个池——饱和食盐溶液池。使用时用水-水喷射器将盐水从第二个池中抽出,并稀释至需要的浓度,然后直接送往离子交换器。这种系统设备简单,不需盐泵和机械过滤器,操作方便。但是,水-水喷射器前必须有足够的水压($p \geqslant 0.2$ MPa表压),第一个池中的滤料也不能在池中反冲洗。因此,它只适用于小型锅炉房。

②酸碱系统

因酸、碱易对设备和人有腐蚀,故酸、碱系统应考虑防腐。中小型锅炉房的工业酸(碱)常用罐缸等容器靠人工(手推车)来输送或用槽车装运。酸、碱用量大时,可用以下方法输送。

a.真空法

将接受酸、碱的容器抽成真空(靠真空泵或喷射器抽吸),使酸、碱液在大气压力下自动流入。此法的输送高度有限。

b.压力法

向密闭的酸、碱贮存罐(多位于地下)中通入压缩空气,靠空气压力把酸、碱液输送出去。此法有溢出酸碱的危险。

c.泵、喷射器输送法

用泵输送,方法简便,但泵必须耐酸或碱。用水力喷射器抽取酸、碱液的输送方法多是直接用于再生时,且酸、碱液同时又被稀释。

较常用的方式是将槽车运来的酸、碱,靠重力流入地下酸、碱贮存槽,使用时用耐酸、碱泵(玻璃钢泵、塑料泵等)将酸、碱送至高位贮存罐,再靠重力流入计量箱,然后再用水力喷射器配制成所需浓度的稀溶液送往离子交换器。

(4)顺流再生离子交换器的运行

①投产前的准备工作

新的离子交换器安装完毕后,即可进行投产前的准备工作。其中包括向交换器填装交换剂、交换剂的转型处理和试验性运行等。

a. 向交换器装填交换剂

为了确保交换器具有良好的水力特性,填装的交换剂颗粒应尽量均匀,特别是不应有过多的粉粒存在(0.25 mm 以下的粉粒不应超过 5%)。如果交换剂的颗粒直径相差太大,则在反洗时细小颗粒会随冲洗水带出,造成交换剂流失;为了不使小颗粒被冲走,则需降低反洗强度,交换剂层也就得不到充分松动,影响交换剂的再生效率及其工作交换容量。所以,交换剂在装填前应先进行筛分,并将粉粒除去。

磺化煤的装填最好采用分层装填法,即每装 750 ~ 1 000 mm 交换剂层后,用水自下而上反冲洗一次,直到冲洗水澄清为止。全部磺化煤装完后(要装到比设计高度超出 50 mm 左右),再反冲洗 20 ~ 25 min,并使交换剂缓慢下落。这叫作水力筛分,目的是使交换剂的粗颗粒落到最下层,细颗粒在上层。最后还要把最上层的 30 ~ 40 mm 的细颗粒除去。

树脂的装填(要特别注意防止它因膨胀过快而碎裂)基本上有湿、干两种方法。

i. 湿法

新树脂装入交换器前,先向交换器中加入质量分数 10% 的 NaCl 溶液(高度约为树脂层高的一半),然后再装树脂。

ii. 干法

将树脂均匀地装入交换器中,装至规定的层高后,再从交换器下部送入质量分数 10% 的 NaCl 溶液,至浸没树脂为止。

无论湿法还是干法,目的都是尽量减少树脂间的气体,形成稳定的树脂层,并使树脂充分膨胀。

树脂装入交换器后,必须对其进行彻底的清洗(或叫预处理),以洗去树脂在生产过程中残留于其内部的一些杂质。常用的预处理方法是:用填装时加入的质量分数为 10% 的 NaCl 溶液浸泡树脂 18 ~ 20 h,放掉盐水,用水冲洗树脂至排出的水不呈黄色为止;然后进行反洗,以除去树脂层中的机械杂质和树脂碎末;再用质量分数为 5% 的 HCl 溶液浸泡 2 ~ 4 h,放掉酸液后,用水清洗至中性;最后用质量分数 2% 的 NaOH 溶液浸泡 2 ~ 4 h,放掉碱液,用水清洗至中性。经此预处理后,阳树脂成为 Na 型,阴树脂则成为 OH 型。

b. 交换剂的转型处理

当交换剂的交换离子与需用的剂型不同时,则在正式使用前还需进行转型处理。

i. 磺化煤的转型处理

磺化煤的产品通常是 H 型的,如果要作 Na 型使用,则其转型方法是:先使原水通过装有 H 型交换剂的交换器,至出水硬度与原水硬度相等时为止,再用浓食盐溶液对交换剂进行再生,最后再用水正洗,至出水硬度符合给水规定标准为止。

ii.树脂的转型处理

树脂的转型深度应根据需要而定。例如,当需要将 Na 型强酸阳树脂转成 H 型时,如果它是用于 H – Na 并联软化的,则与上述磺化煤转型相仿,可先令其彻底失效,再进行一次酸再生即可。如果它是用在除盐系统上,则需对其进行较彻底的转型,即在其彻底失效后,需用正常再生用酸量的 2 倍进行转型处理,如要求彻底转型,则需先用质量分数 2% 的 NaOH 溶液浸泡,再用正常用酸量的数倍反复进行转型处理。

c.试验性运行

交换剂转型以后,即可按规定的交换速度(也叫过滤速度)或流量进行试验性运行。在此过程中,应对原水、出水、再生液等进行取样化验,并测取盐(或酸、碱)、水耗量。记录交换、还原时间等。根据所得到的技术数据、确定交换器的合理运行工况,并计算出交换剂的实际工作交换容量,供交换器正常投运使用。

②主要操作步骤

固定床顺流再生离子交换器失效后,按反洗、再生、正洗和交换四个步骤进行操作。

a.反洗

交换器中的交换剂失效后,应立即停止交换,自下而上地通水进行反洗操作。反洗的目的是:使交换剂层松动和膨胀,为再生液的均匀分布和与交换剂充分接触创造条件;冲出交换剂滤层表面的悬浮物和破碎的交换剂粉粒,以防止悬浮物污染交换剂和交换剂结块,并减少交换时的压力损失。

一般可用净水或本质较好的原水(如自来水)反洗,但对阴离子树脂应用更好的水质。当设有反洗水箱时,可利用上一次再生时收集在反洗水箱中的正洗排水,待其耗尽后再用上述水进行反洗,以节约用水和减少再生剂用量。

为确保反洗效果,必须维持一定的反洗强度和适当的反洗时间。所谓反洗强度即每 $1 m^2$ 交换剂层面积上每秒钟通过的反洗水量,单位是 $L/(m^2 \cdot s)$。通常,反洗强度应控制为既能冲掉污染交换剂的悬浮物和交换剂的破碎颗粒,又不使完整的交换剂颗粒逸出,并在随后沉降时形成较均匀的交换剂层。反洗强度随交换剂密度(种类)不同而不同,如磺化煤为 $2.5 \sim 3 L/(m^2 \cdot s)$,树脂为 $2.8 \sim 4.2 L/(m^2 \cdot s)$,沸石密度更大,其反洗强度可达到 $5 L/(m^2 \cdot s)$。反洗强度还和交换剂的粒度和水温等有关。在交换剂种类和粒度不变的情况下,反洗强度只和反洗水温有关;反洗水温越低,反洗强度可越小;或在一定的反洗强度下,反洗水温越低,交换剂层的展开率越大。反洗时对交换剂层展开率和反洗水水质的要求见表 2 – 30。

表 2 – 30   反洗时对交换剂层展开率和反洗水水质要求

反洗要求	交换剂种类			
	磺化煤	强酸性阳离子交换树脂	强碱性阴离子交换树脂	混合床中的交换剂
交换剂层展开率/%	30 ~ 40	40 ~ 60	60 ~ 80	80 ~ 100
反洗水水质	净水或水质较好的原水		氢离子交换器出口水或软化水	一级除盐水或凝结水

一般较强烈的短时间的反洗比长时间的缓慢的反洗更有效。但对具有石英砂垫层的固定床,却不宜采用过分强烈的反洗,以免垫层被冲起,而打乱石英砂垫层的级配。

综上所述,反洗强度常取为 $3 \sim 5$ L/($m^2 \cdot h$),或空罐反洗流速 Q 取为 $11 \sim 18$ m/h。反洗需至出水澄清为止,反洗时间一般需 $10 \sim 15$ min。

b. 再生

再生的目的是使失效的交换剂恢复交换能力。它是交换器运行操作中关键的一环,直接影响交换剂的工作交换容量、出水质量和交换器运行的经济性。

影响再生效果的因素很多,如再生剂的种类、纯度、用量,再生液的浓度、流速、温度和再生方法等。其主要影响因素如下。

i. 再生剂用量

再生剂用量对交换剂交换容量的恢复程度(再生程度)有直接的影响。一般来说,加大再生剂用量,交换剂的交换容量加大,再生程度也相应提高,但它们之间并不是正比关系。当再生剂用量加大到一定值后,交换容量的变化趋于平缓,再生程度也就变化不大了,继续增加再生剂用量是不经济的。因此,在交换器的运行中,应根据不同的交换剂、具体的水质要求和离子交换设备及其系统的实际情况,得出一个既经济又合理的再生剂用量。

一般顺流再生钠离子交换器的再生剂用量约为理论量的 $2 \sim 3.5$ 倍,对于氢离子交换器,如为强酸性阳离子树脂,其再生剂用量约为理论量的 $2 \sim 2.5$ 倍,如为弱酸性阳离子树脂,则再生剂用量可稍大于理论量。

ii. 再生液浓度

再生液浓度是影响交换剂再生程度的另一重要因素:浓度太低,再生不完全;浓度太高,又造成再生剂浪费。试验表明,在一定范围内提高再生液的浓度,会使交换剂的再生程度提高。同时,维持适当的再生液浓度,既有利于再生液中离子向交换剂的内部扩散,还可避免交换剂收缩过大。但是,再生液浓度不能过高,因为浓度太高,不仅再生液体积减小,且交换剂的交换基团受到显著压缩,影响二者之间的离子交换,使再生效果下降。

再生液浓度的选用还和交换剂所吸附的离子价数有关:用一价再生剂再生一价离子时,再生液浓度不用很高即可获得高的再生度;而用一价再生剂再生二价离子时,则需用较高的再生液浓度。

顺流再生钠离子交换器再生时,盐液质量分数一般为 5% ~8%;氢离子交换器用盐酸再生时质量分数取为 4% ~5%,而用硫酸再生时质量分数不宜高,一般为 1% ~2%,否则易在交换剂层中生成硫酸钙沉淀,它不易洗去,会影响再生和运行后的出水质量。其他再生液的质量分数(如硫酸铵质量分数为 2.5% ~3%,氢氧化钠(阴离子树脂再生时)质量分数为 3% ~5% 等)也都是根据上述原则选择的。

iii. 再生液流速

再生液流速也是指空罐流速,维持适当的再生液流速,实际上就是保证再生液与交换剂有适当的接触时间,以便再生反应得以充分进行,并使再生剂得到最大限度的利用。因此,它也是影响再生效果的主要因素。

因为再生反应较交换反应进行困难,所以必须依靠再生液的浓度优势。同理,再生需要的接触时间也远大于交换时间。以苯乙烯磺酸基阳树脂为例,其交换需要的接触时间仅 $0.5 \sim 1$ min 即可,而再生需要的接触时间却长达 30 min 以上;交换流速可以达到 60 m/h,甚至更高,而再生流速却要求控制在 $4 \sim 6$ m/h 范围内。

再生需要的接触时间还与交换剂的种类及其所含的离子种类有关。以树脂为例,通常,交联度大的树脂需要的再生时间长,交联度小的树脂再生时间则可以短些。另外 SO_4^{2-}、Cl^- 和 HCO_3^- 很容易从强碱阴树脂中洗下来,再生时间不需太长,而硅酸根难以从树脂中洗下,再生时间就需要长些。

控制适当的再生液流速是再生操作中的关键。通常,固定床钠离子交换器用食盐再生时,再生液流速为 $3 \sim 5$ m/h;氢离子交换器的盐酸再生液流速为 $4 \sim 6$ m/h,硫酸再生液流速则为 $8 \sim 10$ m/h。阴离子交换器再生时,再生液流速多控制在 $4 \sim 6$ m/h。

再生液流速也不宜过低,因为流速太低会因再生液中出现的反离子(如钙镁型交换剂再生时,再生液中出现的 Ca^{2+}、Mg^{2+})影响,产生再生反应的逆反应,而降低再生效果。

iv. 再生剂纯度和再生液用水水质

再生剂纯度对交换剂的再生程度和出水质量影响很大,如果再生剂质量不好,含有大量反离子或其他杂质离子时,再生程度就会降低。同理,再生液的循环使用同样存在着反离子作用,使再生程度难以提高。另外,配制再生液用水的含盐量不同时,即使再生液的浓度相同,其再生效果也不一样。配制再生液用水含盐量低的再生程度高,出水质量好,含盐量高的再生程度低,出水质量差。因此,交换剂再生时,不但要求再生剂纯度高,对配制再生液用的水质也要求较高。通常酸制再生液的配制用水应使用软化水或除盐水。

v. 再生液温度

再生液温度对交换剂的再生程度也有影响:温度高,离子的扩散速度快,再生程度高。例如,阳离子交换树脂采用加热(大约 10 ℃)的盐酸溶液再生时,树脂中的铁及氧化物容易被清除,同时还能减少漏钠。再如,用氢氧化钠溶液再生强碱阴树脂时,提高再生液温度,可使树脂吸附的硅较易被置换出来,从而提高除硅效果。因此从再生效果看,提高再生液温度是有利的。但是,温度的提高受到交换剂热稳定性的限制。所以应在交换剂允许温度范围内,尽量提高再生液温度。除上述主要因素外,反洗是否及时、彻底,反洗—还原切换操作过程中是否有漏入空气,以及进、排再生液装置结构是否合理,再生液能否均匀分布,有无偏流、死角等,对再生程度也有较大影响。

c. 正洗(清洗)

离子交换剂再生以后,必须立即用水清洗。对于顺流再生离子交换器,清洗水的流向和交换时水的流向相同,都是自上而下,所以又叫作正洗。正洗的目的是洗净交换剂层中的残余再生液和再生产物,防止再生后可能出现的逆反应。

正洗初期,清洗水是按再生液的流向以与再生液流速相同的速度(如 $3 \sim 5$ m/h)流过交换剂层的,可认为是再生过程的继续。此过程持续约 15 min 左右,然后加大清洗水流速至 $6 \sim 8$ m/h(磺化煤)或 $10 \sim 15$ m/h(树脂)进一步清洗,直至出水水质符合规定标准为止。通常,正洗时间约需 $30 \sim 40$ min。

用硫酸再生氢离子交换剂时,考虑到交换剂层中容易出现 $CaSO_4$ 沉淀,其清洗水流速应提高至 10 m/h 或更高,且清洗过程不得中断。

交换剂不同,要求用的清洗水品质也不相同。例如,对于软化用的阳离子交换剂,只要用澄清且质量较好的原水清洗即可;但对于阴离子交换树脂,则往往要求用软水或氢型树脂处理过的水进行清洗。为了减少交换器本身的用水量和降低再生剂比耗,可将正洗后期含有少量再生剂的正洗水通入反洗水箱,供交换器下次反洗用。

d. 交换

正洗结束后,即可投入交换,而交换中影响出水质量和数量的因素主要有以下几个。

i. 交换剂层高度

交换剂在固定床离子交换器中沿高度可分成数层,以钠离子交换为例,当原水由上而下流经 Na 型交换剂层时,水中的 Ca^{2+}(设水中只有 Ca^{2+} 阳离子)首先遇到处于表层的交换剂,并与 Na^+ 进行交换,结果是表层的交换剂通水后很快就失效了。再继续通水时,其中的 Ca^{2+} 已不能和表层的交换剂进行交换,而是和处于下一层的交换剂进行交换。为此,交换作用逐渐向交换剂层内部渗透,使整个交换剂层分为三层:最上部是失效的交换剂层,通过它时质量没有变化,这一层称为失效层(或饱和层);下面的一层(第二层)称为工作层,水流经这一层时,其中的 Ca^{2+} 和交换剂层中的 Na^+ 进行交换,直到它们达到平衡状态;最下面的一层是尚未参加交换的交换剂层,因为通过工作层后的水,其中的待交换离子已达到和交换剂层里的交换离子的平衡,故在此层中不再进行交换,这一层(第三层)只起保护出水水质作用(防止需要除去的离子漏出),称为保护层。在交换过程中,第一层渐渐增大,第二层渐渐向下移动,而第三层则逐渐缩小,直到第二层的下边缘移动到和交换剂层的下边缘相重合时,如再继续运行,出水质量就开始恶化,交换器则开始失效。

由上可知,交换剂工作层的厚度影响交换器的实际运行,而工作层厚度又和一些因素有以下关系。

(i)交换速度(滤速)越大,工作层越厚。

(ii)交换剂的交换容量越小,工作层越厚。

(iii)原水中需要除去的离子浓度越大和交换后水中残留的该种离子的浓度越小,工作层越厚。

(iv)交换剂的颗粒越大,工作层越厚。

此外,工作层厚度还和交换剂的孔隙率及水温等因素有关。显然,实际运行中,交换剂层的高度必须大于其工作层厚度;且交换剂层高度越高,交换过程进行得越彻底;出水质量越好,交换器的工作时间也越长。但是,交换剂层太高,势必增加交换剂层阻力,加大交换器的压力损失。因此,实际交换剂层高度的选取要根据交换流速的大小、交换剂的性能、原水水质、对出水水质的要求,以及交换方式等具体情况取用适当的数值。通常,磺化煤的交换剂层高度多取为 1.5~2.5 m;树脂层高度取为 1.0~1.5 m。

ii. 交换流速

原水通过交换剂层的交换流速(指空罐流速,也叫滤速)是影响出水质量的另一因素。它在交换剂层高度一定的条件下,可表示被处理水与交换剂的接触时间。交换流速太大,由于接触时间太短,交换过程中的离子来不及进行扩散,而使出水质量下降;另外,交换流速过大,交换剂层阻力增加,交换器的压力损失增大。所以,过大的交换流速是不适宜的。但是交换流速太小也不好:一是会影响设备的出力;二是反应产物不能及时排出,反离子的存在则会妨碍交换反应的进行,因而也不能获得良好的出水水质。因此,交换流速的选用,还和原水质量、交换剂种类以及交换器的具体结构等有关。

固定床钠离子交换器以磺化煤为交换剂时,推荐按表 2-31 选用交换流速;对以树脂为交换剂的固定床阴、阳离子交换器,其运行流速可稍高,一般采用的流速比表 2-31 中的推荐值高出 5 m/h 左右。

表 2 –31　钠离子交换器的推荐流速

原水硬度/(mmol·L⁻¹)	交换流速/(m·h⁻¹)	
	正常流速	短期允许流速
0.2 ~ 1	30 ~ 25	50 ~ 40
1 ~ 2.5	25 ~ 20	40 ~ 35
2.5 ~ 5	20 ~ 15	35 ~ 30
5 ~ 8	15 ~ 10	30 ~ 20
>8	10 ~ 5	20

iii. 工作交换容量

交换剂在交换过程中能否充分发挥出交换容量也会影响出水的"质"和"量"。一般讲，交换剂发挥出来的交换容量越高，制水量就越多，出水质量也越好。

交换剂的工作交换容量与许多因素有关，如交换剂的性能、再生情况、原水水质、水温、水的 pH 值、运行流速，以及对出水的质量要求等。当上述诸条件一定时，交换器的水力特性，如交换剂和石英砂垫层的颗粒是否均匀，能否均匀布水，有无水流死区或偏流现象等，也对工作交换容量有很大影响。另外，交换剂颗粒的碎裂和流失以及交换剂的污染、中毒也会影响其工作交换容量。因此，运行中应找出交换剂工作交换容量降低的原因，采取相应措施，以确保出水质量和设备出力。

总之，在实际交换过程中，如果出水质量过早地恶化，往往或是由于交换剂层高度不够，或是流速控制不当，或是交换剂的工作交换容量不足而引起的。

应当指出，交换器的交换过程最好连续进行，否则，在停运后的交换器中，由于反离子的存在会发生交换反应的逆反应，使原已吸附的离子又重新释放出来，从而在每次启动时都会出现短时间的出水质量不合格，而影响出水水质。当生产上必须间断运行时，则在每次启动前应先进行一次正洗，待水质合格后再投入运行。

在交换器的交换阶段，必须对出水进行化验。例如，用阳离子交换器对水进行软化时，出水的氯根含量及原水碱度可每班分析一次，原水的氯根含量、硬度和碱度最好也每班分析 1 次。出水的硬度要经常化验，初期，可每 2 h 化验一次；当残余硬度达到 0.01 mmol/L 以上时，则需每 1 h 化验一次；当交换器接近失效时，应每 0.5 h 甚至更短时间化验一次。当出水硬度达到规定的允许值时，立即停止运行。

顺流再生固定床离子交换器的外部管道如图 2 –55 所示，其操作步骤见表 2 –32。

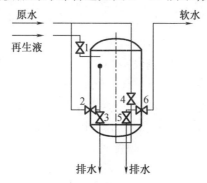

图 2 –55　顺流再生固定床离子交换器外部管道

表 2 - 32　顺流再生固定床离子交换器操作步骤

阶段	开启阀门	要求	时间/min
反洗	4,3	反洗至出水澄清为止	10~15
再生	1,5	再生液以一定的浓度和速度自上而下流过交换剂层	20~30
正洗(清洗)	2,5	正洗水自上而下流经交换剂层进行清洗,正洗至出水符合标准	30~40
交换(软化)	2,6	送出合乎规定的水质(软化水)	t[①]

注:①t 指交换器从投入运行(交换)到失败这一段的连续工作时间,也称交换器有效工作时间。

2.1.4　锅炉用水的除氧

所谓金属腐蚀,就是金属表面和周围介质(如水和空气等)发生化学或电化学作用,而遭受破坏的一种现象。随着软化水技术的应用,锅炉结垢问题基本得到了解决,但因许多低压锅炉没有采取防腐措施,使腐蚀问题变得突出。不采取防腐措施,不但对锅炉有危害,危及锅炉的安全,而且会造成管网及采暖设备的腐蚀,造成经济损失。因此要加强对锅炉的防腐工作。

1. 金属腐蚀性质及类型

(1)金属腐蚀分类

按外观的破坏形式,金属腐蚀可分为全面性腐蚀和局部性腐蚀两种。

①全面性腐蚀

全面性腐蚀是指腐蚀在整个金属表面上发生。其又分为以下两种。

a. 均匀腐蚀:腐蚀后的金属表面基本上为平整的腐蚀。铜在硝酸中、铁在盐酸中、铝在苛性碱中都会产生均匀腐蚀。

b. 不均匀腐蚀:腐蚀后的金属表面明显呈凹凸不平状的腐蚀。如铁在空气中的锈蚀。

②局部性腐蚀

局部性腐蚀是指腐蚀发生在金属表面的局部区域,而其他区域几乎没有腐蚀。常见的局部性腐蚀有如下几种:溃疡状腐蚀、斑点状腐蚀、选择性腐蚀、小孔腐蚀、裂缝腐蚀、晶间腐蚀(又称苛性脆化)等。

裂缝腐蚀和晶间腐蚀是金属构件在长期应力状态下产生的腐蚀,也称应力腐蚀或疲劳腐蚀。全面性腐蚀比局部性腐蚀金属损失多,局部性腐蚀主要是发生在晶粒上的腐蚀,质量损失少,但对金属的影响极大,而且不易被发现,危害性比全面性腐蚀大得多。如胀接管管端,从外表看并无明显减薄,由于晶间腐蚀,用锤子轻击,金属就一块块掉下来。金属腐蚀愈集中,对构件的破坏性愈严重,危害性就愈大,必须给予足够重视。不同类型腐蚀图例及其对金属性能的影响见表 2 - 33。

表 2-33 不同类型腐蚀图例及其对金属性能的影响

腐蚀类型	腐蚀名称	腐蚀图例	金属质量损失	金属强度损失
全面性腐蚀	均匀腐蚀		多	小
	不均匀腐蚀			
局部性腐蚀	溃疡状腐蚀			
	斑点状腐蚀			
	选择性腐蚀			
	小孔腐蚀			
	裂缝腐蚀			
	晶间腐蚀		少	大

（2）金属腐蚀性质分类

根据金属腐蚀的机理,可将金属腐蚀分为化学腐蚀和电化学腐蚀。

①化学腐蚀

金属和外部介质直接进行化学反应而引起的腐蚀叫化学腐蚀。如水冷壁管在高温烟气作用下引起的腐蚀,烟温低时尾部受热面易形成的低温腐蚀,均属于化学腐蚀。

②电化学腐蚀

金属和外部介质发生了电化学反应,反应过程中有局部电流产生的腐蚀,就是电化学腐蚀。锅炉金属腐蚀绝大部分属于电化学腐蚀,它是最普遍的一种腐蚀,如给水管道以及与钢水接触的锅炉金属的腐蚀均属此类。

金属腐蚀一般是在多种因素共同作用下发生的。

2. 锅炉设备的腐蚀

（1）氧腐蚀

①给水中氧的来源与腐蚀部位

低压锅炉中,由于没有除氧设备或有除氧设备但运行不良,给水中氧的含量往往很高,甚至是饱和的,在中、高压以上的锅炉中,因给水通常是由凝结水、疏水、补给水和生产用汽返回凝结水组成的,这些水中常含有一定的氧;疏水系统和生产用汽返回凝结水系统中,因疏水箱是通大气的,所以疏水系统和生产用汽返回凝结水系统中的水中往往也含有大量的溶解氧;当补给水补到凝汽器时,虽然大部分氧被抽气器抽走,但仍有少部分氧留在凝结水中;凝汽器的汽侧是在负压下运行的,难免有一些空气漏入。所以,运行锅炉最易发生氧腐蚀的部位通常是给水管道和省煤器入口端。而省煤器出口端腐蚀较轻,这是因为氧已消耗完了。

对中、高压锅炉来说,因有较好的除氧设备,锅炉本体在运行中一般不发生氧腐蚀,但在停运期间,如不采取保护措施或保护不当,锅炉内部就会被空气和湿气充满,这就会使锅炉投入运行后给水中含有氧,造成锅炉本体的氧腐蚀。

②氧腐蚀的特征

在标准状态下,氧的电极电势为 0.4 V,铁的电极电势为 -0.4 V,所以在由氧和铁构成的腐蚀电池中,铁是阳极,进行阳极过程受到腐蚀:

$$Fe^- \longrightarrow Fe^{2+} + 2e$$

氧是阴极,进行阴极过程:

$$O_2 + 2H_2O + 4e \longrightarrow 4OH^-$$

此时,氧起到阴极去极化剂的作用,是引起铁腐蚀的重要因素,所以也称这种腐蚀为氧的去极化腐蚀,或简称氧腐蚀。

铁受到氧腐蚀后,常在表面上形成许多大小不同的鼓包,由于其化学组成等不同,鼓包表面的颜色由黄褐色到红砖色不等,表层下面的腐蚀物质呈黑色粉末状。如将这些腐蚀物除掉,便呈现出一个腐蚀坑。

氧腐蚀是阳极过程的腐蚀产物 Fe^{2+} 和阴极过程的腐蚀产物 OH^- 继续进行次生过程的结果,这种次生过程可简单表示为

$$Fe^{2+} + 2OH^- \longrightarrow Fe(OH)_2$$
$$4Fe(OH)_2 + 2H_2O + O_2 \longrightarrow 4Fe(OH)_3$$
$$Fe(OH)_2 + 2Fe(OH)_3 \longrightarrow Fe_3O_4 + 4H_2O$$

次生过程的产物是 $Fe(OH)_3$ 和 Fe_3O_4,其中 $Fe(OH)_3$ 可写成 $Fe_2O_3 \cdot nH_2O$ 的形式,Fe_3O_4 可看作 FeO 和 Fe_2O_3 的混合物。由于这些次生产物比较疏松,没有保护性,所以一旦在金属表面的某一点上发生腐蚀,就会继续进行下去。由于腐蚀产物阻止了氧的扩散,在腐蚀产物下面形成了缺氧的阳极区,外部便成了富氧的阴极区,从而构成了一个充气浓差电池继续腐蚀。进一步腐蚀的结果是,阳极区越来越深成为坑,阴极区的腐蚀产物也越来越多,最后便形成一个鼓包。各种铁腐蚀产物的性质见表 2-34。

表 2-34 各种铁腐蚀产物的性质

组成	颜色	磁性	密度 /($kg \cdot cm^{-3}$)	热稳定性
$Fe(OH)_2$[①]	白	顺磁性	3.4	在 100 ℃时分解为 Fe_3O_4 和 H_2
FeO	黑	顺磁性	5.4 ~ 5.73	在 1 371 ~ 1 424 ℃时熔化,而在低于 570 ℃时分解为 Fe 和 Fe_3O_4
Fe_3O_4	黑	铁磁性	5.20	在 1 597 ℃时熔化
$\alpha - FeOOH$	黄	顺磁性	4.20	在 200 ℃时失水成 $\alpha - Fe_2O_3$
$\beta - FeOOH$	淡褐	—	—	在 230 ℃时失水成 $\alpha - Fe_2O_3$
$\gamma - FeOOH$	橙	顺磁性	3.97	在 200 ℃时转变为 $\alpha - Fe_2O_3$
$\gamma - Fe_2O_3$	褐	铁磁性	4.88	在 >200 ℃时转变为 $\alpha - Fe_2O_3$
$\alpha - Fe_2O_3$	由砖红至黑	顺磁性	5.25	在 0.1 MPa 下,1 457 ℃时分解为 Fe_3O_4

注:①$Fe(OH)_2$ 在有气的环境中是不稳定的,在室温下就依不同条件转变为 $\gamma - FeOOH$,$\gamma - Fe_2O_3$ 或 Fe_3O_4。

③氧腐蚀的影响因素

a. 水中氧的质量浓度

通常溶解氧质量浓度越高,腐蚀越快。但是氧对金属的作用是双重性的。一方面,氧是去极化剂,加速对金属的腐蚀。另一方面,当氧对金属腐蚀过程中所产生的微电流达到了极化电流时,腐蚀速度下降,氧起到了促进保护膜成长的作用,对金属起到了保护作用。实验表明,当溶解氧质量浓度达到 860 mg/L 时,对金属腐蚀起抑制作用;溶解氧质量浓度为 10 ~ 100 mg/L 时,对金属腐蚀起加速作用;溶解氧质量浓度小于 0.1 mg/L 时,金属腐蚀速度明显减缓。

b. pH 值

当 pH 值大于或等于 10 时,水中氢离子浓度小,能降低吸氧反应的电位,对金属起缓蚀作用;当 pH 值为 7 ~ 10 时,析氢是少量的,也是次要的,氢离子主要起破坏金属保护膜的作用;当 pH 值小于或等于 7 时,溶液中的氢离子浓度大,此时的腐蚀以析氢为主,吸氧反应虽然同时存在,但不是主要作用。

c. 温度

在锅炉系统中,温度升高,氧腐蚀速度加快。在开放式系统中,由随着水温升高,水中氧的含量降低。氧对金属的腐蚀速度在 80 ℃ 左右时最大。温度对腐蚀速度的影响与锅炉的结构、参数、运行条件等有密切关系。条件不同,腐蚀产物也各有特点。通常在常温下,腐蚀产物疏松多孔,腐蚀坑凹面积大;高温度下,腐蚀产物致密、坚硬,腐蚀坑亦深。

d. 水质

水中离子的化学组成不同,对氧的腐蚀速度也有影响。如水中 SO_4^{2-}、Cl^- 有破坏保护膜的能力,可促进腐蚀;水中 OH^-、CO_3^{2-} 和 PO_4^{3-} 等可促进保护膜的生成,能减缓腐蚀。

e. 水流速度

通常水流速度越高,氧的扩散越快,腐蚀的速度就越大。当水的氧含量足以使金属钝化时,水流速度若增大,其腐蚀速度反而会降低。

f. 热负荷

随热负荷的增加,金属腐蚀加快。这是因为在高热负荷下,保护膜容易破坏。另外,随着热负荷的增大,铁的电位有所降低。

④氧腐蚀的防止

防止氧腐蚀的方法主要是给水除氧,让给水的溶解氧达到水质标准的要求,保证锅炉安全经济运行。

(2)酸腐蚀

锅炉金属的酸腐蚀是指由 H^+ 的去极化过程所引起的腐蚀。一般在正常运行条件下,锅炉的给水、锅水和蒸汽都不会呈现酸性,只在随给水带入锅炉内的某些物质在锅炉内发生分解、降解或水解时才有可能产生酸性物质,如水中碳酸盐、有机物等都有可能引起酸性腐蚀。

①CO_2 腐蚀

锅炉水汽系统中的 CO_2 主要来自补给水或凝汽器的冷却水中的碳酸化合物,它们进入锅炉后会发生热分解,其反应式为

$$2NaHCO_3 \longrightarrow CO_2 \uparrow + H_2O + Na_2CO_3$$

$$Na_2CO_3 + H_2O \longrightarrow CO_2 \uparrow + 2NaOH$$

反应后生成的 CO_2 与蒸汽一起流经饱和蒸汽和过热蒸汽管路、汽轮机,然后一部分被抽气器抽走,一部分溶入凝结水中,使凝结水呈酸性,其反应式为

$$CO_2 + H_2O \Longrightarrow H^+ + HCO_3^-$$

所以,最易发生 CO_2 腐蚀的部位,通常是凝汽器至除氧器之间的一段凝结水系统。

CO_2 对钢铁的腐蚀与氧腐蚀不同,前者一般是均匀腐蚀,而后者是溃疡状腐蚀。这是因为 CO_2 对钢铁的腐蚀产物是可溶性的金属碳酸氢盐,所以金属表面上没有腐蚀产物积累,而且随着 H^+ 消耗,弱酸(H_2CO_3)继续进行电离,补充水中消耗的 H^+,从而使水中 H^+ 浓度保持不变,这些都有利于发生均匀腐蚀。在低压锅炉中,一般不会发生这种 CO_2 腐蚀,因为低压锅炉的水处理通常是软化和锅内药剂处理,给水和锅水都有足够的碱度,有很强的缓冲能力。但当采用蒸馏水或化学除盐水作锅炉补给水时,水的残留碱度很小,缓冲能力很弱,才可能发生游离 CO_2 的腐蚀。当水中同时含有氧和 CO_2 时,会使腐蚀速度加快。因为 CO_2 使水呈酸性,溶解金属表面上的保护膜,氧又会促进阴极去极化过程。发生这种腐蚀的部位通常是给水泵和凝汽器、抽气器及低压加热器铜管的汽侧进水端等。

②无机酸腐蚀

以地表水作锅炉补给水水源时,有时会发现锅炉炉管内和汽轮机的湿蒸汽区产生无机酸腐蚀。这种腐蚀的特征是:锅炉炉管产生的晶间裂纹从外表面向内延伸,而且金相组织有脱碳现象,汽轮机受腐蚀的金属表面上保护膜脱落,表面变得粗糙,甚至形成沟槽等。产生这种腐蚀的原因是地表水中的有机物在锅炉内分解产生无机酸,这时给水系统的加氨处理并不足以中和这部分无机酸。

(3)沉积物下腐蚀

一般在正常运行情况下,锅炉水的 pH 值保持在 $9 \sim 11$,这时在金属表面上形成一层很致密的 Fe_3O_4 保护膜,所以不会发生严重的腐蚀现象。但是,当锅炉受热面上有沉积物存在时,由于传热不良使沉积物下金属壁温升高和锅水蒸发浓缩,产生酸性腐蚀、碱性腐蚀和电化学腐蚀。

①酸性腐蚀

当锅水中有 $MgCl_2$ 和 $CaCl_2$ 这类杂质时,在沉积物下会发生以下反应。

$$MgCl_2 + 2H_2O \longrightarrow Mg(OH)_2 \downarrow + 2HCl$$

$$CaCl_2 + 2H_2O \longrightarrow Ca(OH)_2 \downarrow + 2HCl$$

反应的结果是产生了强酸,进而引起了 H^+ 的去极化腐蚀,随着阳极产物 H^+ 的不断积累,有可能渗入钢铁内部发生脱碳反应:

$$Fe_3C + 2H_2 \longrightarrow 3Fe + CH_4$$

这使金属产生细小的裂纹、金相组织破坏和性能变脆,所以这种腐蚀也称为脆性腐蚀,如图 2-56(a)所示。

②碱性腐蚀

当锅水中有 $NaHCO_3$ 和 Na_2CO_3 时,它们会在锅炉内发生分解反应,生成游离的 $NaOH$。当锅水中有 $Ca(HCO_3)_2$ 时,将会与 Na_3PO_4 发生下列反应。

$$3Ca(HCO_3)_2 + 2Na_3PO_4 \longrightarrow 6NaOH + 6CO_2 \uparrow + Ca_3(PO_4)_2 \downarrow$$

反应后会产生 NaOH。带游离 NaOH 的锅水在沉积物下浓缩时,可达到很高的浓度,进而造成碱性腐蚀。由于沉积物外部锅水中的 OH^- 质量浓度比沉积物下 OH^- 的质量浓度小得多,因此,H^+ 的去极化过程不是发生在沉积物下而是发生在背火侧的没有沉积物处,阳极过程产生的 H_2 很容易被水流冲走,所以不会在此产生脱碳现象,只产生一些凸凹不平的腐蚀坑,而且坑上有腐蚀产物,坑下金相组织和机械性能没有变化,仍保持金属原来的延性。因此,这种腐蚀也称为延性腐蚀,如图 2-56(b)所示。

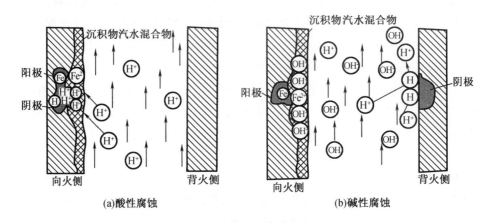

图 2-56　锅炉炉管的酸性和碱性腐蚀

③电化学腐蚀

当受热面金属表面的沉积物中含有氧化铁和氧化铜等杂质时,这些氧化物电位高,成为阴极,而金属壁电位低,成为阳极。阴极的铁离子不断溶入锅水与氧化铁及氧化铜发生反应,其反应式为

$$4Fe_2O_3 + Fe \longrightarrow 3Fe_3O_4$$
$$4CuO + 3Fe \longrightarrow Fe_3O_4 + 4Cu$$

反应后生成了新的高价氧化铁。

(4)水蒸气腐蚀

钢铁化学腐蚀的反应式为

$$3Fe + 4H_2O \longrightarrow Fe_3O_4 + 4H_2(反应条件:温度大于 470 ℃)$$
$$Fe + H_2O \longrightarrow FeO + H_2$$
$$2FeO + H_2O \longrightarrow Fe_2O_3 + H_2$$

这种腐蚀除了有时在过热器中发生以外,当水冷壁管中因水汽循环不良产生汽塞或自由水面时也有可能发生。

(5)应力腐蚀

锅炉金属的应力腐蚀是指锅炉金属在应力和腐蚀性介质的共同作用下而产生的一种腐蚀破坏形式,它通常包括应力腐蚀开裂、腐蚀疲劳和苛性脆化等。

①应力腐蚀开裂

应力腐蚀开裂是指在残余应力和腐蚀性介质的共同作用下所产生的一种脆性断裂损

坏。这种残余应力有的是在制造、安装(主要是焊接工艺)过程中产生的,有的是在运行过程中由于压力、温度的不断变化产生的。

断裂损坏一般分裂纹的孕育期和扩散期两个阶段,孕育期约占总断裂时间的90%。但裂纹一旦形成,扩展的速度是相当快的,大约为1~5 mm/h,危险性很大。

锅水的温度、杂质成分和浓度以及pH值等,对应力腐蚀的敏感性都有明显影响,如温度越高,越容易引起应力腐蚀开裂。

②腐蚀疲劳

腐蚀疲劳是指在交变应力和腐蚀性介质的共同作用下所产生的一种破坏形式。这种破坏形式与应力腐蚀开裂有相似之处,只是腐蚀疲劳产生的裂纹很少有分歧现象,断处呈贝纹状。

锅炉金属产生腐蚀疲劳的部位往往在汽包与给水管、排污管和锅内处理加药管的连接处,锅炉集汽联箱的排水孔等。这些部位经常受到冷热不均的交变应力。金属表面干、湿交替,管道中汽水混合物的流速经常变化,以及锅炉的频繁启动等,都会引起交变应力,造成腐蚀疲劳。

③苛性脆化

苛性脆化是指在残余应力和浓碱的作用下所产生的一种破坏形式,由于这种应力腐蚀是在浓碱的条件下产生的,所以叫苛性脆化。它是低碳钢的一种腐蚀破坏形式。

当锅炉金属发生苛性脆化时,往往同时具备以下三个条件。

①锅水中含有一定浓度的游离NaOH。

②金属中存在很大的内应力和微裂纹。

③锅水有被浓缩的地方,如在锅炉的铆接胀接处。

目前生产的各种参数的锅炉,锅筒或汽包已不再采用铆接,但在低压锅炉中,烟管与管板之间的连接仍然采用胀接,所以仍可发生这种应力腐蚀。因此,低压锅炉水质标准中规定了锅水的相对碱度应小于0.2,以防苛性脆化。

3.防止锅炉金属腐蚀的方法

(1)除氧

氧腐蚀是各种锅炉金属腐蚀中最常见的,也是腐蚀损害最严重的。因此,为防止或减轻锅炉在运行期间的氧腐蚀,必须对锅炉给水进行除氧。目前常采用的除氧方法有两种:一种是热力除氧,另一种是化学除氧。对中压以上的大型锅炉,大都以热力除氧为主。在低压锅炉中有时只采用化学除氧或其他除氧方法。

通常,水中往往溶解有氧、氮、二氧化碳等气体,其中二氧化碳(CO_2)及氧(O_2)的存在,使锅炉易发生腐蚀。尤其是有氧存在,腐蚀特别严重,因此,我们要研究气体,特别是氧在水中溶解的特性及除氧的根本途径。各种气体在不同压力和温度下,其饱和含量也都不相同。表2-35为不同水面绝对压力、水温下水的饱和含氧量。空气中氧较多,水与空气接触后,其含氧量容易达到饱和或接近饱和,一般单位以相应压力及温度下水的饱和含氧量作为除氧前水的含氧量,显然,其数值比实际情况偏高,特别是混有大量回水的给水,由于回水中含氧量较低,故这种给水的含氧量都未达到饱和。

表 2-35　不同水面绝对压力、水温下水的饱和含氧量

水面绝对压力/MPa	水温/℃										
	0	10	20	30	40	50	60	70	80	90	100
	饱和含氧量/(mg·L⁻¹)										
0.1	14	10.8	8.8	7.5	6.2	5.4	4.7	3.6	2.6	1.6	0
0.08	11	8.5	7.0	5.7	5.0	4.2	3.4	2.6	1.6	0.5	0
0.05	8.3	6.4	5.3	4.3	3.7	3.0	2.3	1.7	0.8	0	0
0.04	5.7	4.2	3.5	2.7	2.2	1.7	1.1	0.4	0	0	0
0.02	2.3	2.0	1.6	1.4	1.2	1.0	0.4	0	0	0	—
0.01	1.2	0.9	0.8	0.5	0.2	0	0	0	0	0	—

气体在液体中的溶解度取决于气体的分压力。在液面上的空间中如果没有其他气体或蒸气,仅有这一种气体单独存在时的压力,称为这种气体的分压力。液体温度越高,其中气体的溶解度就越小;液面上空间中某种气体的分压力越小,这种气体在液体中的溶解度也就越小。

氧气是很活泼的气体,它能与很多非金属直接化合,而且能与绝大多数金属(金、银、铂等少数金属除外)直接化合。当其与非金属或金属化合以后,往往形成稳定的氧化物,或生成沉淀,这些氧化物中的氧就不再与金属化合,故实际上起腐蚀作用的都是水中的溶解氧。

由氧在水中溶解的特性可知,除水中氧可从以下几个方面着手:给水加热,减小氧在水中的溶解度,使氧逸出;减小水面上空间氧的分压力,使水中的氧逸出;使水中的溶解氧在进入锅炉前就转变为与金属或其他药剂的稳定化合物而消耗掉。使氧与金属或其他药剂化合的氧化方法,可采用纯化学的氧化方法、电化学的氧化方法,也可采用除氧树脂除氧的方法。

锅炉常用的除氧方法:热力除氧、解吸除氧、化学除氧、电化学除氧、除氧树脂除氧等。

①热力除氧

a.热力除氧的特点

热力除氧就是将水加热至沸点,使水面上水蒸气的分压力与外界压力相等,而其他气体的分压力都为零,因此各种气体如氧和二氧化碳等便从水中逸出,从而达到除氧的目的,这就是热力除氧的原理,用来进行热力除氧的设备叫热力除氧器。

小型锅炉房常用的为大气式热力除氧,除氧器内保持比大气压力稍高的压力,一般为0.02~0.025 MPa 表压力,此压力下饱和温度为104~105 ℃。其之所以采取0.02 MPa 表压力,而不采用大气压力,就是为了便于逸出的气体能够向除氧器外排出。除大气式外还有真空式(除氧器内保持0.007 5~0.05 MPa 绝对压力)及压力式(除氧器内保持0.5~1.5 MPa 绝对压力)。

热力除氧具有以下优点:不仅能除氧,而且能除水蒸气以外各种气体;较其他除氧方法效果稳定可靠;除氧水中不增加含盐量,也不增加其他气体的溶解量;易于进行控制。

热力除氧的缺点是:用汽多;提高给水进入省煤器的温度,影响烟气废热的利用;负荷变动时不易调整。

b. 热力除氧器的结构要求

为了保证良好的除氧效果,热力除氧器在结构上应符合下列基本要求:

i. 为了使水中的氧完全从水中解析出来,水应能加热至相应于除氧器内压力的沸点。当加热不足度为 1 ℃时,大气式热力除氧器除氧后的水,其残留氧的质量浓度已超过 0.1 mg/L 的水质标准。

ii. 水要成水膜或喷散至足够细度,并在整个除氧头截面上均匀分布,使汽水分界面积达到最大。因为汽水分界面越大,气体放出越快。

iii. 热力除氧器的构造。锅炉房常见热力除氧器的类型有:

(ⅰ)淋水盘式热力除氧器

热力除氧器从整体构来看,可分为除氧头(或称除气塔)和贮水箱两部分,如图 2-57 所示。

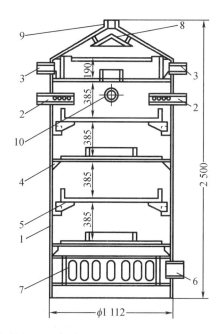

1—外壳;2—凝结水入口;3—软水入口;4—溢水槽;5—溢水盘;6—蒸汽入口;
7—蒸汽分配器;8—圆锥挡板;9—排气管;10—连水封接口。

图 2-57 淋水盘式除氧器

图 2-57 中为 25 t/h 容量的除氧器,其工作压力为 $p = 0.12$ Ma(绝对压力)出水温度为 105 ℃。这种除氧器的除氧过程主要是在除氧头中进行,回水及软水从除氧头顶部两侧管引入,经一圆管与外壳的夹层而溢入第一个环形槽。水从第一个环形槽溅至第一个带孔圆盘内,水经圆盘的小孔形成细薄的很多小水流向流动。如此继续流过以下的几层环形槽及带孔圆盘。此除氧器内共有三个环形槽及两个圆盘,水最后落至除氧水箱。

蒸汽由除氧头下部进入,经过蒸汽分配器而向上流动,穿过淋水层,将水加热,同时形成较大的汽水分界面进行除氧。部分多余蒸汽经顶部锥形挡板折流,使分离一些水分以后由排气管排出,而经除氧的水中逸出气体,水流入其下部贮水箱中。除氧头外壳的外面有水封安全装置。

(ii)膜式热力除氧器

图2-58是膜式热力除氧器,为25 t/h容量的除氧器,工作压力为0.12 MPa(绝对压力),出水温度为105 ℃。回水及软水从顶部两侧管口引入,流至夹层中,在夹层间穿过管壁上按螺旋形钻孔的短管,水在夹层中由这些小孔向短管内部喷出,下落至下部孔板。水主要由孔板上小孔向下流,然后再流过一内盛有填料的铜网。蒸汽由下侧引入,流经喷管向四周喷出,然后蒸汽按水流相反方向,由下向上流动,最后经顶部夹层间的短管内部流出,气体及部分蒸汽从顶端排气管排出。

这种除氧器不但增加了汽水接触面积,并且顶部夹层有让水集热的作用,以防水温突然变化。填料能蓄热,可加热水,并增加汽、水界面,但时间一长,铝制填料将发生腐蚀,并且对进水的水温有比较高的要求。

(iii)热力喷雾填料式除氧器

图2-59中的10 t/h热力喷雾填料式除氧器除氧头分为上、下两本体。欲除氧的水,由上本体上部的进水管进入,并经喷水管网通过喷嘴被喷成雾状。下本体中有两层中间装有铝制填料的孔,雾状水滴经填料,然后落至除氧水箱。蒸汽由下本体下部的进气管进入,通过蒸汽分配器向上流动时,与填料层中水相遇,进行二次除氧,气及部分蒸汽最后经上本体顶部的圆锥形挡板折流,由排气管排出。热力喷雾填料式热力除氧器中所用的填料有 Ω 形、圆环形和蜂窝形等多种,采用不受腐蚀、不会污染水质的材料制成,一般认为 Ω 形不锈钢作填料效果较好。这种除氧器的除氧效果好。对负荷及水温变化的适应性较好;结构简单、维修方便;汽、水混合速度快,不易产生水击现象。

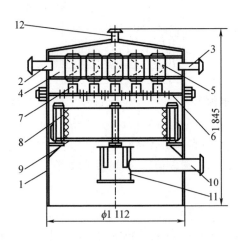

1—外壳;2—凝结水入口;3—软水入口;4—夹层;5—短管;6—孔板;
7—孔板连管;8—铜网;9—铜网底圈;10—蒸汽进口;11—喷管;12—排气管。

图2-58 膜式热力除氧器

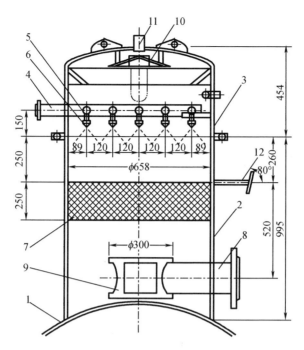

1—除氧水箱;2—除氧头下本体;3—除氧头上本体;4—进水管;5—支管;6—喷嘴;
7—填料;8—进气管;9—蒸汽分配器;10—圆锥挡板;11—排气管;12—支撑。

图 2-59　热力喷雾填料式除氧器

(iv)旋膜填料式除氧器

旋膜填料式热力除氧器由起膜器、淋水算子和波网状填料层所组成。它的除氧头上部的断面上布置有几圈一定长度、垂直放置的无缝钢管,每根短钢管的上下两端都钻有沿切线方向向下倾的若干个小孔。水从上端形成喇叭口状的水膜。蒸汽从钢管下端小孔进入管内,在水膜中部旋转上升,与除氧头下部进来的蒸汽一同从顶部排出除氧器。形成水膜的水向下落到由角钢组成的错列水平布置的几层挡板,水落至挡板后,沿挡板的两个倾斜面呈膜状流动。挡板角钢的脊向上,脊上布有一些小孔。水流过挡板时,不仅进一步延续和扩展水的表面积,而且使水流分布均匀。水最后再下落经填料层。这种除氧器实际是三级除氧,因而效果更佳。

除氧水箱(即贮水箱)是贮存除氧水的容器,它可以贮存供锅炉运行一定时间的给水量。它主要由圆柱形外壳与两个圆锥形成的蝶形封头组成。水箱外部有支座、水位计、温度计插座、带盖人孔以及接管和接管法兰等,内部有梯子以及加固角钢、扁钢等结构。水箱中水位由水位调解器调节,除氧水从水箱底部的水管进入给水泵。

为了提高除氧效果,可在水箱中再加装喷嘴,以引入压力较高的蒸汽,使水箱中的水保持沸腾状态,并使水中残留的气体完全解析出,这种装置称为再沸腾装置,如图 2-60 所示。再沸腾装置的用汽量一般为除氧器加热用蒸汽量的 10% ~20% 。加装再沸腾装置还有利于促进水中重碳酸盐的进一步分解,减少水中 CO_2 的含量和提高水的 pH 值。另外,为了回收从除氧器顶部排出的蒸汽,有的除氧器还设置了排汽冷却器。

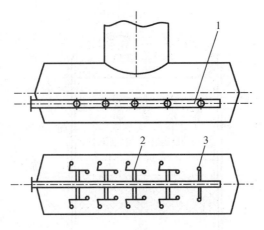

1—主汽管；2—支管；3—喷嘴。

图 2－60　热力除氧器再沸腾装置

（ⅴ）真空式除氧器

真空除氧的原理也是利用水在沸腾状态时气体的溶解度接近于零的原理，除去水中所溶解的氧、二氧化碳等气体。因为水的沸点与压力有关，所以可在常温下利用抽真空的方法使水呈沸腾状态，让水中溶解性气体解析出来。当水温一定时，压力越低（即真空度越高），其相应的饱和温度越低，水中残留气体的含量就越少，见表 2－36。由于给水（或补给水）要求温度低，可以不用蒸汽加热，或用热水加热即可，所以节约能源，并且热水锅炉房无蒸汽源时也可采用。

表 2－36　真空度与饱和温度对应表

绝对压力/MPa	真空度/MPa	饱和温度/℃	绝对压力/MPa	真空度/MPa	饱和温度/℃
0.002 45	0.097 55	20.776	0.009 88	0.090 12	45.45
0.002 94	0.097 06	23.772	0.010 78	0.089 22	47.37
0.003 43	0.096 57	26.359	0.011 76	0.088 24	49.06
0.009 92	0.096 08	28.641	0.012 74	0.087 26	50.67
0.004 41	0.095 59	30.69	0.013 72	0.086 28	52.18
0.004 90	0.095 10	32.55	0.014 7	0.085 3	53.60
0.005 88	0.094 12	35.82	0.019 6	0.080 4	59.67
0.006 86	0.093 14	38.66	0.024 5	0.075 5	64.56
0.007 84	0.092 16	41.16	0.029 4	0.070 6	68.68
0.008 82	0.091 18	43.41	0.039 2	0.060 8	75.42

真空式除氧器的结构与一般大气式热力除氧器相同，只是在系统中多用一套喷射器抽真空的设备，但整个系统的严密性要求较高。

真空式除氧器水在除氧器体外，经热交换器加热，其水温的控制不受除氧器内真空度的影响。真空式除氧器一般要求进水温度比除氧器内真空度对应的饱和温度高 3～5 ℃，除氧水箱中不需设再沸腾管,水贮存在水箱仍有继续除氧的作用。因此,常称其为三级除氧的除氧器。

常采用的真空式除氧器再沸腾装置有两种:一种是利用凝汽器真空除氧,另一种是以专用的真空除氧器代替热力除氧器。由于凝汽器总是在真空状态下运行,而且凝结水的温度通常处于该凝汽器相应压力下的沸点,所以它本身就相当于一个真空除氧器。为了利用凝汽器的这种真空除氧能力,可将锅炉补给水首先引入凝汽器中进行初步除氧。与热力除氧器一样,为了保证凝汽器的真空除氧效果,也要将水流分散成细小的水滴或小股水流。

如图2-61所示为一种专用的真空式除氧器。水从除氧塔上部进入,经喷头使水喷成雾状,再经中部填料使水成水膜状向下流动。由水中析出来的氧和二氧化碳等气体由塔顶部被抽气装置抽出体外。为了达到良好的除气效果,应注意以下几点:选用的抽气装置应与处理水量相符;喷头的数量应与除氧器的出力相匹配;要有适当高度的填料层;进水温度应比除氧器运行真空下相对应的饱和温度高3~5 ℃,且系统要求严格密封。

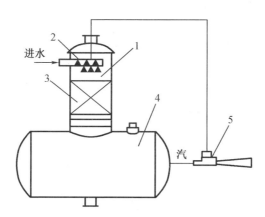

1—除氧塔;2—喷头;3—填料;4—贮水箱;5—喷射器。

图2-61　真空式除氧器

iv. 热力除氧器的运行

热力除氧器的运行对热力除氧器的除氧效果起着很重要的影响。为保证运行工况良好,首先水应保证加热至沸点;除氧器的负荷和进水温度应平稳,避免有急剧的变化。大气式热力除氧器的除氧头内的工作压力变化较小,要保持对应的水温难度较大。而真空式除氧器调节喷射泵真空抽吸系统,可以改变除氧头内的真空度;其水温一般在除氧器体外加热也较易调节。压力越低,加热不足度对残留含氧的影响越小。因此,相对而言,真空式除氧器比大气式热力除氧器对负荷变化的适应性稍为好一些,但是负荷变动较大时,也难以稳定。

②解吸除氧

将不含氧的气体与要除氧的给水强烈混合接触时,根据液面上氧气分压力为零(或近于零)时液体中氧气的溶解度降低的原理,给水中氧大量逸出,而使给水中含氧量降低。从给水中扩散出来的氧气又随着原来无氧的气体流至反应器,在反应器中与炽热的木炭作用变成二氧化碳,而残存极微量的氧气,然后再将此气体与要除氧的给水强烈混合接触。如此循环工作,以达到除氧的目的。这就是解吸除氧。

如图2-62所示为解吸除氧系统图。要除氧的水,经除氧水泵流过喷射器而流入解吸器,解吸器内有挡板。反应器装于炉内500~600 ℃部位,反应器内装有木炭。靠喷射器的作用将解吸器水面上的气体经气体冷却器及汽水分离器而流入反应器。汽水分离器下面有水封,流入反应器的气体中含有从水中逸出的氧,气体流过反应器中的热木炭以后,氧就与炭化合成二氧化碳,故反应器出口的气体中没有氧气。

喷射器将反应器出口的无氧气体抽至喷射器内,与要除氧的水混合流入解吸器,然后气体逸出水面,再经气体冷却器及汽水分离器流至反应器。除氧后的水流入给水箱,为了与外界空气隔绝,水箱水面上浮有水、气隔板。除氧后的给水,由给水箱流入给水泵,然后打入锅炉。

各锅炉房采用的解吸除氧设备系统略有差异,如图 2 – 62 所示为目前常见的解吸除氧系统。软水箱中的软水由除氧水泵送至喷射器与来自除氧反应器的无氧气体强烈混合,在通往解吸器的混合管内进行脱氧,并在解吸器内分离。除氧水由解吸器下部流出,大部分由补充水泵供锅炉,少量返回软水箱,保证软水的止性。从水中解吸出的含氧气体由解吸器上端流出经气水分离器后进入除氧反应器中与反应剂反应成无氧气体,再流至喷射器如此循环,循环的动力来自喷射器产生的负压。水封的作用是收集凝结水和保证系统与大气隔绝。解吸除氧具有设备简单、投资少、运行费用低优点,但它仍然存在一些问题有待于解决。解吸除氧存在的问题:只能除氧,不能除其他体,除氧后水中 CO_2 有所增高,pH 值降低 $0.2 \sim 0.3$;技术上无统一规范,产品质量及催化脱氧剂差异很大,造成使用效果不一致;要消耗一定的电力;操作较麻烦,不易控制。

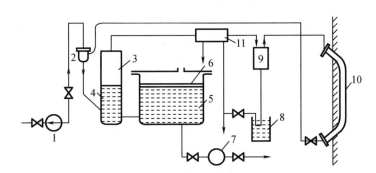

1—除氧水泵;2—喷射器;3—解吸器;4—挡板;5—水箱;6—木板;
7—给水泵;8—水封;9—汽水分离器;10—反应器;11—气体冷却器。

图 2 – 62 解吸除氧系统图

③化学除氧

化学除氧就是往含溶解氧的水中投加某种还原性药剂,或使含溶解氧的水滤经吸氧物质,使之发生化学反应,以达到除氧的目的。锅炉给水除氧常用的还原性药剂有亚硫酸钠(Na_2SO_3)和联氨(N_2H_4)等。近年来,也开始采用某些新型化学除氧剂,如甲基乙基酮肟、碳醚肼、胺基乙醇胺等。此外,常用钢屑作为吸氧物质,使含溶解氧的水滤经钢屑过滤器而除氧。热水锅炉和蒸汽量小于或等于 2 t/h 的蒸汽锅炉,因为没有充足的热源,应采用化学除氧。

a. 亚硫酸钠除氧

亚硫酸钠是白色粉末状结晶,密度为 $1.56 \ g/cm^3$,易溶于水,与水中溶解氧起化学反应,生成无害的硫酸钠,其反应为

$$2Na_2SO_3 + O_2 \longrightarrow 2Na_2SO_4$$

此法使水含盐量增加。

亚硫酸钠与氧的反应速度受水温和 Na_2SO_3 过剩量的影响,其关系见表 2 – 37。

从表 2 – 37 中数据可知,温度越高,反应越快;过剩量越多,反应越快。通常控制水的温度在 80 ℃ 以上,过剩量以维持锅水中 SO_3^{2-} 含量为 10 ~ 40 mg/L 为准。

表 2 – 37   亚硫酸钠与氧的反应时间

反应温度/℃	无过剩量时	过剩量质量分数为 25% ~ 30%	反应温度/℃	无过剩量时	过剩量质量分数为 25% ~ 30%
40	5 ~ 6	2.5 ~ 3	80	< 2	< 1
60	2.5	< 2	100	< 1	—

水中的阳离子如 Ca^{2+}、Mg^{2+}、Mn^{2+} 和 Cu^{2+} 等,对反应有催化作用,而水中 SO_4^{2-} 和有机物却使反应速度减慢。为加速反应,国外有使用"催化亚硫酸钠"商品的,就是适量的催化剂与亚硫酸钠的混合物。

亚硫酸钠的除氧效果也受水的 pH 值影响,pH 值越大,效果越差。亚硫酸钠除氧只适用于中、低压锅炉,不能用于高压锅炉,因为在锅内高温下亚硫酸钠会发生分解,其反应式为

$$NaSO_3 + H_2O \longrightarrow 2NaOH + SO_2$$
$$4Na_2SO_3 \longrightarrow 3Na_2SO_4 + Na_2S$$
$$Na_2S + 2H_2O \longrightarrow 2NaOH + H_2S$$

这些反应所产生的有害气体会造成金属腐蚀。

通常将亚硫酸钠配制成质量分数 2% ~ 10% 的溶液,用活塞泵等加药设备加入给水泵的低压侧。活塞泵加药系统如图 2 – 63 所示。贮存、配制亚硫酸钠溶液时,应在密闭的不与空气接触的容器中进行,以防止氧化。

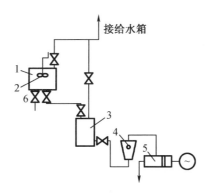

1—溶解箱;2—搅拌器;3—溶液箱;4—转子流量计;5—泵;6—排水阀门。

图 2 – 62   活塞泵加药系统

b. 联氨除氧

联氨又称肼,在常温下是一种无色液体,吸水性强,遇水后能结合成稳定的水合联氨($N_2H_4 \cdot H_2O$)。联氨的存在形式一般是质量分数为 40% 的水合联氨。在碱性溶液中,联氨是一种很强的还原剂,能使水中溶解氧还原,其反应式为

$$N_2H_4 + O_2 \longrightarrow N_2 + 2H_2O$$

反应产物是无害的 N_2 和 H_2O。

过量 N_2H_4 在锅内遇热会发生分解

$$3N_2H_4 \longrightarrow 4NH_3 + N_2$$
$$2N_2H_4 \longrightarrow 2NH_3 + H_2 + H_2$$

联氨热分解速度与温度有关,当水温低于 50 ℃时,分解速度很慢;当水温高于 200 ℃时,分解速度就很快,可达每分钟 10%。

联氨与水中溶解氧的反应速度受温度、pH 值和联氨过剩量的影响,因此,为使联氨除氧效果好,需要注意下面几点:

i. 有足够高的温度。温度越高,反应速度越快。

ii. 水的 pH 值应在 9~11 的范围内。因为联氨必须处在碱性溶液中才是强的还原剂,此时反应速度最快。

iii. 水中有足够的联氨过剩量。N_2H_4 过剩量越多,反应越快,除氧效果越好。

由于联氨不仅与给水中溶解氧反应,而且还与给水设备及管道内的金属腐蚀产物反应,所以联氨的加药量无法进行理论计算,一般是控制省煤器入口给水中的 N_2H_4 质量浓度为 20~50 μg/L。机组启动时,考虑到种种金属氧化物和其他杂质消耗联氨,加药量当增大,一般按质量浓度为 100 μg/L 投加。

联氨的加药地点一般选在给水泵入口侧的管道中,以利用水泵的转动,加速药剂与水的混合。也有的在凝结水泵出口,此处水温虽低,但流程长,作用时间也长,效果仍可证,且有利于保护低压加热器。联氨的加药系统如图 2-64 所示。它是利用抽真空的方法,先将工业联氨(质量分数为 40%)抽吸至联氨计量箱内,然后再在联氨加药箱内配制成质量分数为 0.1% 的稀溶液,利用活塞加药泵加入给水系统。这种加药系统基本上是密闭的,比较安全。联氨易挥发、有毒、易燃烧,所以,联氨浓溶液应密封保存,防火;输送搬运时应穿戴胶皮手套、防护眼镜防护用品;操作地点应通风良好并有水源;化验时不得用嘴吸移液管,不能用于生活用锅炉。联氨经常用于中、高压以上的锅炉给水除氧处理,一般作为热力除氧的辅助除氧剂,很少单独使用。低压锅炉极少采用联氨除氧。目前,国外已在联氨中加入少量催化剂来提高反应速度。铜、锰、铁等金属的盐类都可作为催化剂。为避免加入金属盐类催化剂加剧锅炉结垢和腐蚀,可改用醌的化合物、芳胺和醌化合物的混合物、1-苯基-3-吡唑烷酮、对氨基苯酚等类有机物作为催化剂。含有催化剂的联氨,称为"催化联氨"或"活性联氮"。

c. 新型化学除氧剂除氧

近年来,国外高压锅炉给水除氧中采用甲基乙基酮肟、碳酰肼、胺基乙醇胺等一类新型化学除氧剂,它们作为挥发性除氧剂的性能,优于联氨,同时也用作金属钝化剂。例如,碳酰阱 $(N_2H_3)_2CO$ 与氧的反应比联氨快;甲基乙基副肟 $CH_3C_2H_5SCNOH$ 与联氨相比,毒性小;胺基乙醇胺(乙醇与脂肪胺的缩合物)的热稳定性高,除氧能力强,反应速度也很快。这类新型化学除氧剂正在不断研究发展中。

d. 钢屑除氧

使水通过钢屑层,水中溶解氧与有活性表面的钢屑起化学作用,钢屑被氧化,水中溶解氧也就被除去。钢屑表面氧化反应很复杂,氧化产物是 FeO、Fe_2O_3 和 Fe_3O_4 等铁氧化物的混合物。

钢屑除氧所用的设备有独立式和附设式两类。图2-65为独立式钢立式钢屑除氧器,钢屑直接装在锥形多孔板上,筒体上下均为法兰连接,以便于装取钢屑。独立式钢屑除氧器一般布置在锅炉给水泵的吸入侧,其阻力不超过20 kPa,不会破坏给水泵的正常工作。另一类钢屑装在热力除氧器的除氧水箱或其他给水箱内。特殊隔层中的附设式钢屑除氧器,由于其中流过钢屑隔层的水流分布不均,除氧效果差,已很少使用。

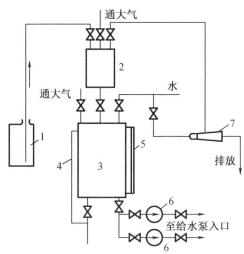

1—工业联氨桶;2—计量器;3—加药箱;4—溢流管;
5—液位计;6—加药泵;7—喷射器。

图2-64 联氨加药系统

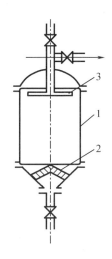

1—圆筒形壳体;2—多孔板;3—排水管。

图2-65 独立式钢屑除氧器

除氧用钢屑的材料应选用0~6号碳素钢,钢屑厚度一般为0.5~1 mm,长度为8~12 m,要用新切削的钢屑,不能用合金钢屑或有色金属切屑。

钢屑在使用前要进行除油活化处理,即应先用碱液(质量分数为2%的NaOH或Na_3PO_4)除油,用热水冲去碱性液后,再用质量分数为2%~3%的HCl溶液酸洗,最后用热水冲洗。钢屑装入过滤器后要压紧,一般钢屑的填充密度0.8~1.0 m^2。

影响钢屑除氧的主要因素有如下几种:

i. 水质

已经软化的水,其除氧效果较好;不经软化的水,容易使钢屑表面钝化,使其氧化过程减慢,从而影响除氧效果。

ii. 水温

由图2-66可知,水温越高,化学反应速度越快,除氧效果就越好。实践表明,在水温低于55~60 ℃时,易生成红色铁锈,铁锈随水带出,进入锅内。因此,钢屑除氧时一般希望水温高于70 ℃。

iii. 接触时间

由图2-66可知,接触时间与水温有关,水与钢屑接触时间越长,除氧效果越好。

iv. 钢屑装填密度

钢屑压实得越紧,即装填密度越大,除氧效果就越好,但水流阻力也随之增大。所以,钢屑装填密度一般采用1 000~1 200 kg/m^3。

钢屑除氧器在运行中应定期检查除氧效果,一般每昼夜检查1~3次。在运行中如发现下列情况:压力损失比正常情况高5 kPa;出水含氧量大于给水标准;出水中有铁锈或浑浊,此时应进行钢屑除氧器反洗,在反洗后仍不能达到要求时,可用质量分数为2%~3%的稀盐酸或稀硫酸溶液将钢屑浸泡20~30 min,然后用水冲洗至中性。若经反复冲洗和用酸浸泡后,仍不能恢复其能力,或者钢屑耗损已超过50%,则应更换新钢屑。

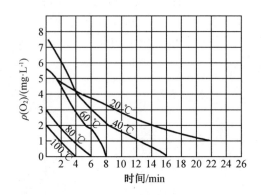

图2-66 水温对氧和钢屑反应速度关系

钢屑除氧的设备结构简单、维修容易、运行操作方便、设备投资及运行费用低,适合于工业锅炉给水除氧,但失效后反洗麻烦,更换钢屑的劳动强度较大,尤其是当钢屑锈成一团时更难取出,因此限制了它的推广应用。

④电化学除氧

a.电化学除氧原理

用电化学原理也能防止金属遭受电化学腐蚀。选用一种比被保护金属化学活性强的金属作为腐蚀电池的阳极,使其不断遭受腐蚀,而作为阴极的被保护的金属得到了保护而不被腐蚀;也可以利用外加直流电流来进行"电保护",即将直流电源的负极与被保护的金属连接,正极与外加的准备让它腐蚀的金属连接,在这人造的腐蚀电池中,选用被腐蚀用的金属,不一定要比被保护金属的化学活性强,也可利用现成的废金属。电保护可人为调节电流,使其效果良好,也可在电导率较低的电解质中,获得较好的电化学保护效果。

水中的溶解氧在金属电化学腐蚀中是阴极的去极化剂,它在人造的腐蚀电池中被消耗掉。因此,电化学除氧就是一种消除水中溶解氧的电保护。在这种除氧器中,以钢板为阴极,铝板或铝带为阳极,两极同浸在水中,并通以直流电,以除去水中的溶解氧。在电化学除氧器通电时发生如下反应。

阳极
$$Al - 3e \longrightarrow Al^{3+}$$
$$Al^{3+} + 3OH^- \longrightarrow Al(OH)_3(在溶液中)$$

阴极
$$O_2 + 2H_2O + 4e \longrightarrow 4OH^-$$
$$2H^+ + 2e \longrightarrow H_2(氢去极化作用)$$

当前应用的电化学除氧器都用铝为阳极,这是因为铝板较便宜,又是两性金属,在pH值10~11和3~4的范围内,电位和腐蚀速度都较稳定,生成的$Al(OH)_3$胶体并不稳定,很容易转变为沉淀而除去,$Al(OH)_3$无毒。由于铝的化学活性比铁强,所以电化学除氧器在不通直流电时,仍可能稍有除氧作用。

b. 电化学除氧器结构及系统

电化学除氧器的结构如图 2－67 所示，图中的阳极板系由铝带或铝板上开很多孔而制成；阳极板连接在阳极连接板上，然后经阳极连接片与直流电源正极相连，阴极板由钢板制成，钢板上开很多孔；阴极板连接在阴极连接板上，所有阴极板都经阴极连接片与直流电源负极相连；聚积氢氧化铝的沉淀物可由手孔排出；为了避免水流路，在沉淀室内装有挡板；为排除产生的氢气，在顶部设有排气管，排气管可连至给水箱的上部；为了使阴、阳极接片与外壳不导电，在连接片、接线螺栓与外壳之间设置绝缘垫圈、橡皮圈及普通垫圈。欲除氧的水，由进口进入除氧器然后经过阴、阳极板上的孔，由出水口流出，由于电化学反应，水中氧被消耗，达到除氧目的。

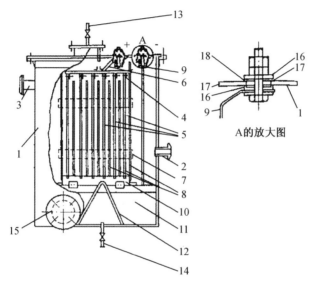

1—外壳；2—水入口；3—水出口；4、6—阳极连接板；5—阳极板；7，9—阴极连接板；8—阴极板；10—绝缘定子片；
11—沉淀室；12—挡板；13—排气管；14—排水管；15—手孔；16—普通垫圈；17—绝缘垫圈；18—橡皮圈。

图 2－67　电化学除氧

电化学除氧器的电气连接系统如图 2－68 所示。电化学除氧器可串联在给水箱和给水泵之间，电源可采用低压可调直流电源，输出电压为 0 ～ 12 V，输出电流为 200 A。

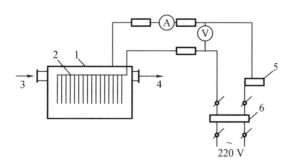

1—电化学除氧器外壳（阴极）；2—铝板阳极；3—水进口；4—水出口；5—可变电阻；6—整流器。

图 2－68　电化学除氧器电气连接系统

c. 电化学除氧的影响因素

影响电化学除氧的因素有水温、水的流速及外加电流值等。电化学除氧效率随水温的升高而提高，水温最好在 70 ℃左右，不得低于 40 ℃，水温过低，除氧后给水中含氧量就会超过水质指标的要求；除氧器内水的流速对除氧效率影响很大，流速低，除氧效率高，一般流速为 12 ~ 13 m/h；随着电流的增加，除氧效率会有所提高，但电流增加到一定值后再提高，除氧效率的提高就不显著，电化学除氧消耗的电能每吨水平均为 0.2 kW·h。

目前电化学除氧存在的问题是除氧器中阳极铝板上的孔眼易被 Al(OH)$_3$ 沉淀物堵塞，且沉淀物带入锅炉中，使锅中有片状沉淀物生成。

⑤氧化还原树脂除氧

a. 氧化还原树脂除氧的原理

在水处理系统中应用除氧树脂，能很方便地除去水中的溶解氧。

氧化还原树脂又称电子交换树脂，是指带有能与周围的活性物质进行电子交换、发生氧化还原的一类树脂，这类树脂在反应中失去电子，由原来的还原形式变为氧化形式而周围的物质就被还原，树脂使用过以后，还可用还原剂再生，恢复氧化能力，故树脂可循环使用。

氧化还原树脂可用来除去水中的溶解氧，其中有带 Cu^{2+} 的强酸树脂，它的除氧能力可达 800 mg/L，使水含氧量低于 0.1 mg/L，树脂失效后用亚硫酸钠再生。

b. 氧化还原树脂除氧设备系统

氧化还原树脂除氧器设备系统(图 2 – 69)与一般的离子交换软化器系统相类似。在除氧系统中，软水从软化水箱经除氧水泵加压流入装填有氧化还原树脂的除氧器，软化水中的溶解氧与氧化还原树脂在其中反应，已除氧的水从除氧器中流出，经浮子流量计和水表计量，流入除氧水箱贮存，或由给水泵送往锅炉。除氧水箱要与大气隔绝，以免大气中氧又重新溶入除氧水中。树脂除氧器按顺流进水运行，当出水中的残余含氧量大于规定时，应停止运行，进行再生。再生用水合肼或硫酸铜稀溶液，两种溶液相间使用，且均按顺流方式进行。注入水合肼稀溶液时，需关闭阀门，静止熟化 8 h；而注入硫酸钠稀溶液时，则不需静止熟化。

氧化还原树脂除氧具有如下特点：操作方便，运行成本低，除氧完全(残余氧的质量浓度为 0.005 ~ 0.01 mg/L)，低温(0 ℃以上)，快速(6 min)，在锅炉汽水系统中不带进有害杂质。

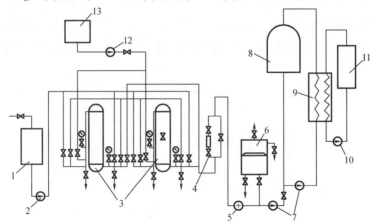

1—软化水箱；2—除氧水泵；3—氧化还原树脂除氧器；4—浮子流量计；5—水表；6—除氧水箱；
7—给水泵和锅炉循环水泵；8—锅炉；9—热交换器；10—热网循环泵；11—热网用户；12—加药泵；13—药箱。

图 2 – 69　氧化还原树脂除氧器设备系统

氧化还原树脂除氧器已应用于热水锅炉除氧,取得良好的效果,但在使用中应注意如下问题:经氧化还原树脂除氧处理过的水,含有微量肼,其浓度虽低于一般排放标准,但尚未达到饮用水标准,不可饮用。其再生液和清洗的水含肼较多,作为废水排出污染环境。运行中要经常测试和监督出水中残余氧量,以保证除氧效果,注意排除反应中生成的氮气,除氧水箱必须与空气隔绝;为保证连续供给除氧水,应设置两个氧化还原树脂除氧罐,以便有时间进行失效除氧罐的再生熟化处理。

4. 给水 pH 值调节及减缓腐蚀处理

对于中、高压以上的锅炉,为防止锅炉给水系统腐蚀,应维持给水的 pH 值在 8.8 以上,最好在 9.0 ~ 9.2。因为 pH 值为仅是理论上纯水呈中性时的 pH 值,实际锅炉给水中因含游离二氧化碳,还会发生游离 CO_2 所致的给水系统酸性腐蚀。因此,除应选择合理的补充水处理工艺尽量降低碳酸盐的含量和减少凝汽器泄漏以防止这种腐蚀外,还必须对给水进行氨或胺(氨的有机衍生物)处理,这实际上是一种中和处理,以中和水中的 CO_2,调节给水 pH 值,减缓给水系统腐蚀。

(1)氨处理

在常温常压下,氨是一种具有刺激性臭味的气体,易溶于水,其水溶液称为氨水,呈碱性,其反应式为

$$NH_3 + H_2O \longrightarrow NH_3 \cdot H_2O$$

$$NH_3 \cdot H_2O \Longrightarrow NH_4 + OH^-$$

氨水可中和 CO_2,其反应式为

$$NH_3 \cdot H_2O + CO_2 \Longrightarrow NH_4HCO_3$$

$$NH_3 \cdot H_2O + NH_4HCO_3 \Longrightarrow (NH_4)_2CO_3 + H_2O$$

一般进行氨处理时,只需将给水 pH 值提高至 8.8 以上,这时水中的 CO_2 大部分变成 NH_4HCO_3,部分变成了 $(NH_4)_2CO_3$。

氨中和反应产物 NH_4HCO_3 和 $(NH_4)_2CO_3$ 在锅内又分解为 CO_2 和 NH_3,这些挥发性气体随蒸汽一起流过过热器和汽轮机后进入凝汽器,在其中被抽气器抽走一部分,其余与排汽一起又溶入凝结水中。

在汽水两相共存时,某物质在蒸汽中的浓度同与此蒸汽相接触的水中该物质浓度的比值,称为分配系数。此值大小取决于物质的本性和水汽温度。在相同的温度下,CO_2 的分配系数比 NH_3 的分配系数大得多,即在汽相中 CO_2 的浓度较高,所以当蒸汽冷凝成凝结水时,水相中 NH_3/CO_2 的比值比汽相中大,而当水蒸发成蒸汽时,汽相中 NH_3/CO_2 的比值比水相中小。因此,在给水进行氨处理时,热力系统中有些部位可能出现氨量过剩,有些部位可能出现氨量不足,从而影响氨处理效果。

氨处理的加药量主要与给水中 CO_2 质量浓度有关,CO_2 质量浓度越高,加氨量越大,运行中,加氨量按保持给水 pH 值为 8.5 ~ 9.2 而定,此时给水中的氨的质量浓度通常为 1.0 ~ 2.0 mg/L

氨处理的加药方式通常是先在氨溶液箱内配制质量分数为 0.3% ~ 0.5% 的稀溶液,利用活塞泵将氨溶液加入给水管道;也可利用活塞泵或离子交换设备进出口压力差加至化学补充水中。

对锅炉给水进行氨处理,可以中和给水中的 CO_2,减轻给水系统的酸腐蚀,降低给水中的含铁量和含铜量。但是,加氨量控制不当,如有溶解氧存在时,有可能引起热力系统铜部件的

腐蚀,因为这时 NH_3 与 C^{2+}、Zn^{2+} 形成铜氨络离子 $Cu(NH_3)_4^{2+}$ 和锌氨络离子 $Zn(NH_3)_4^{2+}$。

（2）胺处理

为了避免 NH_3 对铜锌合金的腐蚀,一些国家采用锅炉给水的胺处理。按用途不同胺分为中和胺和膜胺两类。

①中和胺

这类胺用来中和给水中的酸性物质,它呈碱性,易挥发,且不会与 Cu^{2+}、Zn^{2+} 形成络离子。目前采用的中和胺有:对氧氮己环(俗称吗啉或莫福林)、环己胺、二氨基 – 2 甲基 – 1 丙醇、二乙基氨基乙醇等。

胺中和碳酸的效果取决于胺的挥发性、解离常数等性能,有时为提高胺处理的防腐效果,联合使用几种胺,以便同时充分利用各种胺的分配系数等性能。如果凝结水中不含溶氧,且凝结水管路又基本上无沉积物,则在采用中和胺处理的情况下,可使低碳钢的年总腐蚀小于 0.05 mm,铜的年腐蚀小于 0.005 mm。

中和胺使用时的损失量少,但因价格高,不易购得,故目前国内尚未开始使用。

②膜胺

膜胺是指一些高分子直链烷胺,碳原子数为 10～20,其中使用较广的有十八胺($C_{18}H_{37}$ · NH_2)、十六胺($C_{16}H_{33}$ · NH_2)等。膜胺能控制凝结水系统设备腐蚀的机理是:膜胺靠吸附作用在金属表面上形成只有一个单分子层厚的保护膜,隔离水与金属,能抵抗氧和碳酸的侵蚀。膜胺处理通常应用于系统内二氧化碳含量高或有溶氧存在的场合,其处理费用较高。

膜胺的加药量以能在金属表面形成完整的保护膜为准,而与水中 CO_2 含量多少无关。通常保持给水中膜胺的质量浓度为 1 mg/L,主要起修补保护膜的作用。

（3）中性高纯水处理

中性高纯水处理是指将高纯度锅炉给水的 pH 值保持在中性范围内(即 pH 值为 6.5～7.5),并往水中加氧或过氧化氢等强氧化剂,以便在金属表面形成保护膜,防止给水系统的腐蚀。采用这种水处理方法时,既不除氧,也不加氨或磷酸盐,而防腐效果明显,操作也不很复杂。此法适用于电厂直流锅炉给水系统及其他高纯水锅炉给水系统。

采用中性高纯水处理应具备如下条件:中性高纯水处理对给水水质要求很高,给水的电导率应小于 0.15 $\mu S/cm$,Cl^- 含量小于 0.1 mg/L;中性高纯水处理只适用于高压加热器和低压加热器管子都用钢件的机组,对于采用普通黄铜管材的低压加热器机组,则不用;中性高纯水处理时,氧的质量浓度应维持在 0.1～10 mg/L,否则会加速腐蚀;当氧化还原电位控制在 0,40～0.43 V 时,可形成良好的保护膜;中性高纯水处理时应控制给水 pH 值为 6.5～7.5。为更安全起见,有时往给水中加少量氨来防止 CO_2 进入产生的酸性腐蚀。此时,应控制 pH 值在 7.3～7.4。这种加氧加氨的联合处理实际上更有效。

（4）螯合物处理

螯合物处理是指往给水中加入乙二胺四乙酸二钠盐(EDTA)这类螯合剂,使它与给水中铁的阳离子生成溶于水的铁的螯合物,这种铁的螯合物在 280～300 ℃时能够分解,并在金属表面上形成一层致密的 Fe_3O_4 保护膜,使金属免遭腐蚀。

采用 EDTA 处理时,给水中不能有铁以外的阳离子(如钙)存在,因为 EDTA 与钙等阳离子的螯合物热分解时会干扰上述铁氧化物保护膜的形成,也妨碍这种薄膜连成整片,从而不能达到防腐的目的。

5. 锅内加药抑制苛性脆化

在锅炉制造、安装、加工中，不但要尽量清除其内应力，而且通常还要采用锅内加药抑制苛性脆化。

（1）锅水的相对碱度

①相对碱度

相对碱度是为防止锅炉产生苛性脆化腐蚀，而对锅水制订的一项技术指标。

$$相对碱度 = \frac{锅水碱度以 NaOH 表示的量}{锅水中溶解固形物（或含盐量）}$$

$$相对碱度 = \frac{游离 NaOH}{溶解固形物}$$

相对碱度的大小直接影响是否易于产生苛性脆化。工业锅炉锅水相对碱度小于 0.2，否则就要考虑给水的除碱。

②苛性脆化的产生

苛性脆化在锅炉不严密处产生，由于此处锅水自行蒸发而急剧浓缩，锅水碱度物质都变成 NaOH。

$$NAHCO_3 \longrightarrow NaOH + CO_2 \uparrow$$
$$Na_2CO_3 + H_2O \longrightarrow 2NaOH + CO_2 \uparrow$$

因此，无论是根据锅水质量还是给水质量计算相对碱度时，其碱度全部化为 NaOH。

③相对碱度的标准值

相对碱度小于 0.2，就可以避免苛性脆化，这是由于含盐量相对增多后，中性盐在晶间缝隙中将金属晶体边缘遮蔽而起屏蔽作用，或由于锅水自行蒸发后，盐就干涸而将晶缝间隙闭塞。

维持锅水相对碱度小于 0.2 就可以防止苛性脆化，是一个试验的结果，并无严格的理论根据。

a. 对铆接锅炉，应不大于 0.2。

b. 对于锅筒是焊接，而管子与锅筒是胀接的，应不大于 0.5。

c. 对于全部为焊接的锅炉，可不规定这一指标。

（2）锅炉安全碱度处理

降低锅水相对碱度以防止苛性脆化的方法不外乎对给水进行除碱，或增加锅水含盐量。锅内加药抑制苛性脆化的方法就是增加含盐量而降低其相对碱度，故又称锅水安全碱度处理。锅水安全碱度处理常用药剂如下。

①纯磷酸盐

常用的是磷酸三钠，它不仅能防止苛性脆化，还能使锅炉无垢运行。磷酸三钠水解会形成苛性钠

$$Na_3PO_4 + H_2O \longrightarrow Na_2HPO_4 + NaOH$$

但其水解程度随着其浓度的增高而降低，当锅炉有不严密处而产生局部蒸发浓缩时，能制止水解，并与生成的 NaOH 化合：

$$NaOH + Na_2HPO_4 \longrightarrow Na_3PO_4 + H_2O$$

因此，磷酸三钠的加入并不会增加 NaOH，在蒸发浓缩时，锅水中含的是 Na_2PO_4，它有使钢钝化的能力。这种处理是防止苛性脆化的一种可靠方法。

②硫酸盐及纸浆废液

对于低于 2 MPa 的锅炉,可以采用亚硫酸盐或亚硫酸盐纸浆废液浓缩物来避免苛性脆化。当锅水碱度为 5 ~ 20 mol/L,锅水中保持上述物质的质量浓度约 200 mg/L 时,能保证不产生苛性脆化。

硫酸钠能使苛性脆化减慢是由于当锅炉有不严密处而蒸发浓缩时,Na_2SO_4 在浓碱溶液中的溶解度降低,产生硫酸钠结晶粒,此结晶粒"堵住"不严密处,以阻止继续蒸发浓缩。必须在 $Na_2SO_4/NaOH$ 大于或等于 5 时,才能避免苛性脆化。

③硝酸盐

硝酸钠或硝酸钾是抑制锅炉苛性脆化的有效药剂,当 $NaNO_3/NaOH \geqslant 0.35 \sim 0.4$ 时就可避免苛性脆化。

④铵盐

用硫酸铵、硝酸铵或磷酸铵来处理锅水,可使水中的 OH^- 及 CO_3^{2-} 被 SO_4^{2-}、PO_4^{3-} 或 NO_3^- 所代替而降低碱度,同时含盐量略有增加。

2.1.5　锅炉用水加药处理

1. 锅内水处理概述

(1)锅内加药的必要性

锅炉是一种热交换设备,锅水在锅炉运行中发生受热、蒸发、浓缩、结晶及物质间反应等一系列的物理和化学变化,由于这些变化导致了锅水中沉淀物的析出。

在锅炉运行中,应当设法使锅水生成的沉淀物是黏附性差、流动性好的水渣,而不是坚硬的水垢,为此,就必须进行锅炉内的加药处理。

锅内水处理早期是向锅炉内投加一些自然植物的杆和果实,如烟秸、柞木条、白薯等。它们在锅水中浸渍出单宁及磷解酸化合物等物质,能够起到防止或延缓锅炉结垢的作用。而现代锅内水处理是向给水或锅水中投加适当的药剂(称为防垢剂),与锅水中 Ca^{2+}、Mg^{2+} 或 SiO_2 等容易结垢的物质,发生化学或物理化学作用,形成松散的悬浮在锅水中水渣,通过排污排出锅外,以达到减轻锅炉结垢的目标的。

锅内水处理的优点是:对原水水质适用范围较大,设备简单,投资小,操作方便,运行费用低,管理、维护简便及节省劳动力。该法如果在药剂选择、加药方法、加药量及锅炉排污等方面掌握得当,对于单纯采用锅内水处理的低压小型锅炉,防垢效率可达80%以上。对于有锅外水处理的锅炉,辅以锅内水处理,仍然起到防腐、防垢的作用。

锅内水处理的缺点是:锅炉的排污率较高,致使热损失增大;不能完全防止锅炉结垢,且防垢效果不够稳定,需对锅炉进行定期清洗;在水循环不良的地方因锅内处理生成大量的沉渣,不容易被排污排出,有可能发生沉渣聚积形成二次水垢。锅内水处理是把给水中有害杂质送入锅内,然后再经过化学处理转化为无害的沉渣。所以从总的效果来看,这种方法不如钠离子交换法能够达到较为彻底地防垢目的。

(2)改变锅水中沉淀物状态的方法

为使锅内沉淀物不形成水垢而形成水渣,需采取以下措施:

①创造使水垢转变成水渣的条件。例如碳酸钙在锅水 pH 值较低时,容易沉积在受热面上,形成坚硬的水垢。当控制锅水的 pH 值在 10 ~ 12 时,碳酸钙沉淀在碱剂的分散作用下,而悬浮在水中形成水渣。

②使沉淀析出的固体微粒表面与受热金属表面具有相同电荷,或使受热金属表面形成电中性绝缘层,从而破坏它们之间的静电作用。例如,栲胶和腐殖酸钠等有机药剂就是起这种作用。

③有效地控制结晶的离子平衡,使锅水中易结垢的离子向着生成水渣方向移动。通常用纯碱处理和磷酸盐处理。

④向锅水中引入形成水渣的结晶核心;投加表面活性较强的物质;破坏某些盐类的过饱和状态,以及吸附水中的胶体或微小悬浮物,向锅水中投加石墨等物质。

⑤投加高分子聚合物,使其在锅内与 Ca^{2+}、Mg^{2+} 等离子发生络合或螯合反应,以减小锅水中的 Ca^{2+}、Mg^{2+} 浓度,使它们难以达到溶度积,延缓沉淀物的生成。例如腐殖酸钠和聚合磷酸盐处理,起到的就是这种作用。

⑥使锅炉受热面清洁,阻碍水垢结晶萌芽的形成。例如新安装的锅炉进行煮炉,长期停用的锅炉在运行前进行化学清洗,就能够起到这种作用。

⑦创造有利于水循环和加速水循环的条件,以破坏水垢晶体的沉积过程,也有利于排污。

(3)锅内水处理方法的选择

一般,对于压力较高的锅炉在进行锅外水处理的同时,要辅以锅内水处理;而对于压力较低的锅炉,可不经锅外水处理而直接采用锅内水处理。GB 1576—2018《工业锅炉水质》中规定,蒸汽锅炉给水应采用锅外化学水处理,但额定蒸发量小于或等于 4 t/h,且额定蒸汽压力小于或等于 1.0 MPa 的自然循环蒸汽锅炉和汽水两用锅炉(如果对汽、水品质无特殊要求)也可单纯采用锅内加药、部分软化或天然纯碱度法等水处理方式,但应保证符合表 2 - 4 要求。

热水锅炉的给水应进行锅外处理,对于有锅筒,且额定功率小于或等于 4.2 MW 的承压热水锅炉和常压热水锅炉,可单纯采用锅内加药、部分软化或天然纯碱度法等水处理方式,但应保证符合表 2 - 7 要求。

2.加防垢剂方法

(1)加碱法

一些 4 t/h 以下的锅炉,有的采用加碱法水处理,即在锅炉的给水中加入钠盐碱,最常用的是纯碱(Na_2CO_3)、火碱($Na(OH)$)及磷酸三钠(Na_3PO_4),其化学反应如下。

①氢氧化钠($NaOH$)消除水中碳酸盐硬度(暂硬)成分及镁盐永硬成分。

$$Ca(HCO_3)_2 + 2NaOH \longrightarrow CaCO_3 \downarrow + Na_2CO_3 + 2H_2O$$

$$Mg(HCO_3)_2 + 4NaOH \longrightarrow Mg(OH)_2 \downarrow + 2Na_2CO_3 + 2H_2O$$

$$MgSO_4 + 2NaOH \longrightarrow Mg(OH)_2 \downarrow + 2Na_2SO_4$$

$$MgCl_2 + 2NaOH \longrightarrow Mg(OH)_2 \downarrow + 2NaCl$$

②碳酸钠(Na_2CO_3)消除钙盐永硬成分。

$$CaSO_4 + Na_2CO_3 \longrightarrow CaCO_3 \downarrow + 2Na_2SO_4$$
$$CaCl_2 + Na_2CO_3 \longrightarrow CaCO_3 \downarrow + 2NaCl$$

锅炉内碳酸钠可以部分水解成 NaOH：

$$Na_2CO_3 + H_2O \longrightarrow 2NaOH + CO_2 \uparrow$$

③磷酸三钠(Na_3PO_4)消除水中钙、镁盐硬度成分，具有替代碳酸钠及氢氧化钠的作用。

$$3Ca(HCO_3)_2 + 2Na_3PO_4 \longrightarrow Ca_3(PO_4)_2 \downarrow + NaHCO_3$$
$$3Mg(HCO_3)_2 + 2Na_3PO_4 \longrightarrow Mg_3(PO_4)_2 \downarrow + NaHCO_3$$
$$6NaHCO_3 \longrightarrow 3Na_2CO_3 + 3CO_2 \uparrow + 3H_2O$$
$$3CaSO_4 + 2Na_3PO_4 \longrightarrow Ca_3(PO_4)_2 \downarrow + 3Na_2SO_4$$
$$MgSO_4 + 2Na_3PO_4 \longrightarrow Mg_3(PO_4)_2 \downarrow + 3Na_2SO_4$$
$$3CaCl_2 + 2Na_3PO_4 \longrightarrow Ca_3(PO_4)_2 \downarrow + 6NaCl$$
$$3MgCl_2 + 2Na_3PO_4 \longrightarrow Mg_3(PO_4)_2 \downarrow + 6NaCl$$

当水温较高、碱度较大时，磷酸三钠变成流动性大、易用排污除去的碱性磷灰石($Ca_{10}(OH)_2(PO_4)_6$)沉渣。

$$10Ca_3(PO_4)_2 \cdot H_2O + 6NaOH \longrightarrow 3Ca_{10}(OH)_2(PO_4)_6 \downarrow + 2Na_3PO_4 + 10H_2O$$

上述反应中所生成的 Na_3PO_4 一般以水渣的形态存在于锅水中，但锅水 pH 值较低时，有可能直接生成水垢或形成二次水垢。$Ca_{10}(OH)_2(PO_4)_6$ 是一种分散性较好的水渣。$Mg_3(PO_4)_2$ 是一种黏附性较强的水渣，容易形成二次水垢。

从以上化学反应可以看出：氢氧化钠也具有与碳酸钠相同的作用，但它们各有特点；氢氧化钠能较好地消除暂硬及镁盐永硬成分，而对钙盐永硬成分消除不彻底；碳酸钠正相反，能较好地消除钙盐永硬成分，而对暂硬成分及镁盐永硬成分消除不彻底。磷酸三钠对暂硬成分及钙、镁盐永硬成分都可消除，并且可以在锅炉金属表面生成磷酸盐保护膜，有防止锅炉腐蚀、促使硫酸盐或碳酸盐等水垢疏松脱落的作用，这是由于磷酸钙要比碳酸钙更易于生成，但磷酸三钠的价格较贵。

磷酸盐除磷酸三钠外，还常用六偏磷酸钠、磷酸氢二钠等，它们在高温下与碱度成分发生如下反应。

$$(NaPO_3)_6 + 12NaOH \longrightarrow 6Na_3PO_4 + 6H_2O$$
$$NaHPO_4 + NaHCO_3 \longrightarrow Na_3PO_4 + H_2O + CO_2 \uparrow$$

采用加碱法应保持锅水的 pH 值在 10~12，才能取得较好的效果。

加碱方法有两种，即：①将碱加入给水箱或给水管道中，碱随给水直接进入锅炉；②先将碱加入溶碱罐内进行溶解，然后加热至 70~80 ℃再进入锅炉内。后一种方法已不是纯粹锅内水处理，这种方法虽然操作上较为复杂些，同时要通入蒸汽，但其效果较好。

加碱法对有永硬的水，特别是永硬比例较大而暂硬比例较小的水，可取得较好的效果，可使老垢脱落，使用良好者在受热面上仅结上层薄霜，一般情况仍结 1 mm 左右软垢，易于冲洗；受热强度较大的受热面上的垢少而软，而受热强度小的受热面上结的垢反而较硬；火筒锅炉的炉胆顶或壁上，有的垢呈白色粉状，锅炉底部有糊状沉积物可冲去，排污呈浆状。但在锅炉进水管或给水分配管（俗称花管）中易于堵塞，有时导致止回阀失灵。

采用加碱法时应注意：①必须先排污后加碱，切不可加碱后立即排污，否则会达不到防垢效果或造成碱的浪费；②必须加强排污，否则易生沫或汽水共腾，或堵塞排污阀；③应注意减少或防止锅炉进水管或给水分配管堵塞；④用溶碱罐加碱时，应及时清除罐内的垢，最好罐上有排污管及阀门能进行排污。

（2）加有机胶法

小型锅炉常用的有机胶是单宁（苯鞣酸），它在水中呈胶体状态，有如下的作用：

①包围于钙盐（硫酸钙和碳酸钙）质点的外层，使其易生沉淀。

②在金属表面上形成绝缘层，使金属表面与形成水垢的盐之间的静电吸引作用完全或部分停止。

③在碱性溶液中与氧结合，有防腐蚀的作用。

锅内可直接加入单宁，也可向锅内加入含单宁成分较多的物质或将给水在含单宁较多的物质中浸泡，取得其中的单宁。含单宁较多的物质很多，例如栎木可浸取质量分数为53%~69%的单宁，又如橡椀栲胶除含单宁外，还含有类似没食子酸的物质，能吸收氧，故有除氧的作用，除用于防垢外，常用橡椀栲胶进行煮炉除垢。栎木含单宁、磷酸化物和乙酸化物。磷酸化物有将垢脱落、生成保护层以防腐和抑制苛性脆化的作用。乙酸化物可使水中 Ca^{2+}、Mg^{2+} 离子形成可溶性盐类而使垢松软脱落，所以常使用带单宁的植物而不用纯单宁，不仅是来源方便，价格便宜，还常认为其具有多种作用。

除栎木、橡椀栲胶外，烟秸浸液也含有单宁及磷酸盐，但含有烟碱（尼古丁），故很少使用，其他还有不少含单宁较多的植物，也常作为防垢剂或除碱剂，用于小型锅炉。但容量略大的锅炉，则很少采用。

最简单的加药方法是将栲胶碱放在瓷桶中，用80 ℃以上的热水溶解后，倒入水箱或水池中搅拌均匀。最好能设置两个水箱或水池，交替使用，这样便于计量，药物易均匀，效果较好。如图2-70所示，可以在水箱或水池上安装一个投药物的漏斗，当水箱上水至正常水位后，关闭阀1、3、4、5，打开阀2，将事先用热水溶解好的药物注入漏斗流入水箱，然后关闭阀2，打开阀1，用蒸汽直接将水箱中的水加热至45~50 ℃。关闭阀1，打开阀5向锅炉供水，阀4为水箱排污阀。

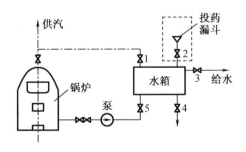

1,2,3,4,5—阀门。

图2-70 投药漏斗

目前橡椀栲胶防垢多用于4 t/h以下的小型锅炉。经橡椀栲胶处理后，有的锅炉基本无垢，或有薄霜，或呈亮蓝色保护膜，也有的仍结1 mm左右深褐色或黑色水垢，但垢疏松易于清除。

（3）加综合防垢剂法及化学与热能综合法

单加某种碱，或单加有机胶体，在防垢效果上都有局限性，因而提出了同时加入几种药剂的综合处理的方案。

①加综合防垢剂法

加综合防垢剂法即向锅内同时加入磷酸三钠、栲胶、碳酸钠三种药剂，也有同时再加氢氧化钠而成为四种药剂的，其配方根据水质各不相同。表2-38和表2-39中列举了两个配方实例。

表2-38　防垢剂剂量标准

用药量/(g·t⁻¹)	生水硬度/(10⁻⁶mol·L⁻¹)								
	50	75	100	125	150	175	200	225	250
磷酸三钠	8.4	9.4	10.4	11.4	12.4	13.4	14.4	15.4	16.4
纯碱	12.8	14.8	16.8	18.8	20.8	22.8	24.8	26.8	28.8
栲胶	2	2	2	2	2	2	2	2	2

表2-39　锅内加药标准

加药量/(g·t⁻¹)	水的平均硬度/(mmol·L⁻¹)					
	<1.8	1.8~3.6	3.6~5.4	5.4~7.0	7.0~9.0	9.0~10.0
磷酸三钠	10	15	20	25	35	45
火碱(氢氧化钠)	3	5	7	9	12	15
纯碱(碳酸钠)	22	30	38	46	53	65
栲胶	5	5	5	5	5	5

②化学与热能综合法

化学与热能综合法是在水中加入石灰和纯碱作为基本软化剂，以少量磷酸三钠为辅助软化剂，同时通入蒸汽加热及加入白矾，使水中形成硬度的物质，一部分于锅外沉淀，部分于锅内沉淀随排污排出。此法是加钙盐碱和两种钠盐碱以及沉淀剂，并利用热能的综合方法，是锅外软化和锅内软化相结合的措施。

石灰主要消除暂硬成分：

$$Ca(HCO_3)_2 + Ca(OH)_2 \longrightarrow 2CaCO_3 \downarrow + 2H_2O$$

$$Mg(HCO_3)_2 + 2Ca(OH)_2 \longrightarrow 2CaCO_3 \downarrow + Mg(OH)_2 \downarrow + 2H_2O$$

化学与热能综合法的软化装置如图2-71所示，此装置一般有两个钢制的软化罐，软化罐制成高与直径比为3:2的圆柱体，底部做成30°倾角的漏斗形，使软化所产生的沉淀物集中到罐底，便于从排污管排出。软化罐容量较大时，第二罐可以用水泥制造，其底边向一边倾斜15°。如有回水池，也可用回水池代替第二罐。在软化罐外壁要加保温层，防止热量散失。药品的用量与原水的永硬和暂硬有关，可参照表2-40计算。

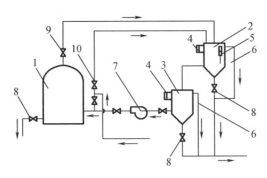

1—锅炉;2—第一软化罐;3—第二软化罐;4—水位计;5—温度计;
6—溢流管;7—水泵;8—排污阀门;9—蒸汽阀门;10—自来水阀门。

图2-71 化学与热能综合法软水装置

表2-40 不同硬度情况下药品用量比例

补给水的总硬度		水药品的用量/$(g \cdot t^{-1})$			
硬度	$\times 10^{-6} mol \cdot L^{-1}$	石灰	碳酸钠	白矾	磷酸三钠
<5	<90	46	15	8	12
5~7	90~125	56	18	10	15
8~10	142~178	55	24	12	20
11~13	196~231	75	32	14	25
14~16	249~285	85	40	16	30
17~19	303~339	95	48	18	35
20~22	356~392	105	56	20	40
23~25	409~445	115	64	22	45
26~28	463~498	125	72	24	50
29~31	516~552	133	80	26	55
32~34	570~605	142	88	28	58
35~37	623~659	152	90	30	61
38~40	676~712	164	98	32	66
41~43	730~765	175	106	34	67

注:①若水含镁盐较多,且镁硬超过水总硬度的15%,每超过1度(或17.8×10^{-6})就应按上表数量再增加石灰6 g(所用石灰均为熟石灰,即氢氧化钙)。

②若水含硫酸盐较多,且永硬超过水中总硬度的20%,每超过1度(或17.8×10^{-6})就应按上表数量再增加碳酸钠12 g,或者增加磷酸三钠5 g。

③若水含有较多的铁盐,使水带红色或含其他杂质使水浑浊,可按上表所列白矾(明矾)的数量再适当增加1/3~1/2,必要时可增加1倍,以上药品在适当增加用量的情况下对锅炉及水质仍无妨害,但必须加强排污。

石灰应选择氧化钙含量多的,加水溶解成熟石灰并过滤后再用。其他药品均应为工业纯。

化学与热能综合法的操作方法如下。

a. 第一软化罐。将水充满软化罐至一定水位;用蒸汽加热至 40 ℃时,加入所需熟石灰;加熟石灰 5 min 后,再加入碳酸钠并继续加热;当水温上升到 80 ℃以上或至沸腾时,关严蒸汽阀门,立即加入已预先研细的白矾,然后静置 15～20 min,即可将水放入第二罐。此时第一罐可继续进水,进行第二轮软化。运行时蒸汽阀门必须严密,否则影响杂质下沉。某厂由于阀门漏气而影响杂质下沉,每吨水多加 3 g 白矾,并且静置时间延长至 25 min 以上。

b. 第二软化罐。当第一软化罐的水流满第二软化罐后,趁热加入所需的磷酸三钠,最后静置 15～20 min(当锅炉不需供水时,静置时间越长越好),即可由水泵送往锅炉。

上述两罐加药次序不可颠倒,并须遵守加药数量及时间,两个罐底的沉淀物要及时排出,最好每软化一两次就排一次污,每次将白色沉淀排尽为止,并要加强检查有无堵塞管道的现象,特别要注意对有水位计的锅炉的检查。此外每 3～5 个月最好停炉冲洗一次。

如锅炉有老水垢存在,最好预先酸洗锅炉,将锅炉水垢清除干净,否则影响锅炉运行。如果老水垢不超过 2 mm,可以不用酸洗,而在第一次进水时每吨加入 1 kg 磷酸三钠及 1 kg 碳酸钠(药品可直接加入锅炉),并在前两周加强排污(头两天不排污,两天后每天一次),可使老水垢逐渐脱落。以后的补给水均按正常加药量及操作方法进行。

从锅炉中排出的沉淀物,一般含磷酸钙、磷酸镁 80% 以上,是很好的磷肥原料,应收集起来,晒干后研碎,再在每 100 kg 中加入 15～20 kg 工业硫酸,并充分混合均匀,就可成为优良的磷肥。

只要加药量恰当,温度控制稳定和操作正常,并适当加强排污,综合法的效果还是较好的。综合法不仅可以软化水,而且还有一定的除碱作用。

(4)合成有机防垢剂处理法

近些年,应用合成有机防垢剂进行锅内水处理,已经取得了较为明显的效果。对于这类新型防垢剂简要介绍如下。

①合成有机防垢剂的种类

a. 聚羧酸类防垢聚剂羧酸类有机物最早用作冷却水处理的水质稳定剂,20 世纪 50 年代,开始用于锅炉水处理。国内常用以下几种产品:

i. 聚丙烯酸(PAA)。

ii. 聚丙烯酸盐,分为以下两种:

(i)聚丙烯酸胺(PAM)

(ii)聚丙烯酸钠(PAN)

iii. 聚马来酸酐(HPMA)。这类物质属于大分子有机物,它们在水中能电离出带有羧酸基团的阴离子或带有游离酰胺基团的离子。

b. 有机膦防垢剂

20 世纪 60 年代末有机膦防垢剂开始用于锅炉水处理。常用以下三种:

i. 氨基三甲叉膦酸(ATMP)

ii. 乙二胺四甲叉膦酸(EDTMP)

iii. 1— –羟基 – 乙叉 –1,1—二磷酸(HEDP)

上述有机膦酸属中等强度酸,它们在水中能电离出多个氢离子,而本身成为带负电基团。它们在常温下极易潮解,易溶于水,基本上是无毒或低毒的固体。

c.复合有机防垢剂

聚丙烯酸类和有机类复合配制用于锅炉水处理始于20世纪70年代,使用这种复合有机防垢剂比单一使用任何一类有机防垢剂更有效。

②防垢机理

合成有机物的防垢机理主要有以下三种作用:

a.络合及螯合作用。合成有机防垢剂属于一种络合剂或螯合剂。它们与水中 Ca^{2+}、Mg^{2+} 能生成稳定的络合离子或螯合离子,因而降低了水中的 Ca^{2+}、Mg^{2+} 离子浓度,减小了析出钙、镁水垢的可能性。

b.晶格歪曲晶粒分散作用。当水中钙、镁盐类晶体刚刚形成时,存在于水中的合成有机物被吸附在晶粒表面,使晶格的生长受到干扰,造成晶格排列不规整,我们通常称这种现象为晶格的畸变或歪曲,此时晶粒很难形成完整的晶体,容易分散成微小的晶粒,悬浮在水中,这种药剂起着分散剂的作用。如图2-72所示。

c.剥离作用。某些有机防垢剂,通过润湿、渗透、吸附等过程,可将已结成的垢剥离成小块脱落下来。

③有机防垢剂存在的问题

不同水质对各种药剂配制比例的确定没有非常成熟的经验,使用不广泛。不同的水质使用效果不同,还有待于进一步研究。

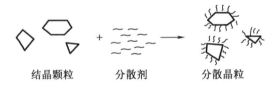

结晶颗粒   分散剂   分散晶粒

图2-72 有机防垢剂分散作用

3.锅内水处理的加药方法及装置

(1)锅内水处理的加药方法

①加药方法

a.间断加药和连续加药

间断加药是每间隔一定时间,向给水或锅水中加一次药的方法。这种加药方法不需复杂的加药设备,加药方便,操作简单。但在锅炉运行过程中,锅水的药液浓度变化很大,会出现加药之前锅水的碱度和pH值过低,而在加药之后锅水的含盐量、碱度、pH值过高的现象,给锅水监督带来麻烦。所以,这种方法仅适合低压小容量的锅炉。

连续加药是药液以一定浓度连续地加到给水或锅水中的方法。这种加药方法,首先将防垢药剂配制成一定浓度的溶液,通过加药装置进行定量加药。所以,锅水中的药液浓度始终保持均匀,各项水质指标保持平稳,能够有效地发挥防垢剂的作用。但需要一套加药设备及操作程序,并且加药装置需经常维护和维修。

b. 锅外加药和锅内加药

锅外加药是将防垢药剂加入水池或水箱中。它有干法加药和湿法加药两种。干法加药是将规定量的固体防垢剂直接投入水池或水箱中。由于加入的药剂在水中需要有一定溶解过程和时间,所以药剂浓度变化不会十分显著,锅水中各项指标的变化也比较缓慢。但是,如果投加复合防垢剂,由于各种药剂的溶解速度不同,各种成分就难以按原来的配方比例进入锅炉,不能较好地发挥复合防垢剂的综合效果。另外在水池或水箱中会沉积较多的不溶物,需定期冲洗。湿法加药是将防垢剂预先配制成一定浓度的药液,然后间断或连续地加入水池或水箱中。这种加药方式能保持复合防垢剂的配比关系,所以能充分发挥防垢效果。

锅内加药是将防垢药剂直接加入锅炉的省煤器或汽包内。该法适用于没有水池或水箱的锅炉房或需准确定量加药的锅炉。对于在空气中不稳定的药剂(如亚硫酸钠 Na_2SO_3)也适宜锅内加药方法。

②防垢剂的配制

复合防垢剂中各种成分需要根据计算用量进行配制。配制的成品,可根据购进药品情况及贮存、运输和使用的条件,制成粉状、块状或液体状。配制的数量,可根据本单位的锅炉台数、处理水量、药剂贮存条件及人员条件等具体情况而定。在有专人投药、有贮存设备条件情况下,一次可以配制数天乃至数月的用量。现将各状态药剂的配制方法介绍如下。

a. 粉状防垢剂的配制

将规定数量的三钠一胶药剂,经磨细、混合均匀,即为成品。如果短期使用,可不需严格包装;长期存放时,需用密封包装,因为氢氧化钠与空气中二氧化碳接触时,容易发生如下反应而变质。

$$2NaOH + CO_2 \longrightarrow Na_2CO_3 + H_2O$$

配制成粉状药剂,使用和运输都较方便,易溶解成溶液。

b. 块状防垢剂的配制

块状防垢剂的配制与粉状防垢剂的配制方法相同,只是在混合均匀后,用水调成糊状,然后用模型压制成一定的形状,待风干凝固后即成块状。配制时,所用的纯碱不要有结晶水,即用面破不用水破,如果成块强度较差,容易碎裂时,可以将 $Na_3PO_4 \cdot 12H_2O$ 进行烘烧,使其失去结晶水,磷酸钠结晶水含量与温度关系如下:

常温	$Na_3PO_4 \cdot 12H_2O$
55 ~ 65 ℃	$Na_3PO_4 \cdot 10H_2O$
65 ~ 121 ℃	$Na_3PO_4 \cdot 6H_2O$
121 ~ 212 ℃	$Na_3PO_4 \cdot 0.5H_2O$
212 ℃以上	$Na_3PO_4 \cdot$ (无水)

将失去结晶水的药品重新结晶,就会形成比较牢固的块状。块状药品对运输和保存都非常方便,但在使用时需预先将块状磨碎,否则溶解很慢。

c. 液体状防垢剂的配制

先将防垢剂的各种成分分别配制成一定浓度的溶液,然后按规定数量将各溶液混合在一起。各种药剂的质量分数一般如下：

$$w(\text{Na}_3\text{PO}_4) = 15\% \sim 20\%$$

$$w(\text{Na}_2\text{CO}_3) = 15\% \sim 20\%$$

$$w(\text{NaOH 溶液}) = 5\% \sim 10\%$$

$$w(\text{栲胶}) = 25\% \sim 30\%$$

③加药的间隔时间

对于低压小容量锅炉，多采用间断加药方法，而间断加药时间一般应根据给水水质来确定。水质差，加药需要多，间隔时间要短一些，反之，间隔时间可以长一些。一般由下式计算

$$T = (A_{oh} - A_{ol})W/[Q(H - A + A_0P)]h$$

式中　T——间断加药时间，h；

A_{oh}——锅水允许的最大碱度，mmol/L；

A_{ol}——锅水允许的最小碱度，mmol/L；

Q——锅炉给水量，t/h；

W——锅炉正常水位时的水容积，m^3。

A——锅水总碱度，mmol/L；

A_0——锅水平均碱度，mmol/L；

通常，在实际处理中，给水硬度小于 4.0 mmol/L 时，一般每班加药 1 次；给水硬度大于 4.0 mmol/L 时，每班加药 2 次。

（2）加药装置及系统

①水箱加药装置及系统

在有水箱或水池的锅炉房，可将防垢剂直接加入水箱或水池中，这种加药方法简单方便。

a. 水箱间断加药装置及系统

此系统按每班规定的加药量将液体药剂分 1 次或 2 次加入水箱中，加药点应远离水箱的出水口，以免锅内药剂质量分数过大。投加固体药品时，为加速溶解，在加药的同时短时间通入蒸汽，进行加热及搅拌，如图 2 - 73 所示。

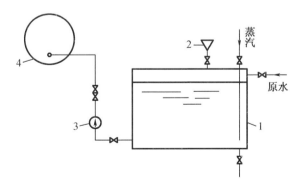

1—水箱；2—加药漏斗；3—给水泵；4—锅炉。

图 2 - 73　水箱间断加药装置及系统

b. 水箱连续加药装置及系统

此系统用定量加药箱连续向水箱内加药,如图 2-74 所示。

定量加药箱的加药过程为:先关闭加药门,打开空气阀,将配制好的防垢剂溶液倒入加药漏斗中,经玻璃液位计从加药箱下部进入箱内。当药液加到液位计顶部时,关闭空气阀,开启加药阀,向水箱加药。为克服药液液位高时,因压差大、流量多,而药液液位低时,因压差小、流量少,产生加药量不均的问题,在加药过程中,让外面的空气经漏斗和玻璃液位计进入加药箱,穿过液层进入上部空间。这时药液出口的压力等于药液的静压力和液面上部的空气压力之和。当液位高时,静压力大但因空气进入阻力大,空气压力小;反之,随着液位下降,静压力不断减小,而空气压力不断增加,所以在加药过程中,药液出口的总压力始终保持不变,加药量也基本不变,加药箱的容积一般按 24 h 用量计算。应注意的是,这种加药方法易在省煤器中形成水垢。

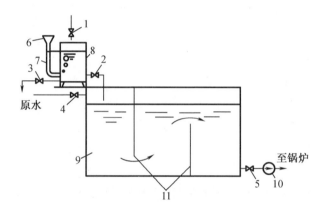

1—空气阀;2—加药阀;3—排污阀;4—进水阀;5—出水阀;6—加药漏斗;
7—玻璃液位计;8—加药箱;9—水箱;10—给水泵;11—挡板。

图 2-74　水箱连续加药装置及系统

②给水泵加药装置及系统

a. 给水泵低压侧加药系统

该系统如图 2-75 所示。

此系统利用给水泵入口侧管道水压低,依靠药液的重力作用将药液加到管道中。药液从加药箱底部流出,用阀门控制药液的流量。药液经过给水泵搅拌与给水混合均匀,送入锅内。利用给水泵低压侧加药时,给水硬度不应过高,否则容易在管道内产生沉积物,或在省煤器内形成水垢。

b. 给水泵高压侧加药系统

此系统用给水压力加药,一般采用加药罐间断加入。首先将防垢剂溶液注满加药罐,然后将给水引入加药罐,利用给水泵出口与省煤器出口之间的压力差,将药液排挤出来,随给水进入锅内,如图 2-76 所示。

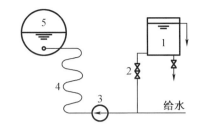

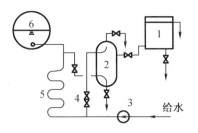

1—药剂溶液箱;2—药剂流量调节阀;3—给水泵;
4—省煤器;5—锅筒。

图 2 - 75 给水泵低压侧加药系统

1—药剂溶液箱;2—加药罐;3—给水泵;
4—流量调节阀;5—省煤器;6—锅筒。

图 2 - 76 给水泵高压侧加药系统

加药地点与汽包的距离应大于 30 倍给水管径,以便在药剂进锅炉前与给水混合均匀,并消除局部温度差。给水泵高压侧加药系统也可以安装成如图 2 - 77 所示的简易系统。在给水泵出口管道上,加装一个旁路加药装置,防垢剂溶液由药剂溶解箱注满加药罐(注药时要开启加药罐上的通空气阀门),然后开启加药罐两端的阀门,关闭给水管道上的阀门,给水流经加药罐而被排走。

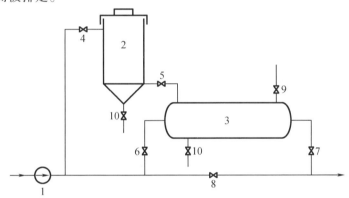

1—给水泵;2—溶药箱;3—加药罐;4—稀释水阀;5—药液出口阀;
6,7—旁路阀;8—给水管阀;9—通空气阀;10—排污阀。

图 2 - 77 给水泵高压侧简易加药系统

③活塞泵连续加药装置及系统

活塞泵连续加药装置及系统如图 2 - 78 所示。该系统具有加药均匀、使锅水中维持较稳定的药剂的质量浓度、便于调节、维护方便等优点,但系统较复杂,设备投资较大。

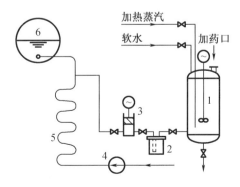

1—电动机械搅拌器;2—过滤器;3—活塞加药泵;4—给水泵;5—省煤器;6—锅筒。

图 2 - 78 活塞泵连续加药装置及系统

活塞泵的流量可根据加药量的多少来选择,其扬程根据锅炉的压力、锅炉的高度和加药管道沿途阻力损失来确定,并考虑一定量的剩余压头来。

④注水器加药装置及系统

如用注水器输送给水,可通过注水器向锅内进行加药,其装置及系统如图2-78所示。

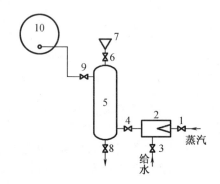

1—蒸汽阀;2—注水器;3—注水器进水阀;4—水、汽出口阀;5—加药罐;
6—进药阀;7—加药漏斗;8—排污阀;9—锅炉进水阀;10—锅炉。

图2-79 注水器加药装置及系统

(3)炉内加药处理的注意事项

①溶解药剂时的注意事项

a. 有锅外水处理时,最好用软化水溶解防垢药剂,以免产生较多的沉淀物;无锅外水处理时,可用原水溶解防垢剂,应将澄清的溶液注入加药罐或水箱。最好能每班加完药后,将下一班的用药配制好,这样才使药液有充分的澄清时间。

b. 溶解药剂时要充分搅拌,有条件及用药量大的单位最好安装机械搅拌装置,以免未溶解的药剂进入锅炉,造成瞬时浓度过大,引起锅水发泡,或不溶质进入锅炉。

c. 在每溶解2~3次药剂后,溶药箱应进行排污,以免沉渣积累较多时难以排出或被带入锅内。

d. 对于难溶解的药剂,应单独用温水溶解,然后倾入加药箱内。

e. 对于互相间容易发生反应的药剂(如六偏磷酸钠和氢氧化钠),应分别配制和投加。

②锅内加药时的注意事项

a. 采用锅内水处理之前,应先进行洗炉清除成垢,以免处理后大量水垢脱落,引起水循环通路及排污管堵塞。

b. 加药前,应化验锅水碱度及 pH 值,按锅水水质确定加药量。

c. 锅内处理时,应先排污后加药,以免浪费药剂。

d. 加药时应称量准确,操作认真,否则难以收到预期的防垢效果。

e. 如防垢剂溶液直接加入锅内,需预先通过蒸汽加热,在加药管进入汽包壁处,采用套管式连接装置,以减少加药管与汽包壁连接处的应力。

③锅内水处理管理上的注意事项

a. 定期加药:间断要按照规定的加药间隔时间,准时加药。

b. 定期排污:锅内加药必然使锅水的含盐量增加,水渣增多,如不及时排污,会有恶化蒸汽品质及形成二次水垢的危险。低压小容量锅炉一般都无连续排污装置,而采用定期排污。定期排污除了与定期加药相配合外,应选择锅炉负荷低时进行排污,否则排污水的消耗很多,而且排渣效果也不理想。

c. 定期化验:锅内水处理的加药量应随着原水水质的变化而相应改变。所以,对原水水质应每月化验一次硬度、碱度和氯离子含量,以便及时调整加药量。另外还应随时观察锅水情况,一般经验是:锅水清,效果差;锅水浑,效果好。

d. 定期检查:锅内水处理时,应经常对锅炉进行检查。通过检查,不但可以清除落垢及水渣,还可以检查防垢效果,鉴定防垢剂的质量,调整加药量和排污量。最好是在锅炉开始加药一个月后就进行停炉检查,如果效果正常的话,以后的检查时间可以延长,但以不超过三个月为宜。

4. 物理水处理方法

物理水处理方法就是通过不改变水的化学性质,只改变水的物理性质的方法,例如,使水加热,使水经过高频电场、静电场或磁场的作用,而改变水中杂质的结垢性质,原来水中结成硬垢的杂质,经物理处理以后就变成松散的泥渣或软垢,可以由排污排出,或用水冲掉,常见的几种物理水处理方法是高频电磁场水处理法、磁化水法、静电水处理法及水气脉冲管道除垢法等。

(1)高频电磁场水处理法

很多年以前,人们就发现磁场可以引发水中的某些反应,用物理法抑制水垢的沉积正是基于这种原理。高频电磁水处理器即是利用电子电路产生高频振荡,在容器极间形成高频电磁场,从而防止和清除水垢。

单个水分子的氢氧键呈一夹角型,因而具有极性。极性分子在无磁场作用时,以任意方式排列,但当有磁场作用时,便会形成定向排列,会使分子产生某种变形,极性增大。因此,在强磁场的作用下,天然水中的水分子的离子和粒子将发生取向运动。取向作用一方面增强了离子和粒子的水合进程,降低了阴阳离子结合成分子和粒子间结合成粗大粒子的概率;另一方面,在取向运动过程中,也促进了 Ca^{2+} 和 CO_3^{2-} 结合成 $CaCO_3$ 垢的反应;但在 $CaCO_3$ 微小晶体形成初期,很快即被取向后的水分子所包围,使其很难形成 $CaCO_3$ 粗大结晶,抑制 $CaCO_3$ 垢的生成,达到防垢的目的。

通过高频电场处理的水,其溶解力、活性都增强了。活性分子利用金属与水垢膨胀率的不同和机械振动所产生的缝隙而渗透到垢层,破坏了水垢与管壁的结合力,从而使管壁与原有垢层逐渐脱离,水垢逐渐松散、龟裂、脱落,最后达到除垢的作用。

(2)磁化法

磁化法就是使水流过一个磁场,与磁力线相交,水受磁场外力作用后,使水中的钙、镁盐类不生成坚硬水垢,大部分都生成松散泥渣,随排污排出。进行磁化法的水处理设备称为"磁水器"。

水经磁水器后,其化学成分并未改变,水并未软化,进入锅炉后仍生成松散的水垢或泥渣,故不应将磁水器称为软水器。按产生磁场的能源和结构方式,磁水器主要可分为两大类,即永磁式磁水器(靠永久磁铁产生磁场)及电磁式磁水器(靠通入电流而产生感应磁场)。

(3)静电水处理法

静电除垢器的工作原理与磁水器原理中利用仑兹力作用原理相仿(如图2-80)。而电子水处理设备的工作原理则是:当水流经电子水处理器时,在低电压、微电流作用下,水分

子中的电子将被激励,从低能阶轨道跃迁向高能阶轨道,而引起水分子的电位能损失,使共电位下降,致使水分子与接触界面(器壁)的电位差减少,甚至趋于零,将使:①水中所含盐类离子因静电引力减弱趋于分散,不致趋向器壁积聚,从而防止水垢生成;②水中离子的自由活动能力大大减弱,器壁金属离解也将受到抑制,对无垢的新系统将起到防蚀作用;③水中比重较大带电粒子或结晶颗粒沉淀下来,使水部分净化。

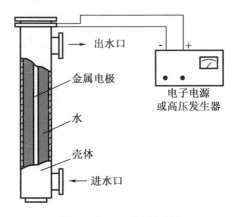

图 2 - 80　静电除垢器

(4)水气脉冲管道除垢法

供水供热管道中的沉积物、杂质、锈蚀污垢,不仅堵塞管网、造成能源浪费和供水供热不足,而且给供水带来严重的二次污染。近年,水气脉冲管道除垢法效果较好,应用较广。

①工作原理

水气脉冲管道的工作原理是依靠高速射流可控脉冲形成的物理波对管壁进行冲击和振荡,清除管壁及管内水垢、锈垢、水渣、沉积物、附着物等杂质。

②结构特点

水气脉冲管道清洗设备由空气压缩机、贮气罐、超声－气脉冲发生器、控制器及电源组成的装来实现的。工作时,空气压缩机、贮气罐、超声脉冲发生器、被清洗的供水管道、气脉冲输入口依次相连接,气脉冲的宽度及间隔由控制器输出的脉冲信号经继电器决定,自动、手动输出的气脉冲与水混合形成高压脉冲式水气流,用来清洗供水管道的锈垢、水垢、附着物等,并能边清洗边排除清除物,管道清洗工艺流程如图 2 - 81 所示。

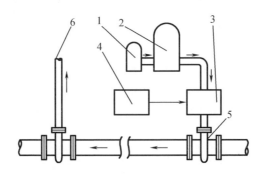

1—空气压缩机;2—贮气罐;3—超声－气脉冲发生器;4—控制器;5—气脉冲输入口;6—水垢排出口。

图 2 - 81　管道清洗工艺流程

③适用范围

a.该项技术适用于供水、供暖及工业管道清洗,对于非管道类容器,除垢效果一般。

b.该技术对油垢、高温垢、硬垢效果不明显,特别适用于清除管道中的锈垢、水渣、沉淀物等。

④特点

a.不使用任何化学清洗剂,对水质、环境无污染。

b.操作方便,不破坏任何管网系统,只要在管网系统的适当位置确定一个气脉冲输入口和水、垢混合物的排出口,即可施工。

c.作业时可根据实际情况调整气脉冲宽度和脉冲间隔时间及每分钟输入的脉冲数,使通入管网内的气脉冲与水混合后形成的传动振动频率与锈蚀结垢、沉积物、附着物及管道振动频率发生谐振,可以使管壁的锈蚀结垢、沉积物、附着物与管壁剥离或破碎。

d.作业距离长,可在 4 h 内清洗完 800 ~ 100 m 左右的各种复杂管网中的锈蚀结垢、沉积物和附着物。

e.在高速高压水气流的作用下,可边清洗边把剥离破碎的污垢冲刷出管道。

▶ 任务实施

按照给定任务,全面分析 SHL29 – 110/70 – A Ⅱ 型热水锅炉的特性和水质要求,并完成如下任务:

(1)了解锅炉除氧系统的原理并确定除氧方式;

(2)按照除氧水水质指标设计除氧水的预处理和软化处理系统;

(3)绘制锅炉水处理系统图。

▶ 任务评量

任务 2.1 学生任务评量表见表 2 – 41。

表 2 – 41　任务 2.1 学生任务评量表

各位同学:

1.教师针对下列评量项目并依据评量标准从 A、B、C、D、E 中选定一个对学生操作进行评分,学生在教师评价前进行自评,但自评不计入成绩。

2.此项评量满分为 100 分,占学期成绩的 10%。

评量项目	学生自评与教师评价	
	学生自评	教师评价
1.平时成绩(20 分)		
2.实作评量(40 分)		
3.系统设计(20 分)		
4.口语评量(20 分)		

▶ 复习自查

1.为什么锅炉需要控制水质指标?

2. 锅炉水质处理总体上分为几部分?

3. 锅炉用水除氧的目的是?

4. 锅内水处理能够替代锅外水处理吗?

5. 阐述锅炉腐蚀的类型。

任务2.2 水处理系统工艺

▶ *学习目标* ....

知识目标:

(1)精通水处理系统设计原则与标准;

(2)了解水处理设备的基本结构和组成。

技能目标:

(1)能够运用水处理系统设计原则编制锅炉房水工系统方案;

(2)熟悉设备选型操作,能够熟练设计锅炉房水处理系统。

素质目标:

(1)探究锅炉水工系统与节能关联;

(2)养成责任关怀和创新、环保意识。

▶ *知识导航* ....

2.2.1 水处理系统设计的原则与标准

(1)水处理设计,应符合锅炉安全和经济运行的要求。

水处理方法的选择,应根据原水水质、对锅炉给水和锅水的质量要求、补给水量、锅炉排污率和水处理设备的设计出力等因素确定。处理后的锅炉给水,不应使锅炉的蒸汽对生产和生活造成有害的影响。

(2)额定出口压力小于等于2.5 MPa(表压)的蒸汽锅炉和热水锅炉的水质,应符合GB 1576—2018《工业锅炉水质》的规定。额定出口压力大于2.5 MPa(表压)的蒸汽锅炉汽水质量,除应符合锅炉产品质量要求和用户对汽水质量要求外,尚应符合GB/T 12145—2008《火力发电机组及蒸汽动力设备汽水质量》的有关规定。

(3)原水悬浮物的处理,应符合下列要求:

①悬浮物含量大于5 mg/L的原水,在进入顺流再生固定床离子交换器前,应过滤。

②悬浮物含量大于2 mg/L的原水,在进入逆流再生固定床或浮动床离子交换器前,应过滤。

③悬浮物含量大于20 mg/L的原水或经石灰水处理的水,应经混凝、澄清和过滤。

(4)用于过滤原水的压力式机械过滤器,宜符合下列要求:

①不宜少于2台,其中1台备用。

②每台每昼夜反洗次数可按1次或2次设计。

③可采用反洗水箱的水进行反洗或采用压缩空气和水进行混合反洗。

④原水经混凝、澄清后,可用石英砂或无烟煤作单层过滤滤料,或用无烟煤和石英砂作双层过滤滤料;原水经石灰水处理后,可用无烟煤或大理石等作单层过滤滤料。

(5)当原水水压不能满足水处理工艺要求时,应设置原水加压设施。

(6)蒸汽锅炉、汽水两用锅炉的给水和热水锅炉的补给水,应采用锅外化学水处理。符合下列情况之一的锅炉可采用锅内加药处理:

①单台额定蒸发量小于或等于 2 t/h,且额定蒸汽压力小于或等于 1.0 MPa(表压)的对汽、水品质无特殊要求的蒸汽锅炉和汽水两用锅炉。

②单台额定热功率小于或等于 4.2 MW 非管架式热水锅炉。

(7)采用锅内加药水处理时,应符合下列要求:

①给水悬浮物含量不应大于 20 mg/L。

②蒸汽锅炉给水总硬度不应大于 4 mmol/L,热水锅炉给水总硬度不应大于 6 mmol/L。

③应设置自动加药设施。

④应设有锅炉排泥渣和清洗的设施。

(8)采用锅外化学水处理时,蒸汽锅炉的排污率应符合下列要求:

①蒸汽压力小于或等于 2.5 MPa(表压)时,排污率不宜大于 10%。

②蒸汽压力大于 2.5 MPa(表压)时,排污率不宜大于 5%。

③锅炉产生的蒸汽供供热式汽轮发电机组使用,且采用化学软化水为补给水时,排污率不宜大于 5%;采用化学除盐水为补给水时,排污率不宜大于 2%。

(9)蒸汽锅炉连续排污水的热量应合理利用,且宜根据锅炉房总连续排污量设置连续排污膨胀器和排污水换热器。

(10)化学水处理设备的出力,应按下列各项损失和消耗量计算。

①蒸汽用户的凝结水损失。

②锅炉房自用蒸汽的凝结水损失。

③锅炉排污水损失。

④室外蒸汽管道和凝结水管道的漏损。

⑤采暖热水系统的补给水。

⑥水处理系统的自用化学水。

⑦其他用途的化学水。

(11)化学软化水处理设备的形式,可按下列要求选择:

①原水总硬度小于或等于 6.5 mmol/L 时,宜采用固定床逆流再生离子交换器;原水总硬度小于 2 mmol/L 时,可采用固定床顺流再生离子交换器。

②原水总硬度小于 4 mmol/L,水质稳定、软化水消耗量变化不大且设备能连续不间断运行时,可采用浮动床、流动床或移动床离子交换器。

(12)固定床离子交换器的设置不宜少于 2 台,其中 1 台为再生备用,每台再生周期宜按 12~24 h 设计。当软化水的消耗量较小时,可设置 1 台,但其设计出力应满足离子交换器运行和再生时的软化水消耗量的需要。出力小于 10 t/h 的固定床离子交换器,宜选用全自动软水装置,其再生周期宜为 6~8 h。

(13)原水总硬度大于 6.5 mmol/L,一级钠离子交换器出水达不到水质标准时,可采用两级串联的钠离子交换系统。

（14）原水碳酸盐硬度较高，且允许软化水残留碱度为 1.0 ~ 1.4 mmol/L 时，可采用钠离子交换后加酸处理。加酸处理后的软化水应经除二氧化碳器脱气，软化水的 pH 值应能进行连续监测。

（15）原水碳酸盐硬度较高，且允许软化水残留碱度为 0.35 ~ 0.5 mmol/L 时，可采用弱酸性阳离子交换树脂或不足量酸再生氢离子交换剂的氢 – 钠离子串联系统处理。氢离子交换器应采用固定床顺流再生；氢离子交换器出水应经除二氧化碳器脱气。氢离子交换器及其出水、排水管道应防腐。

（16）除二氧化碳器的填料层高度，应根据填料品种和尺寸、进出水中二氧化碳含量、水温和所选定淋水密度下的实际解析系数等确定。除二氧化碳器风机的通风量，可按每立方米水耗用 15 ~ 20 m³ 空气计算。

（17）当化学软化水处理不能满足锅炉给水水质要求时，应采用离子交换、反渗透或电渗析等方式的除盐水处理系统。

除盐水处理系统排出的清洗水宜回收利用；酸、碱废水应经中和处理达标后排放。

（18）锅炉的锅筒与锅炉管束为胀接时，化学水处理系统应能维持蒸汽锅炉锅水的相对碱度小于 20%，当不能达到这一要求时，应设置向锅水中加入缓蚀剂的设施。

（19）锅炉给水的除氧宜采用大气式喷雾热力除氧器。除氧水箱下部宜装设再沸腾用的蒸汽管。

（20）当要求除氧后的水温不高于 60 ℃时，可采用真空除氧、解析除氧或其他低温除氧系统。

（21）热水系统补给水的除氧，可采用真空除氧、解析除氧或化学除氧。当采用亚硫酸钠加药除氧时，应监测锅水中亚硫酸根的含量。

（22）磷酸盐溶液的制备设施，宜采用溶解器和溶液箱。溶解器应设置搅拌和过滤装置，溶液箱的有效容量不宜小于锅炉房 1 d 的药液消耗量。磷酸盐可采用干法贮存。磷酸盐溶液制备用水应采用软化水或除盐水。

（23）磷酸盐加药设备宜采用计量泵。每台锅炉宜设置 1 台计量泵；当有数台锅炉时，尚宜设置 1 台备用计量泵。磷酸盐加药设备宜布置在锅炉间运转层。

（24）凝结水箱、软化或除盐水箱和中间水箱的设置和有效容量，应符合下列要求：

①凝结水箱宜设 1 个；当锅炉房常年不间断供热时，宜设 2 个或 1 个中间带隔板分为 2 格的凝结水箱。水箱的总有效容量宜按 20 ~ 40 min 的凝结水回收量确定。

②软化或除盐水箱的总有效容量，应根据水处理设备的设计出力和运行方式确定。当设有再生备用设备时，软化或除盐水箱的总有效容量应按 30 ~ 60 min 的软化或除盐水消耗量确定。

③中间水箱总有效容量宜按水处理设备设计出力 15 ~ 30 min 的水量确定。中间水箱的内壁应采取防腐蚀措施。

（25）凝结水泵、软化或除盐水泵以及中间水泵的选择，应符合下列要求：

①应有 1 台备用，当其中 1 台停止运行时，其余的总流量应满足系统水量要求。

②有条件时，凝结水泵和软化或除盐水泵可合用 1 台备用泵。

③中间水泵应选用耐腐蚀泵。

（26）钠离子交换再生用的食盐可采用干法或湿法贮存，其贮量应根据运输条件确定。当采用湿法贮存时，应符合下列要求：

①浓盐液池和稀盐液池宜各设 1 个,且宜采用混凝土建造,内壁贴防腐材料内衬。

②浓盐液池的有效容积宜为 5 ~ 10 d 食盐消耗量,其底部应设置慢滤层或设置过滤器。

③稀盐液池的有效容积不应小于最大 1 台钠离子交换器 1 次再生盐液的消耗量。

④宜设装卸平台和起吊设备。

(27)酸、碱再生系统的设计,应符合下列要求:

①酸、碱槽的贮量应按酸、碱液每昼夜的消耗量、交通运输条件和供应情况等因素确定,宜按贮存 15 ~ 30 d 的消耗量设计。

②酸、碱计量箱的有效容积,不应小于最大 1 台离子交换器 1 次再生酸、碱液的消耗量。

③输酸、碱泵宜各设 1 台,并应选用耐酸、碱腐蚀泵。卸酸、碱宜利用自流或采用输酸、碱泵抽吸。

④输送并稀释再生用酸、碱液宜采用酸、碱喷射器。

⑤贮存和输送酸、碱液的设备、管道、阀门及其附件,应采取防腐和防护措施。

⑥酸、碱贮存设备布置应靠近水处理间。贮存罐地上布置时,其周围应设有能容纳最大贮存罐110% 容积的防护堰,当围堰有排放设施时,其容积可适当减小。

⑦酸贮存罐和计量箱应采用液面密封设施,排气应接入酸雾吸收器。

⑧酸、碱贮存区内应设操作人员安全冲洗设施。

(28)氨溶液制备和输送的设备、管道、阀门及其附件,不应采用铜质材料制品。

(29)汽水系统中应装设必要的取样点。汽水取样冷却器宜相对集中布置。汽水取样头的型式、引出点和管材,应满足样品具有代表性和不受污染的要求。汽水样品的温度宜小于 30 ℃。

(30)水处理设备的布置,应根据工艺流程和同类设备宜集中的原则确定,并应便于操作、维修和减少主操作区的噪声。

(31)水处理间主要操作通道的净距不应小于 1.5 m,辅助设备操作通道的净距不宜小于 0.8 m,其他通道均应适应检修的需要。

2.2.2　水处理系统设备的组成与选型

水处理设备包括离子交换设备、生水箱、软水箱、凝结水箱等。

1.离子交换设备的选择计算

离子交换器的选择需要按照如下三方面的原则进行。

(1)资料搜集:包括原水的水质资料、用户或设备对水质的要求和离子交换剂的种类、工艺指标三方面。

(2)离子交换剂的性能:根据运行方式、水质情况确定的交换器形式,进而确定交换剂类型已达到水质要求和全交换容量。

(3)软化水量:软化水量主要以锅炉补水量为主,同时考虑凝结水和排污损失。

2.固定床交换器运行数据计算(表 2 - 42)

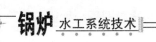

表 2－42　固定床交换器运行数据计算

序号	名称	符号	单位	计算公式或数值来源	数值	备注
1	总软水量	D_{ZS}	t/h	$D + D_P - (1 - \alpha)D$		α 为凝结水损失率；D 为锅炉蒸发量，单位 t/h；D_P 为排污水量，单位 t/h
2	软化速度	v	m/h	限定流速 20 m/h		
3	总软化面积	F	m²	D_{ZS}/v		
4	交换器同时工作台数	n	台	选择		
5	交换器截面积	F_1	m²	$0.785\Phi^2$		Φ 为交换器直径，单位 mm
6	实际软化速度	v_1	m/h	D_{ZS}/F_1		
7	树脂工作交换容量	E	mol/m³	按 001×7 型树脂交换剂确定交换量为 1.1×10^3 mol/m³		
8	交换层高度	h_1	m	交换器规格		
9	压层高度	h_2	m	交换器规格		
10	交换层体积	V	m³	$F_1 h_1$		
11	树脂总装填量	G	kg/台	$\rho(h_1 + h_2)F_1$		ρ 为树脂视密度
12	交换器工作容量	E_0	mol/台	EV		
13	软化水产量	V_C	m³/台	$E_0/\Delta H$		ΔH 为交换器进出水密度差
14	再生置换软化水自耗量	V_1	m³/台次	查资料		
15	软化供水量	V_g	m³/台	$V_C - V_1$		
16	交换器运行延续时间	T	h	nV_g/D_{ZS}		
17	再生剂单耗量	b	g/mol	70 ~ 80 g/mol		
18	再生一次耗盐量	B_y	kg/台	bE_0/φ		φ 为工业盐纯度，取值 0.96 ~ 0.98
19	还原液浓度	C_y	%	3% ~ 4%		
20	再生一次稀盐液体积	V_y	m³	$B_y/10C_y\rho'_y$		ρ'_y 为盐液密度
21	配置再生液用水量	V_z	m³	$V_y - B_y/1000\rho_y$		ρ_y 为盐密度
22	再生时间	t_z	min	$60 \times V_y/F_1 v_2$		v_2 为再生流速
23	再生用清水总耗量	V_h	m³/台次	查资料		
24	每台交换器周期总耗水量	ΣV	m³/台	$V_g + V_h + V_z$		
25	交换器进水小时平均流量	V_p	m³/h	$n\Sigma V/T$		
26	交换器正洗流速	v_3	m/h	15 ~ 20 m/h		
27	交换器进水小时最大流量	V_{max}	m³/h	$(nv_1 + v_3)F_1$		
	盐液系统					
28	稀盐池有效容积	V_1	m³	$V_1 = 1.2V_y$		
29	浓盐池有效容积	V_2	m³	$V_2 = 24B_yK/T\rho_y$		
30	存盐天数	K	天	5 ~ 15 d		
31	盐液泵容量	Q_Y	m³/h	$1.2B_y \times 60 \times 100/1\,000t_z C_y\rho'_Y$		
32	盐泵扬程	H	MPa	0.10 ~ 0.2		

3. 生水箱的选择

生水箱的设置主要根据水源的情况和设备配置情况来配备。如水源水量不充足、间歇供水的锅炉房,配置除铁、锰砂过滤设备的锅炉房均需要设置生水箱。

生水箱的容量一般按照锅炉水处理小时用水量、生活用水量以及生产用水量的情况进行设计。

水箱的结构形式有方形、圆形两种,材料一般为碳钢板材焊接后内衬无毒树脂胶,或采用玻璃钢水箱,也有采用不锈钢焊接水箱。

4. 给水箱(软水箱)的选择

锅炉房给水箱是储存锅炉给水的设备,锅炉给水由凝结水和经处理的补给水组成,若除氧则给水箱也可作为除氧水箱。

给水箱的总有效容量一般为所有运行锅炉在额定蒸发量时所需 20 ~ 60 min 的给水量。

给水箱有圆形和方形两种,小型(小于 20 m³)的水箱一般设计成方形,否则均为圆形。

给水箱的设置情况一般有如下几种情况:

(1)单独设软水箱(其容量为锅炉补水量的 1.1 倍),没有除氧水箱和凝水利用。

(2)设软水箱、凝结水箱和除氧水箱,其中软水箱接纳软化水后进入除氧器,凝结水箱水进入除氧器,以除氧水箱为锅炉给水箱。

总之,关于锅炉给水箱的设置需要根据实际情况,锅炉容量、规模等综合考虑。

5. 凝结水箱的选择

凝结水箱主要用来储存系统的凝结水,其容量按最大流量 20 ~ 40 min 的水量设计;一般采用钢制水箱。

6. 锰砂除铁设备的选择

为防止数值中毒,在处理一些铁离子含量高原水时,离子交换前必须进行曝气、锰砂除铁的过程。

曝气和锰砂过滤处理设备的容量一般按照原水小时最大流量设计。

▶ 任务实施 ┄┄┄┄┄┄┄┄┄┄┄┄┄┄┄┄┄┄┄┄┄┄┄┄┄┄┄┄┄┄┄┄┄┄

按照给定任务,分析 SHL29 - 110/70 - A Ⅱ 型热水锅炉的特性,依据锅炉相关参数,完成如下任务:

(1)编制锅炉水处理设备组成明细表;

(2)进行锅炉水工系统设备选型;

(3)绘制锅炉水工系统图。

▶ 任务评量 ┄┄┄┄┄┄┄┄┄┄┄┄┄┄┄┄┄┄┄┄┄┄┄┄┄┄┄┄┄┄┄┄┄┄

任务 2.2 学生任务评量表见表 2 - 43。

表 2 - 43　任务 2.2 学生任务评量表

各位同学:

1. 教师针对下列评量项目并依据评量标准从 A、B、C、D、E 中选定一个对学生操作进行评分,学生在教师评价前进行自评,但自评不计入成绩。

2. 此项评量满分为 100 分,占学期成绩的 10%。

评量项目	学生自评与教师评价	
	学生自评	教师评价
1. 平时成绩(20 分)		
2. 实作评量(40 分)		
3. 课程设计(20 分)		
4. 口语评量(20 分)		

➤ 复习自查

1. 锅炉水工系统选型的原则依据什么?

2. 锅炉水处理离子交换系统可以分为几类? 都有哪些设备?

3. 锅炉水箱有几种?

4. 热水锅炉与蒸汽锅炉水处理系统有何区别?

➤ 项目小结

项目 2 主要内容如图 2 - 82 所示。

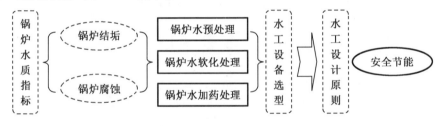

图 2 - 82　项目 2 主要内容

项目3 蒸汽锅炉水工系统

> **项目描述** --•

锅炉是利用燃料燃烧释放的热能或者其他热源加热给水或者其他工质(如导热油),以获得规定参数(温度与压力)和品质的蒸汽、热水和其他热介质的设备。按照用途分类,锅炉可以分为电站锅炉和工业锅炉两类;工业锅炉也称供热锅炉,按照产品——介质的性质分类,可以分为蒸汽锅炉和热水锅炉。

蒸汽锅炉生产的产品主要是蒸汽,蒸汽有过热蒸汽和饱和蒸汽;蒸汽锅炉水工系统俗称锅炉汽水系统,主要由各种热力设备和工艺管道组成,它的主要作用就是连接锅炉房的所有热力设备。

蒸汽锅炉水工系统主要包括给水系统、蒸汽系统、凝结水系统和排污系统,此外还包括水处理系统。

本项目旨在使学生掌握蒸汽锅炉水工系统的形式,通过模型、仿真手段认知蒸汽锅炉水工系统的整体构成,熟悉给水系统、蒸汽系统、凝结水系统和排污系统的设计标准和相关指标要求,以实现对蒸汽锅炉水工系统的认知和认识到其在锅炉安装、运行调节与维护中的重要地位。

> **教学环境** --•

本项目的教学场地是锅炉运行模拟仿真实训室和锅炉模型实训室。学生可利用多媒体教室进行理论知识的学习,小组工作计划的制定,实施方案的讨论等;可利用实训室进行蒸汽锅炉水工系统中的给水系统、蒸汽系统、凝结水系统、排污系统等内容的认知和设计训练。

任务3.1 给水系统工艺

> **学习目标** --•

知识目标:
(1)掌握蒸汽锅炉给水系统形式;
(2)了解蒸汽锅炉给水系统设计的原则和标准。
技能目标:
(1)能够构建蒸汽锅炉给水系统模型;
(2)熟悉蒸汽锅炉给水系统工艺设计。
素质目标:
(1)建立节能、安全理念,展现创新意识;
(2)融自主学习和课堂学习于一体。

▶ **任务描述** ┄┄┄┄┄┄┄┄┄┄┄┄┄┄┄┄┄┄┄┄┄┄┄┄┄┄┄┄•

给定两台 35 t/h 蒸汽锅炉水工系统设计任务。来自水处理厂的软化水经过热力除氧器除氧后，通过锅炉给水泵送往锅炉给水平台，锅炉给水一部分直接进入锅炉，另一部分经过锅炉尾部受热面进入锅炉。

▶ **知识导航** ┄┄┄┄┄┄┄┄┄┄┄┄┄┄┄┄┄┄┄┄┄┄┄┄┄┄┄┄•

3.1.1 给水系统形式

给水系统按分布方式，可以分为集中式给水系统和分散式给水系统。

1. 集中式给水系统

其指所有给水泵都能通过一根或两根给水母管，集中向所有锅炉供水的给水系统。这种给水系统水泵数量少，省面积，便于管理、操作和维护，但不便于调节。

集中式给水系统又可以按给水母管的数量，分为单母管给水系统和双母管给水系统。

（1）单母管给水系统

其指给水泵通过一根给水母管再由各支管向锅炉供水的给水系统。适用于小型或间断供热的锅炉房。

（2）双母管给水系统

其指给水泵通过两根给水母管再由各支管向锅炉供水的给水系统（图3－1）。其适用于大型或常年不间断供热的锅炉房。双母管给水系统与单母管给水系统相比较，投资高、管材和附件消耗多、施工和维修工程量大；但双母管给水系统可在一套给水母管系统的给水管道或附件出现故障时，启动另一套给水母管系统。

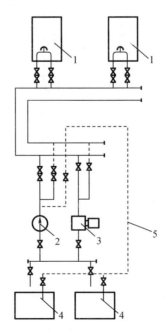

1—锅炉；2—给水泵；3—汽动水泵；4—给水箱；5—低负荷再循环管。

图3－1 双母管给水系统

2.分散式给水系统

其指每台锅炉各自对应一套给水泵和给水管路的给水系统。这种给水系统水泵数量多,占地面积大,管理、操作、维护复杂,但对于变负荷运行的锅炉房适应能力强,调节方便,可靠,能够节约水泵用电,从而减少锅炉房运行成本。

工业锅炉房一般均采用多台锅炉集中(母管制)给水系统。

蒸汽锅炉房的给水方式应根据热网回水方式和水处理方式确定,当凝结水采用压力回水时,可将回水和软化水汇入一个水箱,然后由软水加压泵送至除氧器,除氧水再经给水泵送入锅炉(图3-2)。

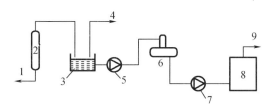

1—上水管道;2—软水器;3—给水箱;4—回水管;5—软水加压泵;6—除氧器;7—给水泵;8—锅炉;9—主蒸汽管。

图3-2 压力回水给水系统

当凝结水采用自流回水时,凝结水箱一般可设于地下室内,如图3-3所示。回水进入凝结水箱后由凝结水泵送至给水箱,再经软水加压泵送入除氧器,除氧水经给水泵送入锅炉。

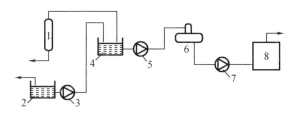

1—软水器;2—凝结水箱;3—凝结水泵;4—给水箱;5—软水加压水泵;6—除氧器;7—给水泵;8—锅炉。

图3-3 自流回水给水系统

当锅炉房有不同压力回水时,可在高压回水管道上设扩容器,使回水压力降低,产生二次蒸汽,然后再将其送入凝结水箱。

3.1.2 给水系统设计的原则与标准

(1)给水泵台数应能适应锅炉房全年热负荷变化的要求,并应设置备用。

(2)当流量最大的1台给水泵停止运行时,其余给水泵的总流量应能满足所有运行锅炉在额定蒸发量工况下所需给水量的110%。当锅炉房设有减温装置或蓄热器时,给水泵的总流量应计入其用水量。

(3)当给水泵的特性允许并联运行时,可采用同一给水母管;当给水泵的特性不允许并联运行时,应采用不同的给水母管。

(4)非一级电力负荷的锅炉房,在停电后可能会造成锅炉事故时,应采用汽动给水泵为事故备用泵。事故备用泵的流量应能满足所有运行锅炉在额定蒸发量工况下所需给水量的20%～40%。

(5)给水泵的扬程,不应小于下列各项的代数和。

①在实际的使用压力下锅炉锅筒安全阀的开启压力;

②省煤器和给水系统的压力损失;

③给水系统的水位差;

④上述3项和的10%富余量。

(6)锅炉房宜设置1个给水箱或1个匹配有除氧器的除氧水箱。常年不间断供热的锅炉房应设置2个给水箱或2个匹配有除氧器的除氧水箱。给水箱或除氧水箱的总有效容量,宜为所有运行锅炉在额定蒸发量工况下20～60 min所需的给水量。

(7)锅炉给水箱或除氧水箱的布置高度,应使锅炉给水泵有足够的灌注头,并不应小于下列各项的代数和。

①给水泵进水口处水的汽化压力和给水箱的工作压力之差;

②给水泵的汽蚀余量;

③给水泵进水管的压力损失;

④3～5 kPa的富余量。

(8)采用特殊锅炉给水泵或加装增压泵时,热力除氧水箱宜低位布置,其高度应按设备要求确定。

(9)当单台蒸汽锅炉额定蒸发量大于或等于35 t/h、额定出口蒸汽压力大于或等于2.5 MPa(表压)、热负荷较为连续而稳定,且给水泵的排汽可以利用时,宜采用工业汽轮机驱动的给水泵作为工作用给水泵,电动给水泵作为工作备用泵。

(10)蒸汽锅炉房的锅炉给水母管应采用单母管;常年不间断供汽的锅炉房和给水泵不能并联运行的锅炉房,锅炉给水母管宜采用双母管或采用单元制锅炉给水系统。

(11)锅炉给水泵进水母管或除氧水箱出水母管,宜采用不分段的单母管;常年不间断供汽,且除氧水箱台数大于或等于2台时,宜采用分段的单母管。

(12)蒸汽锅炉给水管上的手动给水调节装置及热水锅炉手动控制补水装置,宜设置在便于司炉操作的地点。

(13)锅炉房除氧器的台数大于或等于2台时,除氧器加热用蒸汽管宜采用母管制系统。

3.1.3 给水系统设备的组成与选型

为了保证锅炉安全、可靠、连续性运行,必须保证不间断地向锅炉供水,合适的给水系统是必要的。给水设备包括给水、凝结水与水处理设备,根据三者之间联系可分为一段式给水系统和二段式给水系统。一段给水:水处理后的水与凝结水→给水箱。二段给水:水处理后的水与凝结水→软化水箱→给水箱。

给水系统设备很多,主要包括给水泵、给水箱,对于具备采暖、热水供应功能的蒸汽锅炉还包括除氧器、换热器等设备。

1.给水泵的选择

给水泵有电动离心式水泵、汽动活塞式水泵、蒸汽注水器等。一般以电动泵为主、汽动泵和注水器为备用泵;水泵的选择以离心泵的特性曲线和管道的特性曲线为依据,以最大流量和对应的扬程为基准,同时考虑进水温度等附加条件。表3-1为给水泵选择计算。

表3-1 锅炉给水泵选择计算

序号	名称	符号	单位	计算公式或数值来源	数值	备注
1	给水泵流量	Q	t/h	$1.1(D+D_P)$		D_P 为排污量
2	额定蒸发量	D	t/h	给定		
3	给水泵扬程	H	MPa	$H_1+H_2+H_3+H_4$		
4	设计压力下锅筒安全阀开启压力	H_1	MPa	给定		
5	省煤器及给水管路阻力	H_2	MPa	给定		
6	给水系统水位差	H_3	MPa	给定		
7	附加扬程	H_4	MPa	$0.05\sim0.1$		
8	允许吸上真空高度	H_g	m	$\geqslant \Delta h-(P_b-P'_v)/\rho'g+\Sigma h_c$		
9	样本提供汽蚀余量	Δh	m	给定		
10	水箱液面绝对压力	P_b	kPa	给定		
11	泵进水口汽化压力	P'_v	kPa	按不同水温下汽化压力选择		
12	工作温度下水密度	ρ'	kg/L	给定		
13	重力加速度	g	m/s²	给定		
14	水泵吸水管路总阻力	Σh_c	m	给定		
15	蒸汽泵流量	D_{zq}	t/h	工作泵流量的$20\%\sim40\%$		
16	蒸汽泵扬程	H_{zq}	MPa	给水泵扬程		

2. 除氧器的选择

除氧器的类型很多,一般有热力除氧、真空除氧、解吸除氧和化学除氧四大类型。其中化学除氧还有钢屑除氧、海绵铁除氧、亚硫酸钠除氧和氧化还原树脂除氧几类。除氧器的选择根据水质要求确定,一般情况下需要根据锅炉型式、水质指标和锅炉给水等级等来确定,表3-2为除氧器选择计算。

表3-2 除氧器选择计算

序号	名称	符号	单位	计算公式或数值来源	数值	备注
1	除氧水量	G'	t/h	$D+D_P$		
2	额定蒸发量	D	t/h	给定		
3	排污量	D_P	t/h	给定		
4	工作压力	P	MPa	按要求设计		
5	工作温度	T	℃	按要求设计		
6	进水温度	t_j	℃	按要求设计		
7	进水压力	t_c	MPa	按要求设计		
8	混合水温	t_h	℃	$(D_r t_{15}+D_h t_{95})/(D_r+D_h)$		

表 3 – 2（续）

序号	名称	符号	单位	计算公式或数值来源	数值	备注
9	软水流量	D_r	t/h	给定		
10	软水温度	t_{15}	℃	给定		
11	凝结水流量	D_h	t/h	给定		
12	凝结水温度	t_{95}	℃	给定		
13	耗汽量	D_q	℃	$G'(h_2 - h_1)/(h_q - h_2) \times 0.98 + D_x$		0.98 – 除氧器效率
14	除氧器出口水焓	h_2	kJ/kg	给定		
15	除氧器进口水焓	h_1	kJ/kg	给定		
16	进入除氧器蒸汽焓	h_q	kJ/kg	给水泵扬程		
17	排汽中蒸汽损失量	D_x	t/h	总耗汽量1%		

3. 生水箱的选择

生水箱主要根据水源的情况和设备配置情况来配备。如水源水量不充足、间歇供水的锅炉房,配置除铁、锰砂过滤设备的锅炉房均需要设置生水箱。

生水箱的容量一般按照锅炉水处理小时用水量、生活用水量以及生产用水量的情况进行设计。

水箱的结构形式有方形、圆形两种;材料一般为碳钢板材焊接后内衬无毒树脂胶,或采用玻璃钢水箱,也有采用不锈钢焊接水箱。

4. 给水箱(软水箱)的选择

锅炉房给水箱是储存锅炉给水的设备,锅炉给水由凝结水和经处理的补给水组成,若除氧则给水箱也可作为除氧水箱。

给水箱的总有效容量一般为所有运行锅炉在额定蒸发量时所需 20 ~ 60 min 的给水量。

给水箱有圆形和方形两种,小型(小于 20 m³)的水箱一般设计成方形,否则均为圆形。

给水箱的设置情况一般有如下几种情况:

(1)单独设软水箱(其容量为锅炉补水量的1.1倍),没有除氧水箱和凝水利用。

(2)设软水箱、凝结水箱和除氧水箱,其中软水箱接纳软化水后进入除氧器,凝结水箱水进入除氧器,以除氧水箱为锅炉给水箱。

总之,锅炉给水箱的设置需要根据实际情况,锅炉容量、规模等综合考虑。

5. 换热器的选择

换热器的选择主要是确定换热器的型式、换热面积和换热量。换热器的型式很多,如按照介质性质可分为汽 – 水换热器,水 – 水换热器;按照换热器结构大体上可以分为板式换热器、螺旋板式换热器、汽水混合加热器(容积式热交换器)、浮头式换热器(管式换热器)等。

换热器的选择要符合工艺条件的要求,根据压力、温度、物理化学性质、腐蚀性等工艺条件综合考虑来确定换热器的材质和结构类型。

(1)根据换热器媒质选换热器结构形式:闭式循环系统方可选用板式换热器;水质较差的场合选浮动盘管式换热器。

(2)后期需要扩展换热量的场合选板式换热器较好。

（3）选择换热器面积。

（4）换热器的选用和设计计算步骤。

估算传热面积，并初选换热器型号确定两流体在换热器中流动通道。

①根据传热任务，计算传热量；

②确定流体在换热器两端的温度，计算定性温度，并确定流体物性；

③根据两流体的温度差，确定换热器的型式；

④计算平均温度差，并根据温度差校正系数不小于0.8的原则，确定壳程数或调整加热介质或冷却介质的终温；

⑤依据总传热系数的经验范围或生产实际情况，选取总传热系数；

⑥由总传热速率方程估算传热面积，并确定换热器的基本尺寸或按系列标准选择设备规格。

（5）计算管程、壳程阻力。

核算总传热系数和传热面积选用的换热器实际传热面积应比计算所需的传热面积大约10%～25%。

表3－3为汽－水换热器选择计算。

表3－3　汽－水换热器选择计算

序号	名称	符号	单位	计算公式或数值来源	数值	备注
1	被加热水所需理论热量	Q	kJ/h	$Gc(t_2-t_1)$		
①	被加热水通过换热器流量	G	kg/h	给定		
②	水的比热	c	kJ/kg	给定		
③	进入换热器水温	t_2	℃	给定		
④	流出换热器水温	t_1	℃	给定		
⑤	被加热水所需实际热量	Q'	kJ/h	$1.1Q$		
2	热媒耗量	D	kg/h	$Q'/i-ct''$		
①	进入加热器蒸汽焓值	i	kJ/kg	查表		
②	凝结水饱和温度	t''	℃	给定		
3	汽－水换热需传热面积	F	m²	$Q/K\Delta t_p$		
①	加热与被加热流体之间温差	Δt_p	℃	$(\Delta t_d-\Delta t_x)/\ln(\Delta t_d/\Delta t_x)$		
②	换热器进出口最大温差	Δt_d	℃	给定		
③	换热器进出口最小温差	Δt_x	℃	给定		
4	换热器传热系数	K	kJ/(m²·h·℃)	计算或查图、表		
5	换热器选择			根据上述计算参数		
6	校核传热量	Q	kJ/h	$KF\Delta t_p$		

3.1.4　给水系统工艺设计

锅炉给水系统工艺设计指按照给定条件,确定管道的规格、壁厚、材质及工艺布置等相关内容。工艺设计包括管道的水力计算、热应力计算和强度计算三部分内容。

给水系统工艺设计流程如图3-4所示。

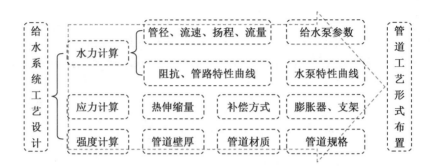

图3-4　给水系统工艺设计流程

1. 管道的水力计算

水力计算是工艺管道设计中必须掌握的一项重要内容,通过水力计算可知道管道系统的流速、流量以及阻力损失等;同时可了解所设计的管道是否管径合理,布置得当。

(1)管道的流速和流量

流速指单位时间内流体流动所通过的距离;流量指单位时间内通过过流断面流体的体积;过流断面指垂直于流体流动方向上流体所通过的管道断面。三者关系为:流量等于流速乘以过流断面。给水管道流速一般情况下按照限定流速确定,见表3-4。

表3-4　给水管道限定流速

工作介质	管道种类/mm	流速/(m·s⁻¹)	工作介质	管道种类/mm	流速/(m·s⁻¹)
锅炉给水	水泵吸水管	0.5~1.0	上水	上水、冲洗水管(压力)	1.5~3
	离心泵出水管	2~3		软化水、反洗水管(压力)	1.5~3
	往复泵出水管	1~3		反洗水管(自流)、溢流水管	0.5~1
	给水总管	1.5~3	冷却水	冷水管	1.5~2.5
盐液	盐液管	1~2		热水管(压力式)	1~1.5

(2)管道的阻力损失

流体在流动中,为了克服阻力消耗的自身所具有的机械能,我们称这部分被消耗掉的能量为阻力损失。管道阻力损失分摩擦阻力损失和局部阻力损失。

摩擦阻力损失为

$$h_f = RL$$

式中　h_f——摩擦阻力损失,Pa;

　　　R——每米管长的摩擦阻力损失,Pa/m;

L—管道长度,m。

局部阻力损失为

$$h_{\mathrm{j}} = \xi(\rho v^2 / 2)$$

式中 h_{j}—局部阻力损失,Pa;

ξ—管件局部阻力损失系数;

ρ—介质密度,kg/m³;

v—流速,m/s。

其中,R 与 ξ 在水力计算表中可以查到(已知流速和流量前提下),见表3-5。

表3-5   小管径给水钢管水力计算表

管径/mm	流量							
	m³/h	0.72	1.44	2.16	2.88	3.60	4.32	5.04
	L/s	0.2	0.4	0.6	0.8	1.0	1.2	1.4
40	ξ			0.48	0.64	0.80	0.95	1.11
	R			180	308	464	650	866
20	ξ	0.62	1.24	1.86	2.48			
	R	715	2577	5 792	10 300			

(3)水力计算的任务

①已知流速和流体压力降,计算管道管径;

②已知管径和流量,计算管道压力降及管道中各点压力;

③按确定的管径及压力降,计算和校核管道的输送能力;

④根据管道水力计算的结果,确定管道系统选用设备的型号和规格;

(4)管道阻抗确定及管道特性曲线

依据管道阻力计算结果确定管道阻抗:

$$S_{\mathrm{h}} = \frac{8(1 + \zeta_{\mathrm{e}})}{g \Pi^2 d^4}$$

S_{h}—— 管道阻抗,s²/m⁵;

ζ_{e}—— 摩擦阻力和局部阻力系数之和;

g—— 重力加速度,m/s²;

d—— 管径,m;

π—— 圆周率。

按照管道特性方程确定管道的特性曲线:

$$H = S_{\mathrm{h}} q_{\mathrm{v}}^2$$

式中 q_{v}——体积流量,m³/s。

2.管道的热应力计算

工艺管道内介质的温度与环境温度的差异会引起管道伸缩现象,管道本身工作温度的高低也会引起管道的伸缩。这些现象需要我们在设计工艺管线时必须考虑热变形和热应力的问题。

(1)热膨胀量的计算

管道受热后的热膨胀伸长量按下式计算:

$$\Delta L = \alpha (t_2 - t_1) L$$

式中　ΔL—管道热膨胀伸长量，m；

　　　α—管材的线膨胀系数（表 3 - 6），m/（m·℃）；

　　　t_2—管道运行时介质温度，℃；

　　　t_1—环境温度，室内为 -5 ℃、室外为采暖计算温度，℃；

　　　L—计算管段长度，m。

表 3 - 6 为不同材质管材线膨胀系数。

表 3 - 6　不同材质管材线膨胀系数

管道材质	线膨胀系数 α		管道材质	线膨胀系数 α	
	m/（m·℃）	mm/（m·℃）		m/（m·℃）	mm/（m·℃）
碳素钢	12×10^{-6}	0.012	紫铜	16.4×10^{-6}	0.016 4
铸铁	11.4×10^{-6}	0.011 4	黄铜	18.4×10^{-6}	0.018 4
中铬钢	11.4×10^{-6}	0.011 4	铝	24×10^{-6}	0.024
不锈钢	10.3×10^{-6}	0.010 3	聚氯乙烯	80×10^{-6}	0.080
镍钢	13.1×10^{-6}	0.013 1	氯乙烯	10×10^{-6}	0.010
奥氏体钢	17×10^{-6}	0.017	玻璃	5×10^{-6}	0.005

碳素钢是我们在工程设计中经常用到的一种材质，热膨胀伸长量为

$$\Delta L = 12 \times 10^{-6} (t_2 - t_1) L$$

（2）热应力的计算

安装完毕的工艺管道在产生热伸缩现象后，由于管道是定位的，自然在管道内部产生很大的热应力，热应力的计算式：

$$\sigma = E\varepsilon = E\alpha \Delta t$$

式中　σ——管道受热时产生的热应力，MN/m^2；

　　　E——管材的弹性模量，MN/m^2，碳素钢为 20.104×10^4 MN/m^2；

　　　ε——管段的相对变形量，$\varepsilon = \Delta L / L$。

对于碳素钢，热应力 $\sigma = 2.4125 \Delta t$。

3. 管道的强度计算

锅炉热力系统的工艺管道一般都是承压管道，因此要求管壁必须有足够的厚度用以保证管道系统安全运行，所以强度计算是设计中必须进行的一项内容。

管道强度计算如下。

（1）按管子外径确定管壁厚

$$S_0 = PD_w / 2[\sigma] \Phi' + p$$

式中　S_0——管道计算壁厚，mm；

　　　P——管道计算压力，MPa；

　　　D_w——管道外径，mm；

　　　$[\sigma]$——管道材料许用应力，MPa；

　　　Φ'——管道减弱系数；

　　　p——管道计算压力，MPa。

（2）按管子内径确定管壁厚

$$S_0 = PD/2[\sigma]\Phi' - p$$

式中　D——管道内径，mm。

（3）管子的计算壁厚

$$S = S_0 + c$$

式中　c——附加壁厚，mm。

（4）无缝钢管壁厚简易计算

$$S' = (1.5PD_g/2[\sigma]) + c'$$

式中　D_g——管道公称直径，mm；

　　　c'——附加壁厚，mm。

4. 支架设计

（1）管道支（吊）架形式

热力管道支架一般分为固定支架、活动支架和导向支架三类；根据安装形式又可分为一般式支（托）架、一般式吊架、弹性支（托）架和弹性吊架等。具体情况见表3-7。

表3-7　管道支（吊）架形式

序号	支吊架分类		敷设条件
1	固定支架		用于管道上不允许有任何位移的部位
2	活动支架用于承受管道垂直荷载并允许有水平位移	刚性吊架	用于管道上无垂直位移或垂直位移很小的部位
		滑动支架	用于水平摩擦力无严格限制时
		滚动支架	用于要减少管道水平摩擦力时
		滚柱支架	用于要减少管道轴向摩擦力时
3	导向支架用于允许有轴向位移的部位	滑动导向支架	用于水平摩擦力无严格限制时
		滚珠导向支架	用于要减少管道水平摩擦力时
		滚柱导向支架	用于要减少管道轴向摩擦力时
4	弹簧吊架		用于管道上具有垂直位移的地方

（2）管道活动、固定支架跨距的计算

支架跨距的确定有两种方法，一种为理论计算法，即按照管道的强度和刚度两个条件确定，取其最小值为最大允许跨距；另一种方法为查表法，根据管道、介质种类，保温情况等条件查相应表格进行跨距确定。

按强度条件确定管道活动支架的跨距：

$$L = \sqrt{\frac{15[\sigma_w]W\varphi}{q_d}}$$

式中　σ_w——许用外载综合应力（表3-8），MPa；

　　　W——管子断面抗弯矩（表3-9），cm³；

　　　φ——管子强度焊缝系数（表3-10）；

　　　q_d——管子单位长度计算质量（表3-11），N/m。

表 3 - 8　许用外载综合应力　　　　　　　　　　　　　　　　单位:MPa

管子规格 $D \times S$ (mm×mm)	φ32× 2.5	φ38× 2.5	φ45× 2.5	φ57× 3.5	φ73× 3.5	φ89× 3.5	φ108× 4	φ133× 4	φ159× 4.5	φ219× 6	φ273× 7	φ325× 8	φ377× 9	φ426× 9
200 ℃	114	113.90	113.69	113.80	113.48	112.96	112.86	112.13	118.81	110.4	109.30	108.88	108.47	106.90
350 ℃	75.73	75.59	75.31	75.52	74.89	74.26	73.99	72.80	72.25	68.57	68.51	67.81	67.21	64.48

表 3 - 9　管子断面抗弯矩　　　　　　　　　　　　　　　　单位:cm³

公称直径 DN/mm	外径 DW/mm	壁厚 S/mm	内径 D/mm	管内断面积 F/cm²	管壁断面积 f/cm²	管断面惯性矩 J/cm⁴	管断面抗弯矩 W/cm³	管子刚度(EJ) ×10⁷/(N·cm⁻²) 200 ℃	350 ℃
25	32	2.5	27	5.73	2.32	2.54	1.58	4.763	4.305
150	159	4.5	150	176.7	21.9	652	82	1222.5	1105.14

表 3 - 10　管子强度焊缝系数

横向焊缝系数		纵向焊缝系数	
焊接情况	ϕ	焊接情况	ϕ
手工电弧焊	0.7	手工电弧焊	0.7
有垫环对焊	0.9	直缝焊接钢管	0.8
手工双面加强焊	0.95	螺旋焊接钢管	0.6
自动双面焊	1.0	无垫环对焊	0.7
自动单面焊	0.8		

表 3 - 11　管子单位长度计算质量　　　　　　　　　　　　　　　　单位:N·m⁻¹

公称直径 DN/mm	外径×壁厚 /(mm×mm)	管子重 q_1 /(N·m⁻¹)	凝结水重 q_2 /(N·m⁻¹)	充满水重 q_3 /(N·m⁻¹)	不保温管计算质量		保温管计算质量		
					q_4 气体管 /(N·m⁻¹)	q_5 液体管 /(N·m⁻¹)	200 ℃ 液体管 Q_6/(N·m⁻¹)	200 ℃ 液体管 Q_7/(N·m⁻¹)	350 ℃ 气体管 Q_8/(N·m⁻¹)
25	32×2.5	17.6	1.1	5.7	22.4	26.8	22.4+ 1.2g	26.8+ 1.2g	17.6+ 1.2g
150	159×4.5	171.5	26.5	176.5	237.6	382.5	237.6+ 1.2g	382.5+ 1.2g	171.5+ 1.2g

5. 给水管道设计注意事项

给水管道设计、安装时主要考虑坡向、放空和排水三点基本要求。

(1) 管道坡度 ≥0.003,坡向和水流方向相反;

(2) 管道最高点设排空阀;

(3)管道最低点设排水阀。

➤ 任务实施

按照给定两台 35 t/h 蒸汽锅炉水工系统图分析给水除氧、给水泵、给水平台及锅炉给水系统连接构成元素的特性及组成要素,完成如下任务:

(1)绘制除氧器水工系统图;

(2)阐述锅炉给水工作过程,并绘制流程框图;

(3)总结说明该水工系统的类型。

➤ 任务评量

任务 3.1 学生任务评量表见表 3-12。

表 3-12　任务 3.1 学生任务评量表

各位同学:

1. 教师针对下列评量项目并依据评量标准从 A、B、C、D、E 中选定一个对学生操作进行评分,学生在教师评价前进行自评,但自评不计入成绩。

2. 此项评量满分为 100 分,占学期成绩的 10%。

评量项目	学生自评与教师评价	
	学生自评	教师评价
1. 平时成绩(20 分)		
2. 实作评量(40 分)		
3. 工艺设计(20 分)		
4. 口语评量(20 分)		

➤ 复习自查

1. 说明给水系统有几种形式。

2. 简述给水系统设备组成。

3. 为什么给水系统采用限定流速法进行水力计算?

4. 给水系统工艺设计有几方面内容?

任务 3.2　蒸气系统工艺

➤ 学习目标

知识目标:

(1)探究蒸汽锅炉蒸汽工艺形式;

(2)了解蒸汽系统设计原则和标准。

技能目标:

(1)熟悉锅炉蒸汽系统设备选型;

(2)准确进行蒸汽系统工艺设计。

素质目标:

(1)秉持创新态度学习蒸汽系统;

(2)建立责任关怀理念,执行工艺设计。

▶ **任务描述** ···

给定两台35 t/h蒸汽锅炉水工系统图。该锅炉水工系统中蒸汽系统采用单母管制,两台锅炉蒸汽母管并列后一部分接至厂区热力管道,为主蒸汽系统,供生产用汽;另一部分接至除氧器,为辅助蒸汽系统;第三部分接至二号热力站,供采暖通风工程使用。

▶ **知识导航** ···

3.2.1 锅炉蒸汽系统与形式

锅炉蒸汽管道系统可以分为主蒸汽管道系统和副蒸汽管道系统。由锅炉至分汽缸的蒸汽管道称为主蒸汽管道系统;由锅炉引出直接用于锅炉本身设备,如吹灰器、蒸汽往复泵、注水器或除氧器的管道称为副蒸汽管道系统。主蒸汽管道、副蒸汽管道及其附件、设备等统称为蒸汽系统。图3－5为分汽缸集中蒸汽系统。该系统由锅炉引出蒸汽管接至分汽缸,外供蒸汽管道与锅炉房自用蒸汽管道均由分汽缸接出,这样可避免在主蒸汽管道上开孔太多,又便于集中管理。

对于工作压力不同的锅炉,不能合用一根蒸汽总管或一台分汽缸,而应分别设置蒸汽管路。锅炉房内连接相同参数锅炉的蒸汽管路宜采用单母管,对常年不间断供汽的锅炉房可以采用双母管。

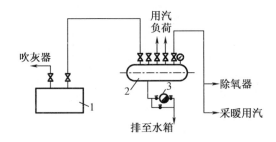

1—蒸汽锅炉;2—分汽缸;3—疏水器。

图3－5 分汽缸集中蒸汽系统示意图

3.2.2 蒸汽系统设计的原则与标准

(1)汽水管道设计应根据热力系统和锅炉房工艺布置进行,并应符合下列要求:

①便于安装、操作和检修;

②管道宜沿墙和柱敷设;

③管道敷设在通道上方时,管道(包括保温层或支架)最低点与通道地面的净高不小于2 m;

④管道不应妨碍门、窗的启闭与影响室内采光;

⑤满足装设仪表的要求;

⑥管道布置宜短捷、整齐。

(2)采用多管供汽(热)的锅炉房,宜设置分汽(分水)缸。分汽(分水)缸的设置,应根据用汽(热)需要和管理方便的原则确定。

(3)供汽系统中的蒸汽蓄热器,应符合下列要求:

①设置蒸汽蓄热器的旁路阀门;

②并联运行的蒸汽蓄热器蒸汽进、出口管上装设止回阀,串联运行的蒸汽蓄热器进汽管上宜装设止回阀;

③蒸汽蓄热器进水管上装设止回阀;

④锅炉额定工作压力大于蒸汽蓄热器额定工作压力时,蒸汽蓄热器上装设安全阀;

⑤蒸汽蓄热器运行时的充水采用锅炉给水,利用锅炉给水泵补水;

⑥蒸汽蓄热器运行放水管接至锅炉给水箱或除氧水箱。

(4)锅炉房内连接相同参数锅炉的蒸汽(热水)管,宜采用单母管;常年不间断供汽(热)的锅炉房,宜采用双母管。

(5)每台蒸汽(热水)锅炉与蒸汽(热水)母管或分汽(分水)缸之间的锅炉主蒸汽(供水)管上,均应装设2个阀门,其中1个应紧靠锅炉汽包或过热器(供水集箱)出口,另1个宜装在靠近蒸汽(供水)母管处或分汽(分水)缸上。

(6)热水锅炉房内与热水锅炉、水加热装置和循环水泵相连接的供水和回水母管应采用单母管,对需要保证连续供热的热水锅炉房,宜采用双母管。

(7)每台热水锅炉与热水供、回水母管连接时,在锅炉的进水管和出水管上,应装设切断阀。在进水管的切断阀前,宜装设止回阀。

(8)锅炉本体、除氧器和减压减温器上的放汽管、安全阀的排汽管应接至室外安全处,2个独立安全阀的排汽管不应相连。

(9)热力管道热膨胀的补偿,应充分利用管道的自然补偿,当自然补偿不能满足热膨胀的要求时,应设置补偿器。

(10)汽水管道的支、吊架设计,应计入管道、阀门与附件、管内水、保温结构等的质量以及管道热膨胀而作用在支、吊架上的力。对于采用弹簧支、吊架的蒸汽管道,不应计入管内水的质量,但进行水压试验时,对公称直径大于或等于250 mm的管道应有临时支撑措施。

(11)汽水管道的低点和可能积水处,应装设疏、放水阀。放水阀的公称直径不应小于20 mm。汽水管道的高点应装设放气阀,放气阀公称直径可取15~20 mm。

3.2.3 蒸汽系统设备的组成与选择

1.分汽缸的设计和选择

分汽缸的选择主要有两个参数(直径、长度)(图3-6),要求其遵循如下规则。

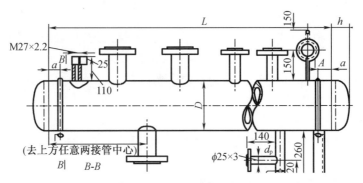

图 3 – 6　分汽缸总图

分汽缸的直径一般按筒体内断面上的流速确定,蒸汽流速按 8 ~ 12 m/s 计算;估算法则要求比蒸汽总管大 2$^{\#}$以上,一般可按最大支管直径 1.5 ~ 3 倍估算分汽缸直径。

筒体材料:$D < 300$ mm 采用 20$^{\#}$无缝钢管,$D \geqslant 300$ mm 采用 20g 热轧钢板卷制。

筒体长度根据筒体接管数量确定,但不大于 3 m。分汽缸长度计算如图 3 –7 所示。筒体接管间中心距根据保温层厚度和接管直径按表 3 – 13 要求选择。

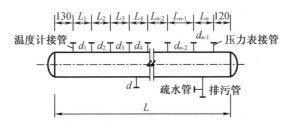

图 3 – 7　分汽缸长度计算

表 3 – 13　分汽缸长度选择

L_1	$d_1 + 120$
L_2	$d_1 + d_2 + 120$
L_3	$d_2 + d_3 + 120$
……	……
L_n	$d_{n-1} + 120$

不保温管道:接管中心距$\geqslant (d_1 + d_2)/2 + e$(表 3 – 14)。

表 3 – 14　不保温分汽缸接管中心距附加偏差

筒体直径/mm	159	219	273	350	400	450
e/mm	53	71	84	92	114	122

3.2.4　蒸汽系统工艺设计

蒸汽系统工艺设计总体原则依据给水系统工艺设计要求,蒸汽介质限定流速、蒸汽管道水力计算、蒸汽与给水用阀门性能见表 3 – 15、表 3 – 16、表 3 – 17。

表 3 – 15　蒸汽介质限定流速

工作介质	管道种类	流速/（cm·s⁻¹）
过热蒸汽	$DN > 200$ mm	40 ~ 60
	$DN = 100 ~ 200$ mm	30 ~ 50
	$DN < 100$ mm	20 ~ 40
饱和蒸汽	$DN > 200$ mm	30 ~ 40
	$DN = 100 ~ 200$ mm	25 ~ 35
	$DN < 100$ mm	15 ~ 30
二次蒸汽	利用二次蒸汽管	15 ~ 30
	不利用二次蒸汽管	60
乏气	从压力容器中排出	80
	从无压力容器中排出	15 ~ 30
	从安全阀排出	200 ~ 400

表 3 – 16　蒸汽管道水力计算

蒸汽管道（绝对粗糙度 $k = 0.2$ mm）

管径 DN /mm	流速 v/ （m·s⁻¹）	表压 p/MPa							
		0.07		0.1		0.2		0.3	
		q_m	R	q_m	R	q_m	R	q_m	R
50	20	134	105	157	125	229	181	301	237
	25	168	166	197	193	287	281	377	363
	30	202	236	236	280	344	406	452	527
	35	234	320	270	382	400	554	530	920

注：q_m 为蒸汽质量流量，kg/h；R 为每米管长摩擦阻力，Pa/m。

表 3 – 17　蒸汽与给水用阀门性能

位置	阀门形式	数量	安装要求	备注
锅炉每一个进口	截止阀、止回阀	1	两阀串联，止回阀在先	热水锅炉设闸阀
铸铁省煤器进口	截止阀、止回阀	1	两阀串联，止回阀在先	热水锅炉设闸阀
钢管省煤器进口	截止阀、止回阀	1	两阀串联，止回阀在先	热水锅炉设闸阀
省煤器进口	安全阀	1	接排空管	
省煤器出口	放气阀	1		
每台锅炉给水管道	调节阀	1	安装位置便于操作	
离心泵出口	闸阀、止回阀	1	需有直段	
离心泵入口	闸阀	1	需有直段	
锅炉出口	各种阀门	1	需有直段	安全阀、排空阀、排污阀
设备进出口	截断阀	1	需有直段	闸阀、球阀

▶ **任务实施** ....●

按照给定两台 35 t/h 蒸汽锅炉水工系统图,分析其主蒸汽系统、辅助蒸汽系统和设备,完成如下任务。

(1)说明该系统形式并编制流程框图;

(2)按照图中任务确定分汽缸的规格与尺寸;

(3)统计阀门数量,编制表格标明阀门的形式;

(4)用语言描述该系统蒸汽的工作流程。

▶ **任务评量** ....●

任务 3.2 学生任务评量表见表 3 – 18。

表 3 – 18　任务 3.2 学生任务评量表

各位同学:

1. 教师针对下列评量项目并依据评量标准从 A、B、C、D、E 中选定一个对学生操作进行评分,学生在教师评价前进行自评,但自评不计入成绩。

2. 此项评量满分为 100 分,占学期成绩的 10% 。

评量项目	学生自评与教师评价(A 到 E)	
	学生自评	教师评价
1. 平时成绩(20 分)		
2. 实作评量(40 分)		
3. 设备设计(20 分)		
4. 口语评量(20 分)		

任务 3.3　凝结水系统工艺

▶ **学习目标** ....●

知识目标:

(1)探究凝结水系统工艺流程;

(2)了解凝结水系统设计原则与标准。

技能目标:

(1)熟悉凝结水系统设备属性与选型;

(2)准确执行标准设计凝结水工艺系统。

素质目标:

(1)秉持节能环保意识认知凝结水系统;

（2）建立责任节能理念,执行凝结水系统设计。

> *任务描述* •

给定两台35 t/h蒸汽锅炉水工系统图。该水工系统凝结水管道将由蒸汽管网产生的凝结水集中到厂区回水站,统一送往热力除氧器进行除氧应用。

> *知识导航* •

3.3.1　凝结水系统与形式

凝结水系统由凝结水箱、输送凝结水的水泵、输送管路和附件构成。由于回收的凝结水一般温度较高,为方便泵的运行和布置,往往将温度较低的补给水与凝结水在凝结水箱中混合,此时又可将凝结水箱称为混合水箱,凝结水泵称为混合水泵。这样可以省去软化水箱和软化水泵,减少占地,管理也方便。

锅炉房的凝结水系统与给水系统紧密相关,若为一段给水系统,凝结水系统与给水系统合二为一;若为二段给水系统,凝结水系统实际上就是指混合水箱及其连接管路和附件、混合水泵及其连接管路和附件。

3.3.2　凝结水系统设计的原则与标准

蒸汽供热系统的凝结水应回收利用,但加热有强腐蚀性物质的凝结水不应回收利用。加热油槽和有毒物质的凝结水,严禁回收利用,并应在处理达标后排放。

（1）蒸汽管网的设计流量,应按生产、采暖通风和生活小时最大耗热量,并计入同时使用系数和管网热损失计算。

（2）凝结水管网的设计流量,应按蒸汽管网的设计流量减去不回收的凝结水量计算。

（3）蒸汽管道起始蒸汽参数的确定,可按用户的蒸汽最大工作参数和热源至用户的管网压力损失及温度降进行计算

（4）高温凝结水宜利用或利用其二次蒸汽。不予回收的凝结水宜利用其热量。

（5）回收的凝结水应符合锅炉给水水质标准的要求。对可能被污染的凝结水,应装设水质监测仪器和净化装置,处理合格后予以回收。

（6）凝结水的回收系统宜采用闭式系统。当输送距离较远或架空敷设利用余压难以使凝结水返回时,宜采用加压凝结水回收系统。

（7）采用闭式满管系统回收凝结水时,应进行水力计算和制水压图,以确定二次蒸发箱的高度和二次蒸汽的压力,并使所有用户的凝结水能返回锅炉房。

（8）采用余压系统回收凝结水时,凝结水管的管径应按汽水混合状态进行计算。

（9）采用加压系统回收凝结水时,应符合下列要求:

①凝结水泵站的位置应按全厂用户分布状况确定;

②当1个凝结水系统有几个凝结水泵站时,凝结水泵的选择应符合并联运行的要求;

③每个凝结水泵站内的水泵宜设置2台,其中1台备用。每台凝结水泵的流量应满足每小时最大凝结水回收量,其扬程应按凝结水系统的压力损失、泵站至凝结水箱的提升高

度和凝结水箱的压力进行计算;

④凝结水泵应设置自动启动和停止运行的装置;

⑤每个凝结水泵站中的凝结水箱宜设置 1 个,常年不间断运行的系统宜设置 2 个,凝结水有被污染的可能时应设置 2 个,其总有效容积宜为 15～20 min 的小时最大凝结水回收量。

(10)采用疏水加压器作为加压泵时,在各用汽设备的凝结水管道上应装设疏水阀,当疏水加压器兼有疏水阀和加压泵两种作用时,其装设位置应接近用汽设备,并使其上部水箱低于系统的最低点。

3.3.3　凝结水系统设备的组成与选择

1. 凝结水泵的选择

凝结水泵指从凝结水箱吸水加压送入软水箱或除氧器的水泵。

凝结水泵的选择原则:

(1)流量按照进入凝结水箱的凝结水流量的最大小时流量考虑,不小于凝结水回收量的110% ;

(2)凝结水泵一般情况下选择一用一备;

(3)凝结水泵耐温限度须能适应凝结水温的要求;

(4)凝结水泵的扬程按下式确定

$$H = P + (H_1 + 10 H_2 + H_3) \times 10^{-3}$$

式中　P——水泵出口侧接收设备内的工作压力,热力除氧器 0.15～0.2 MPa,解吸除氧小于 0.3 MPa,真空除氧小于 0.2 MPa,开式水箱 0 MPa;

H_1——凝结水管路系统阻力,kPa;

H_2——凝结水箱至接收设备高差,m;

H_3——附加压头,一般取 50 kPa。

2. 凝结水箱的选择

凝结水箱主要用来储存系统的凝结水,其容量按最大流量 20～40 min 的水量设计;一般采用钢制水箱。凝结水箱一般应为两个,也可将一个水箱(开式、矩形)用隔板分隔为二;专供采暖用的可只设一个。若厂区采用闭式凝结水系统,凝结水箱应为闭式凝结水箱。

凝结水箱的容量应根据凝结水的最大每小时回水量 D_1 的 1/3～2/3 确定。纯为采暖通风负荷时取 1/3,纯为生产负荷时取 2/3。

开式凝结水箱设放气管,将凝结水中的二次蒸汽及窜逸蒸汽直接排至大气。闭式凝结水箱则通过水封后再排入大气。

凝结水温度为 90～100 ℃时,从水箱底到水泵轴线的距离可取 1 m;大于 100 ℃时可取 1～1.5 m。

凝结水箱应设有自动控制水位的装置,使水泵可以自动启动或停泵,并有声光信号传送到水泵间去。

将凝结水箱和软化水箱合一,优点是系统简单和设备投资少,缺点是二次蒸汽利用不完全,在回汽量大时响声较大。

二次蒸汽经热交换器成热水,供应生活和采暖通风热能的需要。此法的优点是运行可靠和二次蒸汽利用比较完全;缺点是设备投资较高和利用的场合有一定限制。

图3-8为常见小型锅炉给水管路系统,其中凝结水和补给水共用一个水箱,来自厂区的凝结水管道插入水箱水面之下,封闭管端,做成多孔管。

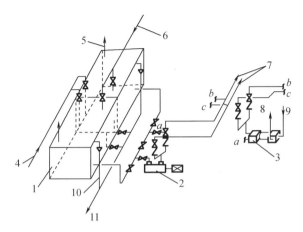

1—开式凝结水箱;2—电动水泵;3—汽动水泵;4—厂区凝结水;5—排汽管;
6—软化水;7—给水母管至锅炉;8—排汽;9—进汽;10—溢流管;11—排污管。

图3-8 常见小型锅炉给水管路系统

3.3.4 凝结水系统工艺设计

凝结水系统工艺设计与给水系统、蒸汽系统相同,凝结水流速见表3-19。

表3-19 凝结水流速

管道种类	流速/(m·s⁻¹)
凝结水泵吸水管	0.5~1.0
凝结水泵出水管	1~2
自流凝结水管	<0.5

▶ **任务实施**

按照给定两台35 t/h蒸汽锅炉水工系统图,分析该水工系统凝结水管道、回水站,及热力除氧器的性能,完成如下任务:

(1)说明该任务凝结水管道工艺形式。

(2)凝结水回收有何意义?

(3)给定一台2 t/h蒸汽锅炉,计划全部回收其凝结水,设计该回收系统。

(4)蒸汽采暖系统与榨油厂浸油车间用生产蒸汽,哪一个可以回收? 为什么?

▶ **任务评量**

任务3.3学生任务评量表见表3-20。

表 3 - 20   任务 3.3 学生任务评量表

各位同学:

1. 教师针对下列评量项目并依据评量标准从 A、B、C、D、E 中选定一个对学生操作进行评分,学生在教师评价前进行自评,但自评不计入成绩。

2. 此项评量满分为 100 分,占学期成绩的 10%。

评量项目	学生自评与教师评价	
	学生自评	教师评价
1. 平时成绩(20 分)		
2. 实作评量(40 分)		
3. 课程设计(20 分)		
4. 口语评量(20 分)		

➤ 复习自查

1. 什么叫混合水箱?
2. 凝结水箱与软化水箱有何区别?
3. 凝结水、软化水和除氧水有何不同?
4. 凝结水系统与蒸汽系统有关联吗?

任务 3.4   排污系统工艺

➤ 学习目标

知识目标:

(1)精通锅炉排污系统工艺;

(2)运用软件计算排污节能环保数据。

技能目标:

(1)建构锅炉排污系统工艺模型;

(2)流畅地操作计算机设计排污系统工艺。

素质目标:

(1)养成人文关怀情结,建立节能理念;

(2)整合多学科知识与技能并进行创新。

➤ 任务描述

给定两台 35 t/h 蒸汽锅炉水工系统图。该水工系统排污系统分为两部分,其一为定期排污系统,排污水由锅炉及设备排污点通过主排水管道进入定期排污膨胀器,而后排至灰沟再利用;其二为连续排污系统,排污水经过连续排污膨胀器,经冷却、二次蒸汽回收后排至室外渣池二次利用。

3.4.1 排污系统与形式

为了控制锅水的水质符合标准规定,常采用锅炉排污的方法,即放掉一部分锅水,同时补入等量的给水,来降低锅水的含盐量。排污系统包括连续排污、定期排污的管道及设备等。

定期排污水由于排污时间短,余热利用价值较小,一般将它引入排污降温池(图3-9)中与冷水混合后排入室外排水管道。

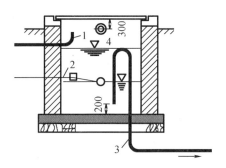

1—锅炉排污水;2—冷却水;3—排水;4—透气管。
图3-9 虹吸式排污降温池

连续排污水的热量,可按具体情况加以利用。一般是设连续排污膨胀器(图3-10),排污水进入膨胀器降压而产生二次蒸汽,二次蒸汽可引入热力除氧器或给水箱中加热给水,也可以用来加热生活用水。排污膨胀器的高温水则可通过热交换器加热软化水或排入排污降温池后排入室外排水管网。

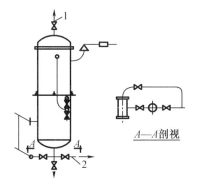

1—二次蒸汽出口;2—排污水出口。
图3-10 连续排污膨胀器

定期排污主要排除锅水中的水渣、泥垢等松散沉积物,部分调整锅水含盐量;排污位置主要位于锅炉的各个循环回路的最低部。

其特点包括:排污强烈、时间短促;一般每台锅炉每天排污次数不得少于 2 ~ 3 次,每次排污时间不超过 0.5 ~ 1 min;每台锅炉应设置独立的排污管道、尽量减少阻力;总排污管不得设阀门。

连续排污的主要作用是排除锅水中盐分杂质,降低锅水的碱度和含盐量,保证蒸汽品质和安全运行;排污位置位于上锅筒的低水位上边(表面排污)(图 3 – 11)。

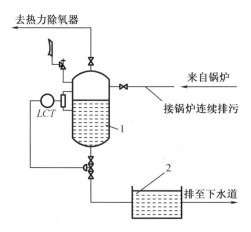

1—连续排污扩容器;2—排污降温池。

图 3 – 11 连续排污管道系统

其特点包括:排污水热能的回收利用(1 kg 二次蒸汽的热量相当于 500 ~ 960 kJ/kg),二次蒸汽压力为 0.15 ~ 0.2 MPa。

3.4.2 排污系统设计的原则与标准

(1)每台锅炉宜采用独立的定期排污管道,并分别接至排污膨胀器或排污降温池;当几台锅炉合用排污母管时,在每台锅炉接至排污母管的干管上必须装设切断阀,在切断阀前宜装设止回阀。

(2)每台蒸汽锅炉的连续排污管道,应分别接至连续排污膨胀器。在锅炉出口的连续排污管道上,应装设节流阀。在锅炉出口和连续排污膨胀器进口处,应各设 1 个切断阀。2 ~ 4 台锅炉宜合设 1 台连续排污膨胀器。连续排污膨胀器上应装设安全阀。

(3)锅炉的排污阀及其管道不应采用螺纹连接。锅炉排污管道应减少弯头,保证排污畅通。

3.4.3 排污膨胀器的设计和选择(表 3 –21)

表 3 –21 排污膨胀器的设计和选择

序号	名称	符号	单位	计算公式或数值来源	数值	备注
1	膨胀器二次蒸汽量	D_{zq}	kg/h	$D_{1p}(h\eta_0 - h_1)/(h_2 - h_1)x$		h_2 为二次蒸汽焓,kJ/kg

表 3 – 21（续）

序号	名称	符号	单位	计算公式或数值来源	数值	备注
①	锅炉饱和水焓	h	kJ/kg	给定		
②	排污管热损失系数	η_0		0.98		
③	膨胀器出水焓	h_1	kJ/kg	给定		
④	二次蒸汽干度	x		0.97		
⑤	排污水量	D_{1p}	kg/h	PD		
⑥	排污率	P		≤10%		
⑦	锅炉额定蒸发量	D	kg/h	给定		
2	膨胀器容积	G'	m³	$kD_{zq}V/W$		
①	膨胀器富裕系数	k		1.3 ~ 1.5		
②	二次蒸汽比体积	V	m³/kg	给定		
③	蒸汽分离强度	W	m³/(m³·h)	400 ~ 1 000		

3.4.4 排污系统工艺设计

1. 排污系统确定

排污系统分连续排污系统和定期排污系统。连续排污系统中各台锅炉独立的连续排污管引入连续排污扩容器。扩容器产生的二次蒸汽用于热力除氧或其他用热点,温度较高的排污水,可以通过适当的盘管为水箱中的混合水或软化水加热,再经排污冷却池冷却至下水道允许的排水温度后排入下水道。亦可以排入除灰渣系统的灰沟去中和酸性灰水混合物,以充分利用水量,如图 3 – 12 所示。

定期排污系统中,各锅炉的独立排污管引入排污冷却池或灰沟,定期排污是否连接定期排污扩容器,应经技术经济分析确定。

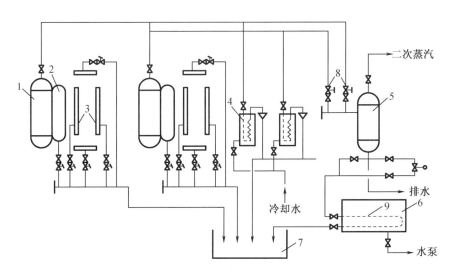

1—上锅筒;2—下锅筒;3—下集箱;4—取样冷却器;5—连续排污扩容器;
6—混合水箱;7—排污降温池;8—针型阀;9—换热盘管。

图 3 – 12 排污系统

连续排污一般用针型阀,为的是便于实现微调。

每个定期排污出口处的排污管上部应接两个定期排污阀(慢阀和快阀)。排污时应先开慢阀,后开快阀,关断时应先关快阀,后关慢阀。

每台锅炉宜采用独立的连续排污管和定期排污管,当几台锅炉合用排污母管时,在支管上,必须装可靠的切断阀和止回阀,确保某台锅炉检修人员不受其他锅炉排污水的危害。

在连续排污管上常接出炉水化验取样管,取样管接入取样冷却器。取样冷却器一般每台锅炉单独设置。热力除氧后的水质化验,也应设取样冷却器。

2.定期排污量计算

工业锅炉定期排污应在锅炉低负荷时进行,且应做到一次少排、勤排、快排。一般炉内加药水处理每班至少排污一次,炉外水处理视情况每天 2 ~ 3 次,一次排污时间 0.5 ~ 1 min。采用炉内加药水处理一般无连续排污,定期排污量 D_{dp} 按下式计算:

$$D_{dp} = \frac{G(R + g_1)}{G_y - (R - g_1)}$$

式中　D_{dp}——定期排污量,m^3;

G——排污间隔时间内给水量,m^3;

R——给水溶解固形物含量,mg/L;

g_1——加入药剂量,mg/L;

G_y——锅炉最大允许溶解固形物含量,mg/L。

工业锅炉水处理采用锅外水处理定期排污量 D_{dp} 计算(一次排污量):

$$D_{dp} = ndhL$$

式中　n——上锅筒数量;

d——上锅筒直径,m;

L——上锅筒长度,m;

h——水位计水位高度变化,一般取 0.1 m。

3.排污扩容器容积计算

排污扩容器主要起到降压作用,同时高温排污水通过扩容器可以回收二次蒸汽,用以加热除氧水或给水;减压后的排污水通过换热器加热软化水或原水。扩容器容积分为两部分:一为汽容积,二为水容积,水容积较小,仅为汽容积的1/4。

(1)连续排污扩容器容积计算

$$V_{lp} = \frac{D_{qh}vK}{R_v}$$

式中　V_{lp}——连续排污扩容器容积,m^3;

K——容积富裕系数,一般取 1.3 ~ 1.5;

D_{qh}——连续排污量,kg/h;

v——二次蒸汽比体积,m^3/kg;

R_v——扩容器中蒸汽分离强度(400 ~ 1 000 m^3/($m^3 \cdot$ h)),一般取 800 m^3/($m^3 \cdot$ h))。

一般一座锅炉房宜选用一台扩容器,若锅炉台数较多,根据排污水量增设扩容器。

连续排污的管道宜分别由各炉直接进入排污扩容器,在进入扩容器时各管应设置截断阀。

（2）定期排污扩容器容积计算

$$V_{dp} = \frac{60nD_{dp}(\eta h - h_1)}{tW(h_2 - h_1)}K$$

式中　V_{dp}——定期排污扩容器容积，m^3；

n——上锅筒数量；

h——锅炉饱和水焓，kJ/kg；

h_1——扩容器排水焓，kJ/kg；

h_2——扩容器排汽焓，kJ/kg；

t——时间，一般 0.5～1 min；

W——蒸汽分离强度，$m^3/(m^3 \cdot h)$（一般取 2 000 $m^3/(m^3 \cdot h)$）；

K——富裕系数，一般取 1.3～1.5；

η——定期排污管道热损失系数，一般取0.98。

中小型锅炉房设一台定期排污扩容器，锅炉台数较多时，宜按一台容量最大的锅炉排污量计算其容量，并考虑其他锅炉紧急放水情况，留有一定裕量选用。

4. 排污及排污水的回收利用

连续排污水首先进入排污扩容器，在其中骤然降压，产生二次蒸汽，送入低压蒸汽系统供他用或直接进入除氧器、水箱加热除氧水等。扩容器内余下的排污水含盐量较高，可通过换热器加热锅炉补给水，冷却后的排污水直接排入排污降温池，或进入定期排污扩容器再排出。

定期排污水，排量小直接进入定期排污扩容器，二次蒸汽排入大气，水排入排污降温池。

当锅炉台数较多，定期排污水量较大时，为回收这部分余热损失，一般采用管壳式换热器，加热从化学水来的软水，使排污水温度降至50 ℃以下再排放。

5. 排污降温池设计

根据定期排污量确定排污降温池有效容积，一般为锅炉定期排污量的十倍，定期排污量不超过 1 m^3，可按标准图集选择。

6. 排污系统设计要求

（1）每台锅炉设立独立的排污管道，以免互相影响和检修；

（2）定期排污管道上的阀门设立两只，其中一只为快开阀（全开全关阀），另一只为调节阀；

（3）排污管道上不应采用铸铁管和铸铁件；

（4）排污需要设立排污降温池。

▶ **任务实施** ····································

按照给定两台 35 t/h 蒸汽锅炉水工系统图，分解其锅炉排污系统，分析定期排污系统、连续排污系统和连续排污膨胀器，完成如下任务：

（1）说明该任务排污系统工艺形式。

（2）排污水回收有何意义？

（3）给定一台 20 t/h 蒸汽锅炉，设计排污系统。

(4)定期排污水和连续排污水,哪一个可以回收?为什么?

▶ **任务评量** ┄┄ •

任务3.4学生任务评量表见表3-22。

表3-22 任务3.4学生任务评量表

各位同学:

1. 教师针对下列评量项目并依据评量标准从A、B、C、D、E中选定一个对学生操作进行评分,学生在教师评价前进行自评,但自评不计入成绩。

2. 此项评量满分为100分,占学期成绩的10%。

评量项目	学生自评与教师评价	
	学生自评	教师评价
1. 平时成绩(20分)		
2. 实作评量(40分)		
3. 课程设计(20分)		
4. 口语评量(20分)		

▶ **复习自查** ┄┄ •

1. 说明定期排污的意义。

2. 连续排污的型式有哪些?

3. 给定一台2 t/h蒸汽锅炉,确定其定期排污水量和连续排污水量。

4. 排污膨胀器和排污降温池有何区别?

▶ **项目小结** ┄┄ •

本项目重点介绍了蒸汽锅炉水工系统相关任务,本项目主要内容如图3-13所示。

图3-13 项目3主要内容

蒸汽锅炉是工业生产、供暖必不可少的能源转化设备之一,很好地理解和掌握其系统构成,不但能够很好地设计、制造、安装与运行,还能在节能减排、安全生产等方面获得收益。同时,学习锅炉水工系统,掌握其设计规律,对专业拓展具有深远意义。

项目4　热水锅炉水工系统

▶ **项目描述** ....

　　锅炉是利用燃料燃烧释放的热能或者其他热源加热给水或者其他工质(如导热油),以获得规定参数(温度与压力)和品质的蒸汽、热水和其他热介质的设备。按照用途,锅炉可以分为电站锅炉和工业锅炉两类;工业锅炉也称供热锅炉,按照产品——介质的性质,可以分为蒸汽锅炉和热水锅炉。

　　热水锅炉生产的产品主要是热水,热水有高温热水和饱和热水。热水锅炉水工系统主要由各种热力设备和工艺管道组成,它的主要作用就是连接锅炉房的所有热力设备。

　　热水锅炉水工系统包括补水定压系统、循环系统,还包括还排污系统和水处理系统。

　　本项目旨在使学生精通热水锅炉水工系统的形式,通过模型、仿真手段认知热水锅炉水工系统的整体构成,熟悉补水定压系统、循环系统的设计标准和相关指标要求,以实现对热水锅炉水工系统的认知和认识到其在锅炉安装、运行调节与维护中的重要地位。

▶ **教学环境** ....

　　本项目的教学场地是锅炉运行模拟仿真实训室和锅炉模型实训室。学生可利用多媒体教室进行理论知识的学习,小组工作计划的制定,实施方案的讨论等;可利用实训室进行热水锅炉水工系统中的补水定压系统及循环系统等内容的认知和训练。

任务4.1　补水定压系统工艺

▶ **学习目标** ....

　　知识目标:

　　(1)能够分辨蒸汽锅炉给水系统与热水锅炉补水定压系统的异同;

　　(2)精通补水定压系统设计原则和标准。

　　技能目标:

　　(1)熟练执行标准进行设备的选型;

　　(2)建构补水定压系统模型并进行工艺设计。

　　素质目标:

　　(1)养成责任意识,服务于供热工艺设计;

　　(2)秉持人文关怀理念,服务于供热生产。

给定三台 29 MW 热水锅炉水工系统,水处理系统采用钠离子交换软化,解吸除氧器除氧,而后送入补水箱。该系统补水系统分为两部分,一部分为锅炉补水,另一部分为采暖系统补水;定压方式均采用变频稳压系统稳压。

4.1.1 补水定压系统设备与形式

热水锅炉出口压力,不应小于最高出口热水温度加 20 ℃ 相对应的饱和压力,即要求出口水温距沸腾温度要有 20 ℃ 裕度。这既是对温度的要求,也是对压力的要求。如果因为停电等原因造成突然停泵而使网路压力降低,必然引起锅水饱和温度降低,而造成实际温度裕度减小,使锅炉内产生蒸汽。因此,热水锅炉,尤其是高温热水锅炉,必须有可靠的恒压装置,保证当系统内的压力超过水温所对应的饱和压力时,锅水不会汽化。

低温热水锅炉采用的恒压措施,最早是依靠安装在循环系统最高点的膨胀水箱实现的;膨胀水箱的有效容积是整个采暖系统总水容量 0.045 倍,在锅炉启动初期,水温逐渐升高,水容积随之膨胀,多出的水自动进入膨胀水箱;当系统失水,膨胀水箱内的水随即补入锅炉;水箱水位下降,通过自动或手动上水,很快恢复到原有水位,并通过高位静压使锅炉压力保持一定,这就是热水锅炉定压系统的雏形和基本原理,也称高位膨胀水箱定压。

欲使热网按水压图给定的压力状况运行,要靠所采用的定压方式,定压点的位置和控制好定压点所要求的压力。常用的定压方式有补给水泵定压、惰性气体定压、蒸汽定压等。

1. 补给水泵定压

(1)补给水泵连续补水定压(图 4－1)

定压点设在循环水泵 6 的入口,利用压力调节阀 3 保持定压点 O 的压力恒定。当系统压力增加时,O 点压力增加,压力调节阀 3 关小,补给水泵 1 的补水量减少,使系统内压力降低到设定水平;当 O 点压力减小时,压力调节阀 3 开大,补给水泵 1 补水量增加,系统压力回升到设定水平。

特点:补水方式连续,水压曲线稳定,多耗电能。

适用场合:系统规模较大,供水温度较高(如 130 ℃ 以上)的供热系统。

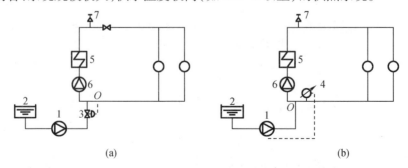

1—补给水泵;2—补给水箱;3—压力调节阀;4—电接点压力表;5—锅炉;6—循环水泵;7—安全阀。

图 4－1　补给水泵连续补水定压

（2）补给水泵间歇补水定压（图4-2）

补给水泵1的启动和停止是由电接点压力表6表盘上的触点开关控制的。O点压力下降到某一设定数值时,电接点压力表6触点接通,补给水泵2启动,向系统补水,O点压力升高。当压力升高到某一设定数值时,电接点压力表6触点断开,补给水泵2停止补水。停止补水后系统压力逐渐下降到压力下限,补给水泵2再启动补水,如此反复,使定压点O点压力在上、下限之间波动。

特点:比补给水泵连续补水定压节省电能,设备简单,但其动水压曲线上下波动,不如连续补水方式稳定。（通常取H_A和H_A'之间的波动范围为5 mH$_2$O左右,不宜过小,否则触点开关动作过于频繁而易损坏。）

适用场合:系统规模不大、供水温度不高、系统漏水量较小的供热系统。

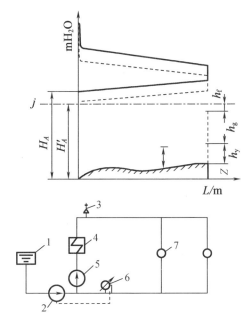

1—补给水箱;2—补给水泵;3—安全阀;4—锅炉;5—循环水泵;6—电接点压力表;7—热用户;
Z—地势高差;h_y—用户充水高度;h_g—汽化压力;h_f—富裕值3~5 m水柱。

图4-2 补给水泵间歇补水定压

（3）旁通管设定压点连续补水定压（图4-3）

上述两种补水定压方式,运行时动水压曲线都比静水压曲线高。对于大型的热水供热系统,为了适当地降低网路的运行压力和便于调节网路的压力工况,可采用定压点设在旁通管的连续补水定压方式。

在热源的供、回水干管之间,连接一根旁通管,利用补给水泵5使旁通管上J点保持符合静水压曲线要求的压力。在循环水泵2运行中,当定压点J的压力低于控制值时,压力调节阀4的阀孔开大,补水量增加;当定压点J的压力高于控制值时,压力调节阀4关小,补水量减少。如由于某种原因（如水温急骤升高等）,即使压力调节阀4完全关闭,压力仍不断地升高,则泄水调节阀3开启,泄放网路中的水,一直到定压点J的压力恢复到正常为止。当循环水泵2停止运行时,整个网路压力先达到运行时的平均值然后下降,通过补给水泵5的补水作用,使整个系统压力维持在定压点J的静压力。

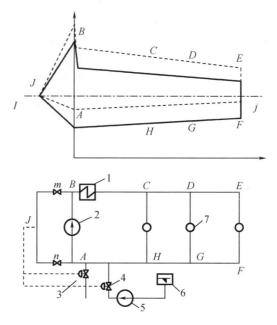

1—锅炉;2—循环水泵;3—泄水调节阀;4—压力调节阀;5—补给水泵;6—补给水箱;7—热用户。

注:虚线为关小阀门 m 时的水压图。

图4-3 旁通管设定压点连续补水定压

旁通管设定压点连续补水定压可以适当地降低运行时的动水压曲线,循环泵 2 吸入端 A 点的压力低于定压点 J 的静压力。同时,靠调节旁通管上的两个阀门 m 和 n 的开启度,可控制网路的动水压曲线升高或降低。如将旁通管上阀门 m 关小,旁通管段 BJ 的压降增大,J 点的压力通过脉冲管传递到压力调节阀 4 的膜室上压力降低,压力调节阀 4 的阀孔开大,A 点的压力升高,整个网路的动水压曲线升高到图 4-4 中虚线的位置。如将阀门 m 完全关死,则 J 点的压力与 A 点的压力相等,网路整个动水压曲线都高于静水压曲线。反之,如将旁通管上的阀门 n 关小,网路的动水压曲线则可降低。另外,如要改变所要求的静水压曲线的高度,可通过调整压力调节阀内的弹簧或重锤平衡力实现。

特点:可以灵活地调节系统的运行压力,但旁通管内的水流量也要计入网路循环水泵的计算流量,使循环水泵多消耗电能。

适用场合:大型的热水供热系统。

2. 惰性气体定压

补给水泵定压的可靠性完全依赖于电源。在电力供应紧张的地区常会出现突然停电,补给水泵,循环水泵停止工作。在大型高温水供热系统中可安装柴油发电机组自用,或由内燃机带动备用循环水泵和补给水泵,但一般供热系统可改用气体定压方式维持系统压力,并采取缓解系统出现汽化的措施。气体定压大都采用惰性气体(氮气)定压。

(1)工作原理

图4-4为热水供热系统采用氮气定压(变压式)的原则性系统图,热水供热系统的压力状况靠连接在循环水泵 10 进口侧的氮气罐 5 的氮气压力来控制。

氮气从氮气瓶 1 经减压后进入氮气罐 5,充满氮气罐 5 I-I 水位之上的空间,保持 I-I 水位时罐内压力 p_1 一定。当热水供热系统内水受热膨胀,氮气罐 5 内水位升高,气体空间减小,气体压力升高,水位超过Ⅱ－Ⅱ,压力达到 p_2 值后,氮气罐5顶部设置的排气阀3排气泄压。

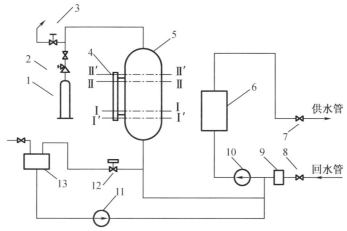

1—氮气瓶;2—减压阀;3—排气阀;4—水位控制阀;5—氮气罐;6—热水锅炉;7—供水总阀;
8—回水总阀;9—除污器;10—循环水泵;11—补给水泵;12—电磁阀;13—补给水箱。

图4－4　热水供热系统采用氮气定压(变压式)的原则性系统图

当系统漏水或冷却时,氮气罐5内水位降到Ⅰ－Ⅰ水位之下,氮气罐5上的水位控制阀4自动控制补给水泵11启动补水。水位升高到Ⅱ－Ⅱ水位后,补给水泵11停止工作。

氮气罐5内氮气如果溶解或漏失,当水位降到Ⅰ－Ⅰ附近时,罐内氮气压力将低于规定值 p_1,氮气瓶1向罐内补气,保持 p_1 压力不变。

为防止氮气罐5出现不正常水位,尚需设高水位Ⅱ′－Ⅱ′警报和低水位Ⅰ′－Ⅰ′警报。

图4－5为氮气定压热水供热系统水压图。其中虚线代表热水供热系统的最低动水压曲线(对应氮气罐最低水位时的工况)。实线代表热水供热系统的最高动水压曲线(对应氮气罐最高水位时的工况),j—j线表示最低的静水压曲线。氮气罐的压力在 p_1 和 p_2 之间波动,因此该定压方式称为变压式的氮气定压。

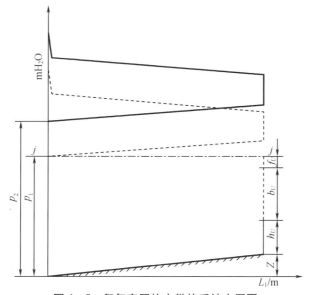

图4－5　氮气定压热水供热系统水压图

氮气罐既起定压作用,又起容纳系统膨胀水量、补充系统循环水的作用,相当于一个闭式的膨胀水箱。

（2）特点

采用氮气定压,系统运行安全可靠,由于氮气罐内压力随系统水温升高而增加,氮气罐内气体可起到缓冲压力传播的作用,能较好地防止系统出现汽化和水击现象。但这种方式需要消耗氮气,设备较复杂,氮气罐体积较大。

（3）适用场合

氮气定压主要适用于高温热水供热系统。

3. 蒸汽定压

蒸汽定压在国外比氮气定压应用要早些。蒸汽定压比较简单,目前在工程实践上,有下面几种形式。

（1）蒸汽锅筒定压(图 4－6)

热水锅炉采用非满水运行,其锅筒上部留作蒸汽空间。利用蒸汽空间的蒸汽压力来保证热水供热系统的定压。这种方式经济简单,在供水的同时,也可以供蒸汽,常用于同时需要蒸汽和热水的一般中小型工厂、医院和饭店等单位。

其缺点是蒸汽压力取决于锅炉的燃烧状况,如燃烧状况不稳定会影响系统的压力状况,另外,操作不当,锅炉出现低水位时,蒸汽易窜入网路,引起严重的汽水冲击。

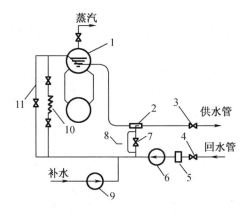

1—汽水两用锅炉;2—混水器;3、4—供回水总阀;5—除污器;6—循环泵;
7—混水阀;8—旁通管;9—补给水泵;10—省煤器;11—旁通管。

图 4－6　蒸汽锅筒定压方式

（2）外置蒸汽罐定压

图 4－7(a)是外置蒸汽膨胀罐的蒸汽定压。热水锅炉并联满水运行,其高温水经锅炉出水总阀 11 减压后进入置于高处的蒸汽膨胀罐 3 内,因减压产生的少量蒸汽积聚在罐上部,使其上部蒸汽空间具有一定的压力,达到定压的目的。

这种方式系统压力取决于蒸汽膨胀罐内高温水层的水温,不随蒸汽空间的大小而改变。因此蒸汽膨胀罐的水容量越大、罐体保温性能越好,对蒸汽压力的稳定越为有利。

图 4－7(b)是蒸汽加压罐定压。来自蒸汽锅炉的蒸汽由蒸汽减压阀 10 进入蒸汽加压罐 3 内,使蒸汽加压罐上部蒸汽空间保持稳定的蒸汽压力,达到定压的目的。蒸汽加压罐内

的水位可通过水位控制器 2 自动控制补给水泵 8 的启闭来保持。

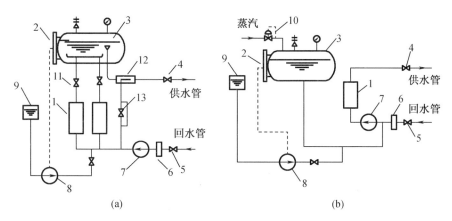

(a)   (b)

1—热水锅炉;2—水位控制器;3—蒸汽罐;4,5—供回水总阀;6—除污器;7—循环水泵;

8—补给水泵;9—补给水箱;10—蒸汽减压阀;11—锅炉出水总阀;12—混水器;13—混水阀。

图4-7 蒸汽罐定压

(3)淋水式换热器定压(图4-8)

采用淋水式换热器进行汽水热交换的热水供热系统,其淋水式换热器是具有一定容积的罐体,它的下部可蓄存系统膨胀水,起到膨胀水箱的作用,罐体内部具有一定的蒸汽压力,利用空间中的蒸汽压力对热水供暖系统进行定压。

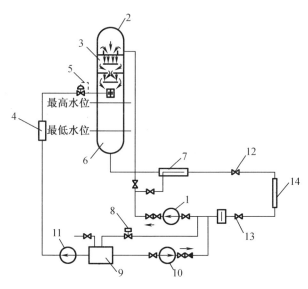

1—网络循环水泵;2—淋水式换热器;3—淋水盘;4—蒸汽锅炉;5—减压阀;6—下部蓄水箱;7—混水器;

8—电磁阀;9—给水箱;10—补给水泵;11—给水泵;12—供水总阀;13—回水总阀;14—热用户。

图4-8 淋水式加热器热水供应系统

4.热水锅炉供暖系统变频定压技术

随着科学技术的不断发展,传统的定压方式如高位水箱、蒸汽定压等已经逐渐淡出人们的视野,随之而产生的新技术不断更新,最广泛被认可的就有变频技术在定压系统中的应用。

变频定压系统的基本原理:系统通过计算给定压力与实际压力的差值,经运算调节变频器输出功率,改变补给水泵电动机转速来保证系统恒压。图 4-9 为一般 PID 变频定压系统。

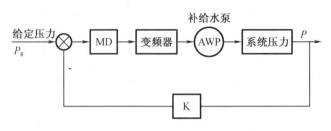

图 4-9　一般 PID 变频定压系统

4.1.2　补水定压系统设计的原则与标准

(1)补给水泵的选择,应符合下列要求:

①补给水泵的流量,应根据热水系统的正常补给水量和事故补给水量确定,并宜为正常补给水量的 4~5 倍;

②补给水泵的扬程,不应小于补水点压力加 30~50 kPa 的富余量;

③补给水泵的台数不宜少于 2 台,其中 1 台备用;

④补给水泵宜带有变频调速措施。

(2)热水系统的小时泄漏量,应根据系统的规模和供水温度等条件确定,宜为系统循环水量的 1%。

(3)采用氮气或蒸汽加压膨胀水箱作恒压装置的热水系统,应符合下列要求:

①恒压点设在循环水泵进口端,循环水泵运行时,应使系统内水不汽化;循环水泵停止运行时,宜使系统内水不汽化;

②恒压点设在循环水泵出口端,循环水泵运行时,应使系统内水不汽化。

(3)热水系统恒压点设在循环水泵进口端时,补水点位置宜设在循环水泵进口侧。

(4)采用补给水泵作恒压装置的热水系统,应符合下列要求:

①恒压点设在循环水泵进口端,循环水泵运行时,应使系统内水不汽化;循环水泵停止运行时,宜使系统内水不汽化;恒压点设在循环水泵出口端,循环水泵运行时,应使系统内水不汽化。

②当引入锅炉房的给水压力高于热水系统静压曲线,循环水泵停止运行时,宜采用给水保持热水系统静压;

③采用间歇补水的热水系统,在补给水泵停止运行期间,热水系统压力降低时,不应使系统内水汽化;

④系统中应设置泄压装置,泄压排水宜排入补给水箱。

(5)采用高位膨胀水箱作恒压装置时,应符合下列要求:

①高位膨胀水箱与热水系统连接的位置,宜设置在循环水泵进口母管上;

②高位膨胀水箱的最低水位,应高于热水系统最高点1 m以上,并宜使循环水泵停止运行时系统内水不汽化;

③设置在露天的高位膨胀水箱及其管道应采取防冻措施;

④高位膨胀水箱与热水系统的连接管上,不应装设阀门。

(6)热水系统内水的总容量小于或等于500 m³时,可采用隔膜式气压水罐作为定压补水装置。定压补水点宜设在循环水泵进水母管上。补给水泵的选择应符合相关规范的要求,设定的启动压力,应使系统内水不汽化。隔膜式气压水罐不宜超过2台。

4.1.3　补水定压系统设备的组成与选型

1. 定压系统的选择

热水锅炉定压系统的设置和定压装置的选择目的在于保证供暖系统能在稳定状态下运行,保证系统内不倒空、不汽化;如何选择定压装置,一方面依据供暖系统的实际情况,因地制宜,尽量采用简单的而且行之有效的方式进行定压,另一方面根据用户的经济条件来进行选择,此外一定要求在保证运行安全的前提下,采用科技含量比较高的定压方式和装置。

2. 补给水泵的选择计算

(1)流量的确定

①在闭式热水供热管网中,补给水泵的正常补水量取决于系统的渗漏水量。目前《热网规范》规定,热水网路的补水率不宜大于总循环水量的1%,但选择补给水泵时,整个补水装置与补给水泵的流量,应根据供热系统的正常补水量和事故补水量来确定。一般取正常补水量的4倍计算。

一般热水供暖系统,按循环水量的3% ~5%计算(大型系统按2% ~4%)。

②开式热水供热系统,补给水泵的流量应根据热水供热系统的最大设计用水量和系统正常补水量之和确定。

③确定的扬程应保证静水压曲线的压力要求,扬程应小于建筑物高度,与地形和建筑物高度有关。

④台数选择

闭式热水供热系统,补给水泵宜选二台,可不设备用泵,正常时一台工作;事故时,两台全开。开式系统,补给水泵宜设3台或3台以上,其中一台备用。

3. 气压罐的选用

(1)稳定压力的介质

低温水供暖、空调水系统,罐内可用空气定压(它要求空气与水必须采用弹性密封材料(如橡胶)隔离,以免增加水中的溶氧量);如为高温水,可用氮气定压。图4 – 10 为变压式氮气罐总容积。

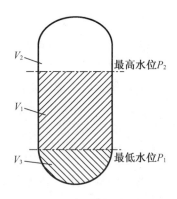

图 4 – 10　变压式氮气罐总容积

(2)气压罐压力上、下限的确定

当气压罐连接在循环水泵入口时,气压罐压力下限压力 P_1 根据稳压点压力确定:

压力上限 P_2 应严格根据热力学原理 $PV = $ 常数来确定,简化起见可取 $P_2 = 1.2P_1 \sim 1.3P_1$。

(3)气压罐的调节容积

气压罐的调节容积是其压力上下限之间所对应的容积,应保证水温在正常温度波动范围内能有效地调节系统热胀冷缩时水量的变化。具体计算可参考《简明供热设计手册》。

4.1.4　补水定压系统工艺设计

(1)补水系统是热水循环系统中最主要一项内容,其发展也是最快的,最早采用高位水箱补水,到后来的水泵补水、气体稳压补水和当今最流行的变频稳压补水。

(2)补水量的确定:补水量按系统总水容量的 4% ~5% 计算

扬程确定:

$$H_b = 1.15(H_d + H_x + H_c - H)$$

式中　H_b——补给水泵压力,kPa;

H_d——系统补水点压力,kPa;

H_x——补水泵吸水管道压力损失,kPa;

H_c——补水泵出水管道压力损失,kPa;

H——补给水箱最低水位压力与系统补水点压力差,kPa。

(3)补水泵一般不应少于 2 台,一用一备;补水点设于稳压点处。稳压设备及补水泵选择见表 4 –1。

表 4 –1　稳压设备及补水泵选择

序号	名称	符号	单位	计算公式或数值来源	结果
1	热网补给水量	G'_b	t/h	$G \times (4\% \sim 5\%)$	G 为热网系统循环水量,t/h

表4-1(续)

序号	名称	符号	单位	计算公式或数值来源	结果
2	补给水泵流量	G_b	t/h	$1.1\,G'_b$	
3	补给水泵扬程	H_b	kPa	补给水点压差 + $(30\sim50)$kPa	
4	补给水点压差	H'_b	kPa	系统静压	
5	恒压装置			高位水箱、稳压罐、补给水泵、变频	
6	补给水泵选择				

▶ 任务实施

按照给定三台29 MW热水锅炉水工系统图分析解吸除氧器除氧、补给水箱等设备;分析该任务中同系统形式,完成如下任务:

(1)说明锅炉水处理系统与补给水系统的关系。

(2)为什么该任务选择解吸除氧器而不选择热力除氧器?

(3)按照任务要求,给两台14 MW热水锅炉确定补水定压方案。

(4)分析变频稳压系统与气压罐稳压系统的区别。

▶ 任务评量

任务4.1学生任务评量表见表4-2。

表4-2 任务4.1学生任务评量表

各位同学:

1. 教师针对下列评量项目并依据评量标准从A、B、C、D、E中选定一个对学生操作进行评分,学生在教师评价前进行自评,但自评不计入成绩。

2. 此项评量满分为100分,占学期成绩的10%。

评量项目	学生自评与教师评价	
	学生自评	教师评价
1. 平时成绩(20分)		
2. 实作评量(40分)		
3. 课程设计(20分)		
4. 口语评量(20分)		

▶ 复习自查

1. 热水锅炉补水定压系统都有哪些形式?

2. 稳压点一般位于哪里? 为什么?

3. 热水锅炉的变频定压补水系统中采用的PID技术是什么?

4. 热水锅炉系统不采用稳压系统会出现什么现象?

任务4.2 循环系统工艺

▶ **学习目标** ··

知识目标：

(1)了解循环系统形式；

(2)精通循环系统设计原则和标准。

技能目标：

(1)熟练进行循环系统设备选型；

(2)建构循环系统模型并进行工艺设计。

素质目标：

(1)养成责任意识,服务供热生产；

(2)秉持节能理念设计循环系统。

▶ **任务描述** ··

给定任务三台29 MW热水锅炉水工系统图。该水工系统循环水工艺采用二级循环模式。一级为:厂区一次回水管→除污器→锅炉循环泵→锅炉→厂区一次供水管。二级为:采暖回水→除污器→采暖循环泵→换热器→采暖供水。其中换热器一次供热水采用一级循环水系统。热水供应在一级管网上接出。

▶ **知识导航** ··

4.2.1 循环系统设备与形式

1.热水锅炉循环系统

(1)热水锅炉循环系统由循环水系统和补给水系统组成;其中,循环水系统主要用来完成热量的输送。循环水系统的基本构成包括:热水锅炉、除污器、循环水泵、分水缸、集水缸、管道和附件。

热水锅炉循环系统的主要参数量包括循环水流量和循环水泵扬程。

①循环水量用下式计算:

$$G = 860 \frac{Q_j^{max}}{(t_g - t_h)}$$

式中　Q_j^{max}——供热系统用户最大计算热负荷,W;

t_g——管网的计算供水温度,℃;

t_h——管网的计算回水温度,℃。

②循环水泵扬程用下式计算:

$$H = H_1 + H_2 + H_3$$

式中　H_1——锅炉房内部阻力,带锅筒的水火管锅炉 30 ~ 50 kPa,热交换器 50 ~ 130 kPa,锅筒式水管锅炉 70 ~ 150 kPa;直流热水锅炉 150 ~ 250 kPa;

　　　H_2——热网供、回水干管阻力;

　　　H_3——最不利用户内部系统的阻力损失,直接连接 50 ~ 120 kPa,无混水器的暖风机采暖系统 20 ~ 50 kPa,无混水器的散热器采暖系统 10 ~ 20 kPa,有混水器时 80 ~ 120 kPa,水平串联单管散热采暖系统 50 ~ 60 kPa。

循环水泵扬程概算:

$$H = R(L + L_d) = RL_{zh}$$

式中　R——经济比摩阻,一般取 40 ~ 80 Pa/m;

　　　L——供热管道实际长度,m;

　　　L_d——局部阻力损失当量长度,$L_d = \alpha L$,$\alpha = 0.2 ~ 0.3$,α 为局部阻力占沿程阻力的份额;

　　　L_{zh}——管段折算长度,m。

③循环水泵台数的确定如下。

采用集中质调节时:循环水泵的台数不应少于 2 台,当其中一台停止运行时,其余水泵总流量应满足最大循环水量的需要。

采用分阶段改变流量调节时,循环水量 G 与系统阻力损失 H 及循环水泵 N 有下面的关系:

$$\frac{H'}{H} = \left(\frac{G'}{G}\right)^2,\ 或\ H' = H\left(\frac{G'}{G}\right)^2$$

$$\frac{N'}{N} = \left(\frac{G'}{G}\right)^3,\ 或\ N' = N\left(\frac{G'}{G}\right)^3$$

规范规定:循环水泵不宜少于 3 台,其流量扬程不应相同,因为各种流量的泵在一定程度上可以互为备用,可不设备用泵。具体如下:

a. 在中小型热水供热系统中,一台的流量及扬程按计算值的 100% 选择,而另两台的流量可按计算值的 75% 选择,压头按计算值的 56% 选择,电耗将减少到 42% 左右。

b. 在大型热水供热系统中,循环水泵的流量可分别为计算值的 100%、80% 及 60%,此时循环水泵的扬程将分别为 100%、64%、36%,功率相应为 100%、51%、22%。当热水供热系统有生产或生活负荷时,则设计中应考虑循环水泵在非采暖期的经济运行问题。通常可设计一台仅适合非采暖期热负荷的循环水泵来达到此目的。

c. 对具有多种热负荷的热水供热系统,如采用质量 – 流量调节方式供热,宜选用变速水泵,以适应网路流量和扬程的变化。

(2)循环水泵选择原则

①循环水泵的承压、耐温能力应与热网的设计参数相适应。当循环水泵位于热网回水管上时,循环水泵的允许介质温度应高于回水温度 80 ℃;当循环水泵安装在热网供水管上时,循环水泵的允许介质温度应高于供水温度。采用耐高温的 R 型热水循环水泵。

②循环水泵的 G – H 曲线应比较平坦。当系统水力失调时,水泵的扬程变化较小。

③当多台水泵并联运行时,应绘制水泵和热网水力特性曲线,确定其工作点,进行水泵选择。

2. 热交换循环系统

对于蒸汽锅炉或高温水热水锅炉,采暖循环系统除上述基本锅炉循环系统外,还需要增加热交换循环系统,其基本构成如下:壳管式汽－水热交换器和水－水热交换器、板式热交换器、螺旋板式热交换器等;

此种模式的优点包括:运行简单可靠;凝结水可不受污染,大大减少水处理的设施和水处理运行费用;一级网供水温度可大大提高,供回水温差增大,循环水量减少,从而使热网的基建投资大大减少;二级网水质较差时,不会影响锅炉本体;便于供热系统的调节。

其缺点主要有:热交换系统设备较多,投资较高,基建投资较大;两套循环系统,运行费用较高;由于存在中间换热设备,系统的热损失较大。

3. 蒸汽喷射系统

(1)单级蒸汽喷射系统

①系统组成:一个或多个并联的蒸汽喷射器,用来加压热网循环水和加热循环水系统。

②供热范围:最大供回水压差 14 mH_2O,最高送水温度 110 ℃,供回水温差 15～20 ℃,最大采暖面积 70 000 m^2。

③适用范围:中小厂区、宿舍区、医院、办公区等要求供水温度在 100 ℃ 以下的一般暖气片采暖;同时有生产和生活用汽需求的单位。

④优点

与热交换系统相比较,系统比较简单,设备需要少,节省建筑面积。热网循环水由蒸汽喷射器直接推动,可节省较多的运行费用。

⑤缺点

热网循环水温差较小,目前一般设计在 10～20 ℃(否则喷射器的噪声加剧)。供热系统无法进行质调节。与热交换系统相比较,运行管理比较麻烦。

(2)两级蒸汽喷射系统

①系统组成

两个蒸汽喷射器串联装置,用以加热和推动热网循环水。

②适用范围

高温热水系统。两级蒸汽喷射系统的供回水温度可达 130 ℃/70 ℃。

③优点

由于一级蒸汽喷射器主要作为推动热网的循环水,因此,可将蒸汽稳定在设计工况下运行,这样使循环水量比较稳定。用二级蒸汽喷射器增减水的温度,这样就使系统有可能进行质的调节。

供回水温差较大,这就弥补了单级蒸汽喷射系统供回水温差小、流量大的缺点,减少了热网和内部系统的投资。

④缺点

目前二级蒸汽喷射器的结构形式还有待进一步探讨,喷射器的噪声和振动较大。由于供水温度较高,设计时需相应考虑加大系统的静压,以防止系统产生汽化。

4.2.2 循环系统设计的原则与标准

1.管道的设计参数

(1)热力管道的设计流量,应根据热负荷的计算确定。热负荷应包括近期发展的需要量。

(2)热水管网的设计流量,应按下列规定计算:

①应按用户的采暖通风小时最大耗热量计算,不宜考虑同时使用系数和管网热损失。

②当采用中央质调节时,闭式热水管网干管和支管的设计流量,应按采暖通风小时最大耗热量计算。

③当热水管网兼供生活热水时,干管的设计流量,应计入按生活热水小时平均耗热量计算的设计流量。支管的设计流量,当生活热水用户有贮水箱时,可按生活热水小时平均耗热量计算;当生活热水用户无贮水箱时,可按其小时最大耗热量计算。

(3)蒸汽管网的设计流量,应按生产、采暖通风和生活小时最大耗热量,并计入同时使用系数和管网热损失计算。

(4)凝结水管网的设计流量,应按蒸汽管网的设计流量减去不回收的凝结水量计算。

(5)蒸汽管道起始蒸汽参数的确定,可按用户的蒸汽最大工作参数和热源至用户的管网压力损失及温度降进行计算。

2.管道系统(图4-11)

(1)当用汽参数相差不大时,蒸汽干管宜采用单管系统。当用汽有特殊要求或用汽参数相差较大时,蒸汽干管宜采用双管或多管系统。

(2)蒸汽管网宜采用枝状管道系统。当用汽量较小且管网较短时,为满足生产用汽的不同要求和便于控制,可采用由热源直接通往各用户的辐射状管道系统。

(3)双管热水系统宜采用异程式(逆流式),供水管与回水管的相应管段宜采用相同的管径;通向热用户的供、回水支管宜为同一出入口。

(4)采用闭式双管高温热水系统,应符合下列要求:

①系统静压线的压力值,宜为直接连接用户系统中的最高充水高度及设计供水温度下相应的汽化压力之和,并应有 10~30 kPa 的富余量。

②系统运行时,系统任一处的压力应高于该处相应的汽化压力。

③系统回水压力,在任何情况下不应超过用户设备的工作压力,且任一点的压力不应低于 50 kPa。

④用户入口处的分布压头大于该用户系统的总阻力时,应采用孔板、小口径管段、球阀、节流阀等消除剩余压头的可靠措施。

(5)热水系统设计宜在水力计算的基础上绘制水压图,以确定与用户的连接方式和用户入口装置处供、回水管的减压值。

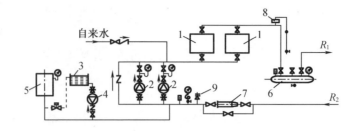

1—热水锅炉;2—循环水泵;3—补给水箱;4—补给水泵;5—稳压罐;6—分水器;7—除污器;8—集气罐;9—安全阀。

图 4 - 11　热水锅炉系统

3. 管道及附件

(1)热水锅炉房内与热水锅炉、水加热装置和循环水泵相连接的供水和回水母管应采用单母管,对需要保证连续供热的热水锅炉房,宜采用双母管。

(2)每台热水锅炉与热水供、回水母管连接时,在锅炉的进水管和出水管上,应装设切断阀,在进水管的切断阀前宜装设止回阀。

4.2.3　循环系统设备的组成与选型

循环系统主要由循环泵、除污器、分水器、集水器组成,高温水或蒸汽锅炉(或用户要求低温供暖)情况下设置换热器。设备的选择如下。

1. 循环水量及循环水泵的选择(表 4 - 3)

表 4 - 3　循环水量及循环水泵的选择

序号	名称	符号	单位	计算公式或数值来源	结果
1	采暖最大计算热负荷	Q	kW	计算值	
2	供水温度	t_0	℃	给定	
3	回水温度	t_h	℃	给定	
4	循环水量	G	t/h	$[K_1 0.86 Q/(t_0 - t_h)]$ 或 $K_1[3.6Q/c(t_0 - t_h)] \times 10^{-3}$; c 为水的比热,给定	
5	管网热损失系数	K_1		$1.05 \sim 1.1$	
6	循环水泵总流量	G'	t/h	kg	
7	锅炉房自用及安全系数	k		1.1	
8	循环水泵台数	n	台	质调节:不少于 2 台、一备 量调节:不少于 3 台	
9	每台循环水泵流量	G_x	t/h	G'/n	
10	循环水泵扬程	H	kPa	$H_1 + H_2 + H_3$	

表 4 – 3(续)

序号	名称	符号	单位	计算公式或数值来源	结果
11	锅炉房(换热站)内部压力降	H_1	kPa	换热站:50～130 锅筒锅炉:70～150 直流锅炉:150～250	
12	供回水管网压力降	H_2	kPa	LR (L 为管长,$R=0.6～0.8$ kPa/m)	
13	用户内部系统压力降	H_3	kPa	直连:50～120 暖风机:20～50 散热器:10～20 水平串联:50～60 间接连接:30～50	
14	循环水泵选择				

2. 水 – 水换热器的选择(表 4 – 4)

表 4 – 4 水—水换热器的选择

序号	名称	符号	单位	计算公式或数值来源	数值	备注
1	被加热水所需理论热量	Q	kJ/h	$Gc(t_2-t_1)$		
①	被加热水通过换热器流量	G	kg/h	给定		
②	水的比热	c	kJ/kg	给定		
③	进入换热器水温	t_2	℃	给定		
④	流出换热器水温	t_1	℃	给定		
⑤	被加热水所需实际热量	Q'	kJ/h	$1.1Q$		
2	热媒耗量	G'	kg/h	$Q'/(t_1'-t_2')c$		
①	加热水进水温度	t_1'	℃	给定		
②	加热水出水温度	t_2'	℃	给定		
3	水 – 水换热需传热面积	F	m²	$Q/K\Delta t_p$		
①	加热与被加热流体之间温差	Δt_p	℃	$(\Delta t_d-\Delta t_x)/\ln(\Delta t_d/\Delta t_x)$		
②	换热器进出口最大温差	Δt_d	℃	给定		
③	换热器进出口最小温差	Δt_x	℃	给定		
4	换热器传热系数	K	kJ/(m²·h·℃)	计算或查图、表		
5	换热器选择			根据上述计算参数		
6	校核传热量	Q	kJ/h	$KF\Delta t_p$		

常用换热器传热系数见表 4−5。

表 4−5　常用换热器传热系数

加热设备	传热系数 $K/(\text{kJ} \cdot \text{m}^{-2} \cdot \text{h}^{-1} \cdot ℃^{-1})$	备注
汽−水换热器	8 400 ~ 14 700	$w = (1 ~ 3)$ m/s
水−水换热器	4 200 ~ 8 400	$w = (0.5 ~ 1.5)$ m/s

3.分、集水器及除污器的选择

分、集水器筒体、接管间距与分汽缸选择相同,不同点有如下几方面。

(1)材料上可选用 Q235A/B 焊接钢管;

(2)除污器(图 4−12)进出口直径与总循环管管径相同。(分、集水器选用表见表 4−6,除污器结构尺寸表见表 4−7)。

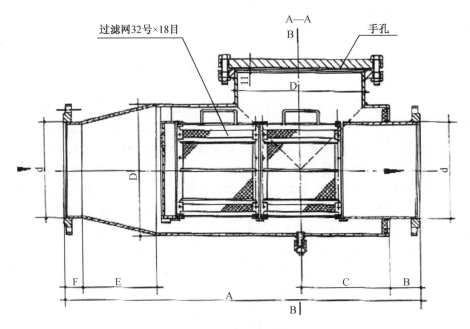

图 4−12　除污器结构图

表 4−6　分、集水器选用表

热水温度 /℃	筒体外径 D/mm						
	159	219	273	300	350	400	450
	热水量/$(\text{kg} \cdot \text{h}^{-1})$						
95	6 116	11 648	18 381	24 474	33 310	43 490	55 052
110	6 048	11 518	18 168	24 190	32 924	43 000	54 450
130	6 945	11 321	17 862	23 784	32 370	42 278	53 510
150	5 815	11 108	17 525	23 332	31 755	41 483	52 503

表4-7 除污器结构尺寸表

型号	尺寸/mm								
DN/mm	A	B	C	D	E	F	h	H	d
150	920	110	210	D273×5(4.5)	204	66	260	396.5	D159×4.5
200	1140	107	250	D357×6(4.5)	252	68	328	506.5	D219×6(4.5)
250	1250	110	300	D407×7(5.0)	250	70	370	573.5	D273×7(5)
300	1340	107	350	D457×7(5.0)	250	70	400	628.5	D325×7(5)
350	1430	119	360	D507×8(6.0)	300	71	435	688.5	D377×8(6)
400	1700	123	432	D607×9(6.0)	334	71	490	793.5	D426×9(6)
450	2000	140	480	D709×10(7.0)	409	71	590	944.5	D478×10(7)

4.2.4 循环系统工艺设计

1. 热水供热的特点

热水锅炉的载热质为水,用水作载热质有以下优点:

(1)热能利用率高,热效率比蒸汽供热系统高,相同供热量可节省燃料20%~40%。对热电厂可充分利用低压蒸汽,可提高热电厂的经济效果。

(2)蓄热能力强,系统中水量大,水的比热容大,在水力和热力工况短时间失调的情况下,也不会引起供热状况的较大波动。

(3)可以远距离输送,热能损失较小,供热半径大。

(4)便于调节,可以在热源端改变水温来集中控制供热量。

(5)可以保全热电厂的凝结水。

(6)热水锅炉比蒸汽锅炉系统安全性高,事故率低。

2. 热水锅炉供热系统形式

(1)高、低温热水系统

热水锅炉根据热用户对热介质参数的要求和输送距离等,分为低温热水系统(供回水温度95 ℃/70 ℃)和高温水(供回水温度110 ℃/180 ℃)系统,因为高温水比低温水输送同等水量时载热量大,管道运输中,耗电能小,管材耗钢量小,比较经济,但有的情况,如供热距离小,用户有要求低温水时,需要二次换热,初投资较高。采取何种系统需做技术经济比较而定。

(2)主供热管道系统

主供热管道系统包括热水管道系统和回水管道系统,为了供多用户便于集中分配热量和调节控制,在供热管道和回水管道上分别连接分水缸。

在供热管道上,主要考虑人工放气或自动放气装置,一般在锅炉热水管出口的垂直管顶端必须装放气阀或集气罐。

在回水管道上,装置热网循环水泵,在水泵前安装除污器,以防从热用户带回的杂质破坏循环水泵运行和进入锅炉内,并应在除污器和水泵间连接定压管(图4-13)。

热水系统的循环加热主要靠循环水泵的强制循环。为防止停电等原因造成突然停泵,使锅水汽化产生严重的汽水撞击现象,在系统的设计中应采取如下措施:

①循环水泵侧安装旁通管,并装止回阀,靠供回水温度差形成部分水循环。

②当自来水压力大于汽化压力时,在循环水泵与锅炉之间的回水管道上接入自来水管,当打开自来水管向锅炉注水时,同时开启锅炉放水管。

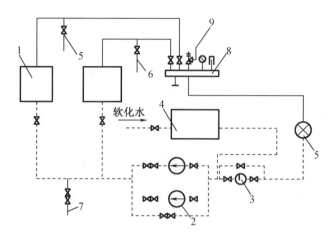

1—锅炉;2—循环水泵;3—除污器;4—补水定压装置;

5—热水采暖用户;6—紧急放水管;7—自来水管;8—分水器;9—安全阀。

图 4 – 13　热水锅炉系统

③通过锅炉热水出口管顶端的放气管排出汽化产生的蒸汽,排气管直径大于或等于50 mm,并引入排水沟。

当热水采暖系统采用质调节(即温度调节)时,如果室外温度较高,此时锅炉进水温度降得很低,会引起锅炉尾部酸腐蚀,在供热管和回水管之间加装一根连通管,设调节阀,以形成系统短路提高进水温度。另外,在寒冷地区,当锅炉因事故停止运行时,旁通管还可以起到外网中的水不间断循环以防止外管冻裂的作用。

3. 热水系统的定压与补水

所谓定压即热水管网系统压力恒定之点压力保持在一定范围内变化。压力恒定之点即为系统定压点,定压点一般设在热网循环水泵的吸入侧的除污器前为宜,也可以在集水器上。定压点的压力值应根据热水管网的水压图要求而定,也可计算得出。

热水管网的定压方式很多,但从原理上可归纳为四大类,即:利用补水自身压力定压、利用开式水箱水位定压、利用补给水泵定压和利用气体定压。

4. 补给水泵的选择

(1)补给水泵的流量应根据系统补水量和事故补水量等因素确定,一般可取热网系统补水量的4~5倍。

(2)补给水泵一般选两台,互为连锁,一台备用。

(3)补给水泵扬程,为补水点处压力再加0.03~0.05 MPa,补给水泵定压点压力根据热网水压图确定。

(4)补给水泵电源,与热网循环泵的电源最好分两路供电。

5.循环水系统设计注意问题

(1)热水循环系统主要由循环泵、分水器、集水器和除污器、阀门仪表等组成。

(2)循环水泵流量:$G = 3.6KQ/c\Delta t$。循环水泵扬程:$H = 1.15(H_k + H_y + H_w)$。

(3)设备选择及数量确定:循环水泵的形式多种多样,有卧式、立式等,一般采用单级离心泵,现在多采用立式泵;循环水泵的数量应根据供热系统规模和运行调节方式以最佳节能运行方案来确定,一般不少于两台,但其中任何一台停止运行时,其余水泵的总流量应满足最大循环水量的需要;多台水泵并联运行应选用型号相同,特性曲线比较平缓的泵。

(4)安装要求:基础牢固、泵功率较大时要求增加减震设施,水泵进出口必须设立大于管径的直段,附件仪表齐全;循环水泵布置于锅炉出水侧时应采取措施防止水泵气蚀。

▶ 任务实施

按照给定三台29 MW热水锅炉水工系统图分析该水工系统循环水工艺及构成,分析循环水工艺系统设备构成及设备功能,完成如下任务:

(1)描述该系统循环水工艺流程。

(2)该循环水系统采用了传统循环水系统的哪些形式? 分析并说明。

(3)给定2台SHW14 – 130/70 – AⅡ型热水锅炉,依据给定任务情况,设计循环水系统。

(4)循环水系统与补给水系统是密不可分的两套系统,分析其关联性。

▶ 任务评量

任务4.2学生任务评量表见表4 – 8。

表4 – 8 任务4.2学生任务评量表

各位同学:

1.教师针对下列评量项目并依据评量标准从A、B、C、D、E中选定一个对学生操作进行评分,学生在教师评价前进行自评,但自评不计入成绩。

2.此项评量满分为100分,占学期成绩的10%。

评量项目	学生自评与教师评价	
	学生自评	教师评价
1.平时成绩(20分)		
2.实作评量(40分)		
3.课程设计(20分)		
4.口语评量(20分)		

▶ 复习自查

1.循环水流量如何确定?

2.热水锅炉循环泵的扬程和哪些因素有关?

3. 循环系统加装除污器的目的是什么?

4. 热水锅炉与蒸汽锅炉比较,在采暖方面有哪些优点?

▶ *项目小结* ••

本项目主要学习热水锅炉水工系统相关内容。热水锅炉在采暖、通风与空调工程中应用广泛,其与蒸汽锅炉相比优点明显。

本项目内容从系统组成及形式、设计标准、主要设备选型、工艺设计四个方面出发,分别介绍了热水锅炉的补水定压系统和循环系统,运用经典案例,使学生能够从了解系统、认知系统到设计系统,最终完成专业技能学习。

本项目主要内容如图 4 – 14 所示。

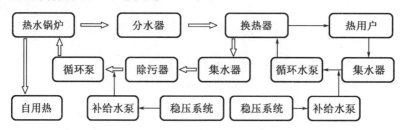

图 4 – 14　项目 4 主要内容

项目5　发电厂水工系统

> **项目描述** ···•

　　发电厂水工系统包括热力系统和辅助生产系统两部分。

　　由主、辅设备按照热力循环顺序用管道和附件连接起来构成的系统称为发电厂热力系统。热力系统按其应用目的和编制原则,分为原则性热力系统和全面性热力系统两种。

　　发电厂热力系统一般分为主蒸汽与再热蒸汽系统、再热机组的旁路系统、回热抽气系统、主凝结水系统、除氧器管道系统、给水系统、辅助蒸汽系统、供热系统及排污与电厂补充水系统等。

　　发电厂辅助生产系统是指水及原料运输设备构成的系统。包括供水系统、冷却系统及原料运输系统和设备等。

　　本项目旨在使学生精通发电厂水工系统的构成,通过模型、仿真手段认知发电厂原则性热力系统和全面性热力系统的构成原则,进而有效地对热力系统与辅助生产系统基本组成单元进行理解,以实现对发电厂水工系统的认知和认识到其在运行调节中的重要地位,并进一步理解工业锅炉水工系统的构成和意义。

> **教学环境** ···•

　　本项目教学场地是锅炉运行模拟仿真实训室和锅炉模型实训室。学生可利用多媒体教室进行理论知识的学习,小组工作计划的制定,实施方案的讨论等;可利用实训室进行锅炉水工系统中的主蒸汽与再热蒸汽系统、再热机组的旁路系统、回热抽气系统、主凝结水系统、除氧器管道系统、给水系统、辅助蒸汽系统、供热系统及排污与电厂补充水系统等内容的认知和训练。

任务5.1　发电厂热力系统

> **学习目标** ···•

　　知识目标:
　　(1)掌握原则性热力系统及主蒸汽与再热蒸汽系统、主凝结水系统等的概念、作用;
　　(2)了解回热抽气系统、再热机组的旁路系统的组成。
　　技能目标:
　　(1)熟练识读原则性热力系统、全面性热力系统的系统图;
　　(2)构建主蒸汽与再热蒸汽系统、给水系统、供热系统等模型。
　　素质目标:
　　(1)养成服务供热生产责任意识;

（2）秉持人文关怀理念服务于供热生产人员。

▶ **任务描述** ··

　　给定电厂原则性热力系统等不同水工系统图样，熟练识读不同水工系统图，按照图样分析其概念、作用，了解水工系统的构成，构建系统模型。

▶ **知识导航** ··

5.1.1　发电厂原则性热力系统

1. 给定任务

给定 N600 - 16.67/537/537 型供热机组的原则性热力系统图（图 5 - 1），识读、分析图纸并完成如下任务：

（1）解析原则性热力系统概念；

（2）指出原则性热力系统构成；

（3）构建原则性热力系统模型。

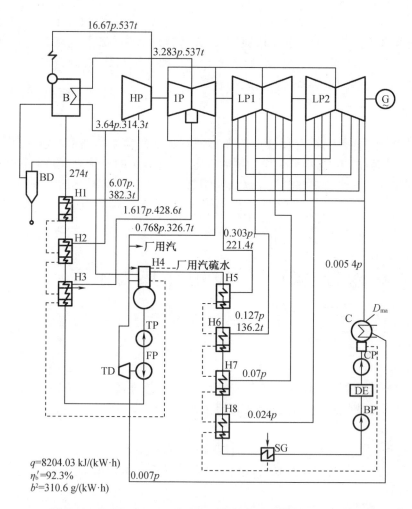

图 5 - 1　N600 - 16.7/537/537 型供热机组原则性热力系统图

2. 知识链接

（1）原则性热力系统概述

在热力设备中，工质按热力循环顺序流动的系统称为原则性热力系统，用以表明工质的能量转换及其热量利用的过程，反映发电厂能量转换过程的技术完善程度和热经济性的高低，并可以通过热力计算确定各设备的汽水流量和发电厂的热经济指标等。正确地拟定、分析和论证原则性热力系统，是发电厂设计和技术改进中的一项重要内容。

原则性热力系统只表示工质流动过程发生压力和温度变化时所必需的各种热力设备。同类型、同参数的设备只表示一个，备用的设备和管道不予绘出，附件一般均不表示。

原则性热力系统主要由下列各局部热力系统组成：锅炉、汽轮机及凝汽设备的连接系统，凝结水和给水回热加热系统，除氧器系统，补充水系统，废热回收利用系统，以及供热机组的对外供热系统等

（2）机、炉容量的配置

发电厂的机、炉容量应根据系统规划容量、负荷增长速度和电网结构等因素进行选择。最大机组容量不宜超过系统总容量的10%，对于负荷增长较快的形成中的热力系统，可根据具体情况并经过经济论证后选用较大容量的机组；对于已形成的较大容量的热力系统，应选用高效率的300 MW、600 MW机组。为便于生产管理，发电厂机组的总台数不超过六台为宜，机组容量等级不超过两种为宜。同容量机炉宜采用同一形式或改进形式，其配套设备的形式也宜一致。

根据电力负荷的需要，凝汽式发电厂宜采用单元制，不设备用锅炉，这就要求锅炉与汽轮机的容量和参数相匹配。

通常把汽轮机长时间连续运行的最大负荷称为额定负荷或最大连续负荷（maximum continuous rating，MCR），汽轮机在额定进汽参数、额定真空、无厂用抽汽、补水率为零、额定冷却水温度、全部回热加热器投入运行，且达到规定的给水温度时发出额定功率，称为额定工况或最大连续负荷工况，这时的汽耗量为额定汽耗量。国际上常把额定负荷或最大连续负荷作为考核负荷，把进汽阀门全开或再加5%超压时的负荷作为最大可能负荷，故最大可能负荷一般高出额定负荷约10%，这时的汽耗量相对于汽轮机额定汽耗量的裕度将为3%~10%。所以，锅炉的最大连续蒸发量基本上是汽轮机最大可能负荷时的汽耗量。例如，我国生产的引进型600 MW汽轮机组，锅炉最大连续蒸发量为汽轮机额定汽耗量的112%。

考虑到锅炉房到汽轮机房管道系统的压降和散热损失，大容量机组的锅炉过热器出口额定蒸汽压力宜为汽轮机额定进汽压力的105%，过热器出口额定蒸汽温度宜比汽轮机额定进汽温度高3 ℃，再热器出口额定蒸汽温度宜比汽轮机中压缸额定进汽温度高3 ℃。表5-1为汽轮机组、锅炉及容量配置表。

表 5-1　汽轮机组、锅炉及容量配置表

汽轮机(凝汽式)			锅炉		
型号	容量/MW	参数/(MPa/℃)	型号	容量/(t·h⁻¹)	参数/(MPa/℃)
N12-35-1	12	3.5/435	75/39/450	75	3.9/450
N100-90-535	100	9.0/535	HG410/100-8	410	10/540
N135-13.2/535/535	135	13.2/535 3.3/535	SG420/13.7/M417	420	13.7/540 3.32/540
N200-12.75/535/535	200	12.75/535 2.26/535	HG670/13.73-4	670	13.73/540 2.50/540
N300-16.18/550/550	300	16.18/550 3.11/550	SG1000/16.67/555	1 000	16.67/550 3.24/550
N600-16.18/535/535	600	16.18/535 3.21/535	HG2050/16.67-I	2 050	16.67/540 3.27/540
N1000-25/600/600	1 000	25/600 4.25/600	DG3000/26.15-III	3 033	26.25/605/603

5.1.2　主蒸汽与再热蒸汽系统

1. 给定任务

给定 600 MW 机组的主蒸汽与再热蒸汽热力系统(图 5-2、图 5-3),识读、分析图纸并完成如下任务:

(1)600 MW 机组主蒸汽与再热蒸汽系统概念解析;

(2)600 MW 机组主蒸汽与再热蒸汽系统构成解析;

(3)构建 600 MW 机组主蒸汽与再热蒸汽系统模型。

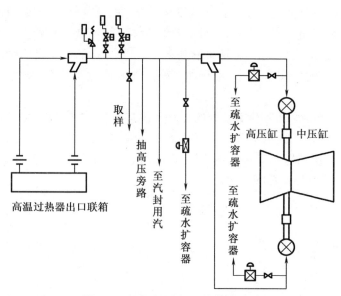

图 5-2　600 MW 机组主蒸汽系统

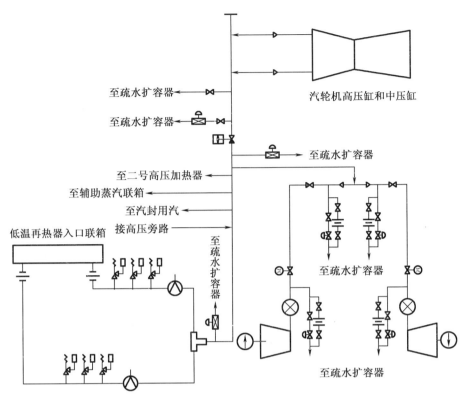

图 5-3 600 MW 机组再热蒸汽系统

2. 知识链接

（1）主蒸汽系统及其形式

锅炉与汽轮机之间连接的新蒸汽管道,以及由新蒸汽管道引出的送往各辅助设备的支管,组成了发电厂的主蒸汽系统。

发电厂主蒸汽管道所输送的工质流量大、参数高,主蒸汽系统对发电厂运行的安全性和经济性影响较大,对其要求是:系统简单、工作安全可靠、运行调度灵活、便于切换、便于检修扩建等。发电厂常用的主蒸汽系统有以下四种形式:集中母管制、切换母管制、单元制和扩大单元制,如图 5-4 所示。

集中母管制系统是指发电厂所有锅炉产生的新蒸汽先集中送往一根蒸汽母管,再由母管引至每台汽轮机和其他用汽处。切换母管制系统是指每台锅炉与其对应的汽轮机组成一个单元,各单元之间设有联络母管,每一单元与母管相连接处加装一段联络管和三个切换阀门,备用锅炉和减温减压设备等均与母管相连,机炉之间进行切换既可单元运行,也可切换运行。

上述两种系统为便于母管本身的检修和在发电厂扩建时不影响原有机组的运行,都用两个串联的关断阀门将母管分成两个以上的区段。集中母管制系统和切换母管制系统运行灵活,中小容量电厂广泛采用。

单元制系统是指一机一炉相配合连接而成的系统。汽轮机和供给它蒸汽的锅炉组成独立的单元,与其他单元之间没有蒸汽管道的连接,通向各辅助设备的支管由各单元蒸汽主管中引出。

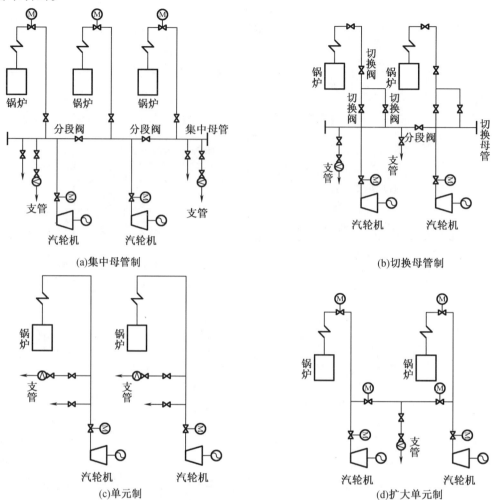

图 5-4　主蒸汽系统形式

单元制系统与集中母管制系统和切换母管制系统相比较有明显的优点：

①可节省大量的高级合金钢管、阀门、相应的保温材料及支吊架，节省了投资；

②避免了母管制系统布置的复杂性，运行可靠性提高了；

③便于实现炉、机、电集中自动控制，减少了运行人员；

④事故范围只限于一个单元，不影响其他单元机组的正常运行。

单元制系统也存在一定的缺点：

①各单元之间的主蒸汽不能互相支援，不能进行切换，运行灵活性差；

②机、炉检修时间必须一致；

③负荷变动时，对锅炉的稳定燃烧要求较高。

现代大型发电厂，容量在 100 MW 及以上机组的主蒸汽系统几乎都采用单元制，特别是采用再热机组的电厂，由于各机组间的再热蒸汽很难实现切换运行，因此，再热机组的主蒸汽系统必须采用单元制。

扩大单元制系统是将各单元制蒸汽管道之间用一根蒸汽母管横向连接起来的系统。

这种系统的特点介于单元制系统和切换母管制系统之间,与单元制系统相比运行灵活,可在一定负荷下机炉交叉运行;与切换母管制系统相比可节省2~3个高压阀门。

(2)再热蒸汽系统

再热蒸汽系统是指从汽轮机高压缸排汽口经锅炉再热器至汽轮机中压缸联合汽门前的全部蒸汽管道和分支管道组成的系统,如图5-5所示,它包括再热冷段蒸汽管道和再热热段蒸汽管道。再热冷段蒸汽管道是指从汽轮机高压缸排汽口到锅炉再热器进口的再热蒸汽管道及其分支管道;再热热段蒸汽管道是指从锅炉再热器出口至汽轮机中压缸联合汽门之间的再热蒸汽管道及其分支管道。

对于再热机组,也可把主蒸汽系统和再热蒸汽系统统称为主蒸汽管道系统。

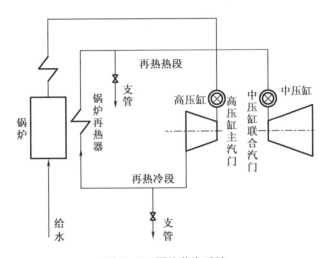

图5-5 再热蒸汽系统

(3)双管主蒸汽系统的温度偏差和压力偏差

主蒸汽管道系统可分为单管和双管两种。为了避免用直径大、管壁厚的主蒸汽管和再热蒸汽管,同时又能减小流动阻力损失,大容量机组单元制主蒸汽管道和再热蒸汽管道多采用并列双管系统,如图5-6(a)所示。即从过热器引出两根主蒸汽管,分别进入汽轮机高压缸左右两侧的主汽门,在高压缸内膨胀做功后其排汽也分两根低温再热蒸汽管进入再热器,再热后的蒸汽仍分左右两侧沿两根(或四根)高温再热蒸汽管经中压缸两侧的联合汽门进入缸继续膨胀做功。

随着机组容量增大,炉膛宽度加大,烟气流量、温度分布不均等造成两侧主蒸汽的汽温偏差和压力偏差增大。过大的蒸汽温度偏差会使汽缸等高温部件受热不均,造成汽缸扭曲变形,严重时会引起轴封摩擦损坏设备;过大的压力偏差将会引起汽轮机机头因受力不均发生偏转位移,致使汽轮机产生烈振动,这是绝不允许的。因此,国际电工协会规定了允许温度偏差:持久性的为15 ℃,瞬时性的为42 ℃。

为了防止发生温度偏差和压力偏差过大现象,可采取以下措施。

(1)采用中间联络管,当主蒸汽管道为双管系统时,可在靠近主汽门处的两侧主蒸汽管之间装设中间联络管,以减小汽轮机进汽的压力偏差,中间联络管管径大小应能够保证当一个主汽门全开,另一个主汽门全关时通过全部蒸汽量,同时要求过热器组采用交叉布置,以保证温差在极限范围内。

（2）采用单管—双管系统或双管—单管—双管系统。这两种系统在引进机组中常可见到。单管—双管系统即在锅炉出口处采用单根主蒸汽管，引至汽轮机主汽门、中压缸联合汽门之前再分成两根，此时单根主蒸汽管道的直径应按最大蒸汽流量工况设计，这种系统能保证进入汽轮机的温度偏差和压力偏差最小，如图 5-6（b）所示。所谓双管—单管—双管系统即在过热器出口联箱两侧各有一根引出管，经 Y 形三通后汇集为单根，至主汽门前再分成两根，这种布置方式满足了汽轮机对蒸汽温度偏差和压力偏差的要求，为了使蒸汽得到充分混合，要求单根管的长度至少为其管径的 20 倍，管径亦按最大蒸汽流量工况设计，如图 5-6（c）所示。

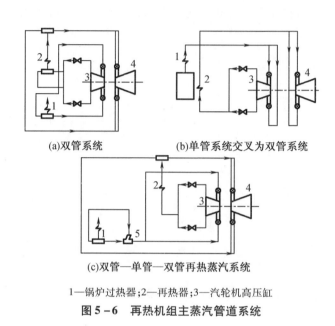

(a)双管系统   (b)单管系统交叉为双管系统

(c)双管—单管—双管再热蒸汽系统

1—锅炉过热器;2—再热器;3—汽轮机高压缸

图 5-6　再热机组主蒸汽管道系统

（4）大多数小容量机组的主蒸汽系统如图 5-7 所示。

在汽轮机的进汽管道上，通常连接有许多分支管道，主要有供给汽动油泵小汽轮机、射汽抽气器和汽轮机端部轴封等处的蒸汽管道，还接有疏水管和防腐排汽管等。对该系统需要说明以下几点：

①去汽动油泵小汽轮机的用汽管道应接在隔离门前，这样可以在暖管前或吸管时启动汽动油泵，以便开启自动主汽门、调速汽门和进行保护装置的静态试验。此外，当自动主汽门关闭不严或卡死需要用隔离汽门切断进汽时，汽动油泵可以照常运行，以保证在停机过程中轴承的润滑和轴颈的冷却。

②汽轮机前后轴端部轴封供汽的启动和调整。高压端轴封漏汽压力较高、漏汽量较大，可引至压力相当的汽轮机低压段中继续做功，也可以送入专门的轴封加热器或相近压力的回热加热器中，回收工质和热量，还可以引至低压端腔室中作密封蒸汽用。

低压端轴封中的蒸汽由高压端轴封引来，其中一部分被吸入凝汽器中，另一部分则沿轴封向外流封住空气流入汽缸的通道，最后由低压缸轴封排向大气。

汽轮机启动时，轴封系统还没有蒸汽，要将新蒸汽节流后供给轴封系统。

③在汽轮机启动和低负荷运行时，为了保证除氧器的用汽，必须设置新蒸汽减压后供除氧器用的备用汽源。

④为了防止抽气器的喷嘴堵塞,抽气器前的蒸汽管道上装有滤网进入抽气器的蒸汽压力必须满足抽气器的使用范围。

⑤在机组启动、停止和正常运行中,要及时迅速地把新蒸汽管道及其分支管道中的疏水排走,否则将会引起用汽设备和管道发生水冲击或腐蚀。

⑥一般中、低压汽轮机的自动主汽门前必须装设汽水分离器(图5-7中未表示出)。汽水分离器的作用是分离蒸汽中所含有的水分,提高进入汽轮机的蒸汽品质。

⑦防腐排汽管接在隔离汽门和自动主汽门之间,其作用是:在机组长期备用时,全开防腐排汽管,使外界干燥的空气充满这段管道,起到防腐蚀作用(不潮湿)。

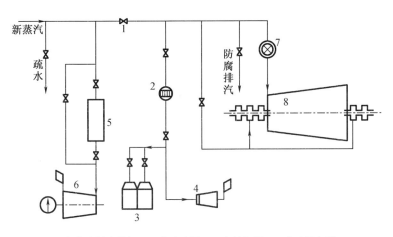

1—主蒸汽隔离器门;2—蒸汽滤网;3—主抽气器;4—启动抽气器;
5—汽动油泵自动启动装置;6—汽动油泵小汽轮机;7—自动主汽门;8—汽轮机。

图5-7 大多数小容量机组的主蒸汽系统

5.1.3 再热机组的旁路系统

1.给定任务

给定600 MW机组旁路系统(图5-8),识读、分析图纸并完成如下任务:

(1)600 MW机组旁路系统概念解析;

(2)600 MW机组旁路系统构成解析;

(3)构建600 MW机组旁路系统模型。

2.知识链接

(1)旁路系统及其作用

现代大容量火力发电机组,由于采用了单元机组和中间再热,因此在下列运行过程中,锅炉和汽轮机之间的运行工况必须有良好的协调:锅炉和汽轮机的启动过程;锅炉和汽轮机的停用过程;汽轮机故障时锅炉工况的调整过程等。为使再热机组适应这些特殊要求,并具有良好的负荷适应性,再热机组一般会设置一套旁路系统,称为再热机组的旁路系统。

图5-8为再热机组的两级串联旁路系统。从锅炉来的新蒸汽绕过汽轮机高压缸,经减压减温后进入再热冷段蒸汽管道的系统,称为高压旁路(I级旁路);再热后的蒸汽绕过汽轮机中、低压缸,经减压减温后直接排入凝汽器的系统,称为低压旁路(II级旁路)。

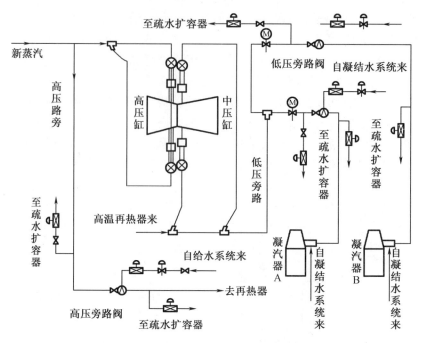

图 5-8　600 MW 机组两级串联旁路系统

再热机组的旁路系统有以下几个方面的作用：

①保护再热器，防止锅炉超压。

再热式机组一般采用烟气再过热，它是通过布置在锅炉内的再热器，在正常工况时将汽轮机高压缸排汽再热至额定温度，而处于烟气高温区的再热器本身也得以冷却保护。在锅炉点火、汽轮机冲转前，停机不停炉或甩负荷等工况，汽轮机高压缸没有排汽，则通过高压旁路引来新蒸汽经减压减温后引入再热器使其冷却得到保护。

机组发生故障，锅炉紧急停炉时，可通过旁路系统将其剩余蒸汽排出，防止锅炉超压，减少安全阀动作次数，有助于保证安全阀的严密性，延长其使用寿命。

②回收工质和热量，降低噪声。

燃煤锅炉如不投油助燃，其最低稳燃负荷一般不低于锅炉额定蒸发量的 50%。汽轮机的空载汽耗量，一般仅为汽轮机额定汽耗量的 5% ~ 10%。单元机组启停或甩负荷时，锅炉蒸发量与汽轮机所需蒸汽量不一致，存在大量剩余蒸汽。设置旁路后，既可回收这时的大量剩余蒸汽，减少其热损失，又可降低排汽噪声，改善环境。

③协调启动参数和流量、缩短启动时间，延长汽轮机寿命。

再热机组系统复杂，又是多缸结构，高压缸为双层缸。机组启动时，要严密监视各处温度和温升率，以控制胀差和振动在允许范围内。不同的温度状态下启动，对蒸汽温度有不同要求。单元机组采用滑参数启动时，先以低参数蒸汽冲动汽轮机，再随着汽轮机的升速、带负荷的需要，不断地提高锅炉出口蒸汽的压力、温度和流量，使锅炉产生的蒸汽参数与汽轮机金属的温度状况相适应，以控制各项温差，保证均匀加热汽轮机。如只靠调整锅炉燃烧或汽压是难以满足上述要求的，在热态启动时更为困难。采用了旁路系统，可协调单元机组的冷、温、热态滑参数启动或停运时的蒸汽参数匹配，适应单元机组滑参数启停的要求，又缩短了机组的启动时间。由于可严格控制温差与温升率，相应延长了汽轮机的寿命。

④甩负荷时锅炉能维持热备用状态。

电网故障时,旁路系统可快速(2～3 s)投入使锅炉维持在最低稳定燃烧负荷下运行,或带厂用电或机组空负荷运行。汽轮机跳闸甩负荷,可实现停机不停炉,争取时间让运行人员判断甩负荷原因,以决定锅炉停炉还是继续保持稳定负荷运行,需要时机组可很快重新并网带负荷,恢复至正常状态。可见旁路系统的设置可更好地适应调峰机组运行的需要。

(2)旁路系统的容量

旁路系统的容量即旁路系统的通流能力,指锅炉BMCR(boiler maximum continuous rating,锅炉最大连续蒸发量)工况参数下的通流能力与相应的锅炉蒸发量之比,即

$$高压旁路容量 = \frac{锅炉\ BMCR\ 工况主蒸汽参数下高旁阀全开流量}{锅炉\ BMCR\ 工况主蒸汽流量} \times 100\%$$

$$低压旁路容量 = \frac{锅炉\ BMCR\ 工况再热蒸汽参数下低旁阀全开流量}{锅炉\ BMCR\ 工况再热蒸汽流量} \times 100\%$$

旁路系统容量的选择与机组在电网中承担的负荷性质、锅炉特点、汽轮机特点和旁路系统设备特点等因素有关,需要进行综合分析。高压旁路一般选为30%～40%,低压旁路一般选为30%～70%。

(3)一级大旁路系统

一级大旁路系统也称单级整机旁路系统,再热机组一级大旁路系统如图5-9所示。由锅炉来的新蒸汽,绕过汽轮机,经整机大旁路减压减温后排入凝汽器。

这种系统较为简单,操作简便,投资最少,可用来调节过热蒸汽温度,但不能保护锅炉再热器。机组滑参数启动时,特别是机组在热态启动时,不能调节再热蒸汽温度,适用于再热器不需要保护的机组,如再热器采用了耐高温材料又布置在低温烟气区,可以短时间不通蒸汽冷却,允许短时间干烧。这种旁路系统不适用于调峰机组。

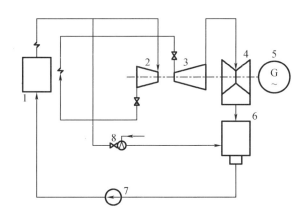

1—锅炉;2—高压缸;3—中压缸;4—低压缸;5—发电机;6—凝汽器;7—给水泵。

图5-9 再热机组一级大旁路系统

5.1.4 回热抽气系统

1. 给定任务

给定600MW机组高、中压缸回热抽气系统图(图5-10),识读、分析图纸并完成如下任务:

（1）600MW 机组高、中压缸回热抽气系统概念解析；

（2）600MW 机组高、中压缸回热抽气系统构成解析；

（3）构建 600MW 机组高、中压缸回热抽气系统模型。

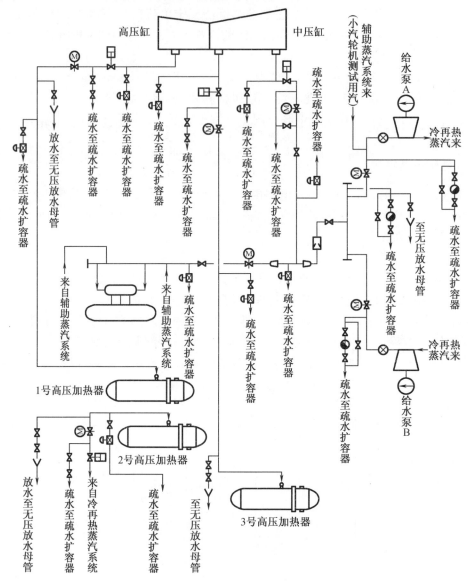

图 5-10　600 MW 机组高、中压缸回热抽气系统

2. 知识链接

（1）回热抽汽系统

在汽轮机中做过一部分功的蒸汽，引入回热加热器中加热锅炉给水，可提高发电厂的热经济性。再热机组一般设有七至八级抽汽，其中一级供除氧器用汽，二至三级供高压加热器用汽，其余供低压加热器用汽。回热抽汽还提供给水泵汽轮机的正常工作汽源及各种用途的辅助蒸汽。有的抽汽管道从高压缸及中压缸排汽管上接出，这样可减少汽轮机的抽汽口数量。

（2）系统的保护措施

汽轮机各段抽汽管道将汽轮机与各级加热器或除氧器相连。当汽轮机突降负荷或甩负荷时,蒸汽压力急剧降低,加热器和除氧器内的饱和水将闪蒸成蒸汽,与各抽汽管道内滞留的蒸汽一同返回汽轮机。这些返回汽轮机的蒸汽可能在汽轮机内继续做功而造成汽轮机超速。另外,加热器管束破裂,管子与管板或联箱连接处泄漏,以及加热器疏水不畅造成水位过高等情况,都会使水倒流入汽轮机,发生水冲击。

回热抽汽系统必须保证系统中汽、水介质不倒流入汽轮机,防止汽轮机超速或发生水冲击。为此,回热抽汽管道上安装有电动隔离阀和气动止回阀。其中,电动隔离阀的安装位置靠近加热器,作为防止汽轮机进水的第一级保护。气动止回阀安装在汽轮机抽汽口附近,防止汽轮机倒流入蒸汽超速并兼作防汽轮机进水的二级保护。电动隔离阀的另一个作用是在加热器切除时,切断加热器汽源。

（3）抽汽止回阀的控制系统

当汽轮机甩负荷时,为确保抽汽止回阀关闭可靠,阀门除了本身结构能防止蒸汽倒流外,还设有闭锁装置。目前发电厂应用的闭锁装置有液压控制（液动）和气压控制（气动）两种。

①液动止回阀液压控制系统

图5-11为液动止回阀液压控制系统。机组正常运行时,电磁阀关闭,控制水由凝结水泵出口引来,经电磁阀旁路的节流孔板节流降压后进入液动止回阀控制活塞上部水室,活塞上开有小孔,活塞上部的控制水经此孔以及活塞与套筒之间的间隙流入弹簧室,再经排放管排放出去,正常运行时进入控制活塞上部的控制水处于节流状态,压力仅为 0.02 MPa,止回阀阀杆在弹簧力作用下处于上限位置,止回阀阀瓣处于自由状态,在抽汽压力作用下阀瓣上移打开。当加热器内的疏水水位过高或自动主汽门因故关闭时,联动装置动作并发出保护信号,使电磁阀开启,来自凝结水泵的0.3~1.2 MPa 的控制水便进入控制活塞上部,克服弹簧力强行关闭抽汽止回阀,从而防止蒸汽倒流入汽轮机。当联动装置失灵时,运行人员可手动打开电磁阀。

液动止回阀由于阀门体为金属部件,长期与水接触,易锈蚀卡涩。因此,现代大型发电机组广泛采用气动止回阀。

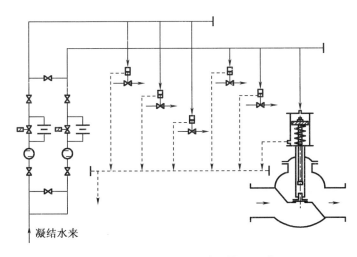

凝结水来

图 5-11 液动止回阀液压控制系统

②气动止回阀气压控制系统

气动止回阀气压控制系统如图5-12所示。该系统由储气罐、空气过滤器、油雾器、节流孔板、双控电滑阀、气动止回阀的操纵装置和连接管道等组成。在汽轮机正常运行时,各抽汽止回阀处于开启状态。

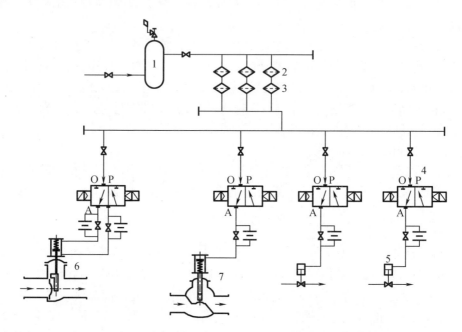

1—储气罐;2—空气过滤器;3—油雾器;4—双控电滑阀;5—止回阀操纵座;6—旋起式止回阀;7—升降式止回阀;

A、P、O—双控电滑阀出气口、进气口、排气口

图5-12　气动止回阀气压控制系统

当机组甩负荷主汽门关闭或加热器管束大量泄漏时,双控电滑阀的一只电磁铁通电动作,使双控电滑阀位置处于图5-12所示状态。对于旋启式止回阀,此时操纵座活塞上部与压缩空气接通,而下部与排汽口相通,在弹簧和压缩空气双重作用下,使止回阀迅速关闭。对于升降式止回阀,压缩空气通过滑阀左边通道进入止回阀操纵座上部,克服活塞下部弹簧力强行将止回阀关闭。

当接到开启信号时,双控电磁阀的另一只电磁铁通电动作,各双控电滑阀左移。对于旋启式止回阀,此时具有0.59 MPa压力的压缩空气通过双控电滑阀右边通道,经截止阀和节流孔板并联通路,进入止回阀操纵座活塞下部克服弹簧力将活塞推向上方,从而使止回阀打开。对于升降式抽汽止回阀,因无压缩空气进入止回阀操控装置,故在弹簧力和抽汽压力的作用下亦处于开启状态。

5.1.5　主凝结水系统

1.给定任务

给定600 MW机组主凝结水系统图(图5-13),识读、分析图纸并完成如下任务:

(1)600 MW机组主凝结水系统概念解析;

（2）600 MW 机组主凝结水系统构成解析；

（3）构建 600 MW 机组主凝结水系统模型。

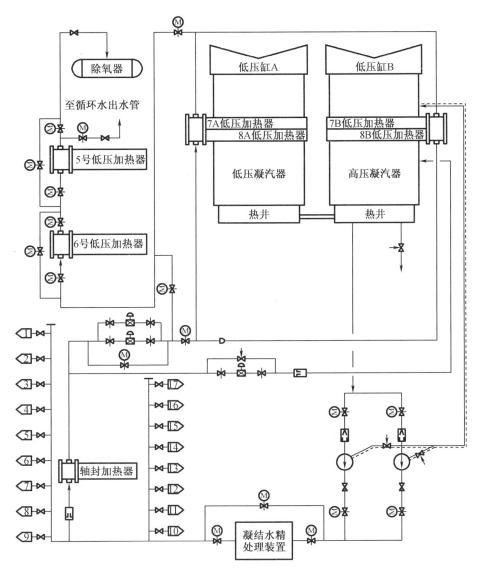

图 5 – 13　600 MW 机组主凝结水系统

2. 知识链接

主凝结水系统是指凝汽器至除氧器之间与主凝结水相关的管道及设备。主凝结水系统的主要作用是加热凝结水，并把凝结水从凝汽器热水井送到除氧器；为保证整个系统可靠工作，在输送过程中，还要对凝结水进行除盐净化和必要的控制调节；在运行过程中提供有关设备的减温水、密封水、冷却水和控制水等。另外，在凝结水系统还补充热力循环过程中的汽水损失。

主凝结水系统一般由凝结水泵、轴封加热器、低压加热器等主要设备及其连接管道组成。亚临界及以上参数机组由于锅炉对给水品质要求很高，所以在凝结水泵后都设有除盐装置,有些机组由于除盐装置耐压条件的限制,凝结水采用二级升压,因此在除盐装置后一般还装设有凝结水升压泵。大容量机组的主凝结水系统还包括由补充水箱和补充水泵等组成的补充水系统。为保证系统在启动、停机、低负荷和设备故障时运行的安全可靠性,系统设置有众多的阀门和阀门组。火力发电机组的主凝结水系统有以下共同点:

（1）设置两台容量为100%的凝结水泵或凝结水升压泵,一台正常运行,一台备用,运行泵故障时连锁启动备用泵。

（2）低压加热器设置主凝结水旁路。图5-14为低压加热器入口设置的主凝结水旁路,旁路的作用是:当某台加热器故障解列或停运时,凝结水通过旁路进入除氧器,不因加热器发生故障而影响整个机组正常运行。每台加热器设有一个旁路的,称为小旁路,如图5-14(a)所示;两台以上加热器共用一个旁路的,称为大旁路,如图5-14(b)所示。大旁路具有系统简单、阀门少、节省投资等优点,但是当一台加热器故障时,该旁路中的其余加热器也随之解列停运,凝结水温度大幅度降低,这不仅降低了机组运行的经济性,而且使除氧器进水温度降低,工作不稳定,除氧效果变差。小旁路与大旁路恰恰相反。因此,低压加热器的主凝结水系统多采用大小旁路联合的应用方式。

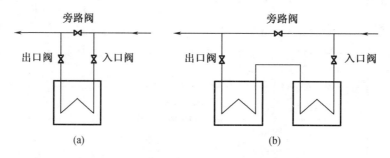

图5-14　低压加热器入口设置的主凝结水旁路

（3）设置凝结水最小流量再循环。为了使凝结水泵在启动或低负荷时不发生汽蚀,同时又保证轴封加热器有足够的凝结水量流过,使轴封漏汽能完全凝结下来,以维持轴封加热器中的微负压状态,在轴封加热器后的主凝结水管道上设有返回凝汽器的凝结水最小流量再循环管道。

（4）各种减温水及杂项用水管道,接在凝结水泵出口或除盐装置后。因为这些水往往要求是纯净的压力水。

（5）在凝汽器热井底部、最后一台（沿凝结水流向）低压加热器的出口凝结水管道上、除氧器水箱底部都接有排地沟的支管,以便在机组投运前,冲洗凝结水管道时,将不合格的凝结水排入地沟。

（6）化学补充水通过补充水调节阀补入凝汽器（除氧器或凝结水系统）,以补充热力循环过程中的汽水损失。

5.1.6　除氧器管道系统

1.给定任务

给定600 MW机组单元运行除氧器管道系统（图5-15）,识读、分析图纸并完成如下任务:

（1）600 MW 机组单元运行除氧器管道系统概念解析；

（2）600 MW 机组单元运行除氧器管道系统构成解析；

（3）构建 600 MW 机组单元运行除氧器管道系统模型。

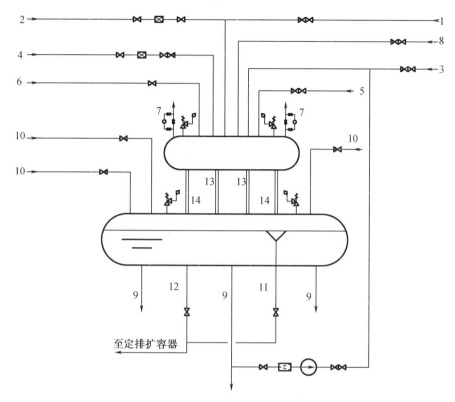

1—汽轮机第四级抽汽作为加热汽源；2—辅助蒸汽联箱来蒸作为低负荷及启动汽源；3—凝结水；

4—3 号高压加热器来的疏水；5—暖风器疏水；6—连续排污扩容器扩容蒸汽；7—排气门；

8—高压加热器连续排气；9—给水泵前置泵的给水管；10—给水泵最小流量再循环管；

11—溢水管；12—放水管；13—下水管；14—平衡管。

图 5 – 15　600MW 机组单元运行除氧器管道系统

2. 知识链接

除氧器不仅具有加热给水和除氧的作用，同时还有汇集蒸汽和水流的作用。除氧器配有一定容积的水箱，所以它还有补偿锅炉给水和汽轮机凝结水流量之间不平衡的作用。与除氧器相连接的管道与附件称为除氧器管道系统。为了保证在高温下运行的给水泵入口处不发生汽化，要求除氧器放置在较高的位置（一般在 4 m 标高以上），放置除氧器的地方称为除氧层。

除氧器管道系统可分为并列运行除氧器管道系统和单元运行除氧器管道系统。

（1）并列运行除氧器管道系统

中参数发电厂一般都将相同参数的除氧器并列运行。高参数大容量机组因给水量大，为保证除氧器压力稳定有的也采用两台除氧器并列运行。

图 5 – 16 为两台并列运行除氧器及给水箱管道系统。除氧器的加热蒸汽分别由各机组抽出引至除氧器底部，中间用抽汽母管相连以保持抽汽压力稳定。被加热的主凝结水和软

化水引至除氧器上部,高压加热器的疏水温度较高,通常引至除氧器中部。除氧器给水箱的水位通过软化水进口水位调节器来调节。除氧器的压力由抽汽管进口压力调节阀来保持稳定。除氧器给水箱应有一根或二根下水管与给水泵低压给水母管相连。

为使并列运行除氧器的工况一致,两台除氧器给水箱的汽空间和水空间分别设有汽、水平衡管。由连续排污扩容器来的扩容蒸汽送入汽平衡管。可以单独设立水平衡管,为简化系统,也可以用给水泵低压进水母管来代替。每台给水泵出口止回阀前接出的再循环管至再循环母管与除氧器给水箱相通,给水箱下部装有疏放水母管,在发生事故或停机检修时由疏放水母管把水放入疏水箱,疏放水母管应从水箱的最低点引出,以便能将水全部放完。为防止水箱冲水过多,在水箱最高水位处装有溢水管,溢水管与疏放水母管相通。

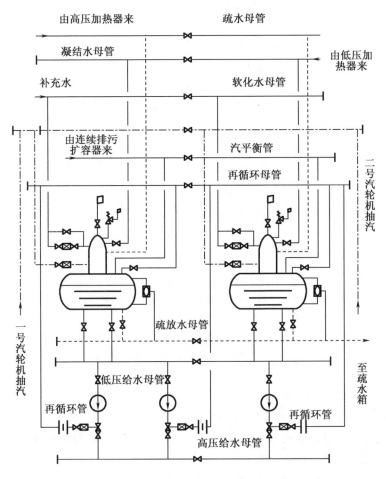

图 5-16　两台并列运行除氧器及给水箱管道系统

为了使同一参数的除氧器运行工况一致,其除氧水箱的蒸汽空间和水空间都用平衡管相连接。水箱应有一根或两根下降水管和给水泵的进水母管相连接。

除氧器的加热系统中,除氧用蒸汽应接入除氧头的合适位置(下部或中部),被加热的凝结水和补充水应从除氧头顶部流进配水槽或喷嘴中。水箱装有水位调节阀以控制补充水进入除氧器的流量。

除氧水箱设有放水管的溢水装置,在发生事故或停机检修时,从除氧水箱中可把水从放水管放出。放水管应从水箱的最低点引出并引入疏水箱。

为防止除氧水箱内充水过多,当水位达到最高水位(溢水位)时,水箱内过多的储水进入溢水管排入疏水箱。

(2)单元运行除氧器管道系统

①定压运行除氧器蒸汽系统

定压运行除氧器蒸汽系统如图5-17所示。为保证除氧器定压运行,加热蒸汽能自动切换到高一级压力的抽汽管道。机组低负荷运行时,来自除氧器压力调节系统的电信号把本级抽汽管道上的电动闸阀关闭,同时开启高一级抽汽管道上的电动闸阀,蒸汽经压力调节阀调节达到规定的压力后流入除氧器。

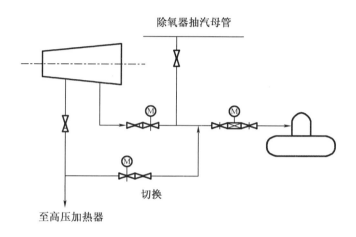

图5-17 定压运行除氧器蒸汽系统

②滑压运行除氧器蒸汽系统

大型发电机组滑压运行除氧器蒸汽系统如图5-18所示,其抽汽管道上不设置压力调节阀。机组启动时,除氧器用汽来自本机组的辅助蒸汽联箱;低负荷或停机过程中,当除氧器压力低于一定值时,除氧器需转入定压运行,其用汽汽源自动切换至辅助蒸汽,来自辅助蒸汽联箱的辅助蒸汽经压力调节阀调节达到规定的压力后流入除氧器;甩负荷时,辅助蒸汽自动投入,以维持除氧器内具有一定的压力;在停机情况下,向除氧器供应一定量的辅助蒸汽,使除氧器内储存的凝结水表面覆盖一层蒸汽,防止凝结水直接与大气相通,造成凝结水溶氧量增加。

流入辅助蒸汽联箱的供汽汽源一般有三种。启动锅炉或老厂供汽作为启动和低负荷时的汽源;高压缸排汽(再热冷段)作为机组启动、低负荷(30% MCR)及甩负荷时汽源;当负荷大于80% MCR(额定负荷)时,供汽汽源是汽轮机抽汽(一般是第四段抽汽)。

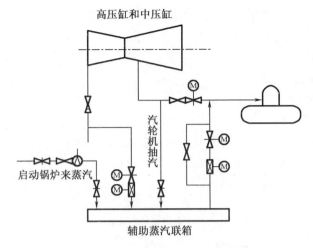

图 5－18　滑压运行除氧器蒸汽系统

滑压运行的除氧器系统,其机组一定采用单元制运行方式。

5.1.7　给 水 系 统

1.给定任务

给定 600 MW 机组主给水系统(图 5－19),识读、分析图纸并完成如下任务:

(1)600 MW 机组主给水系统概念解析;

(2)600 MW 机组主给水系统构成解析;

(3)构建 600 MW 机组主给水系统模型。

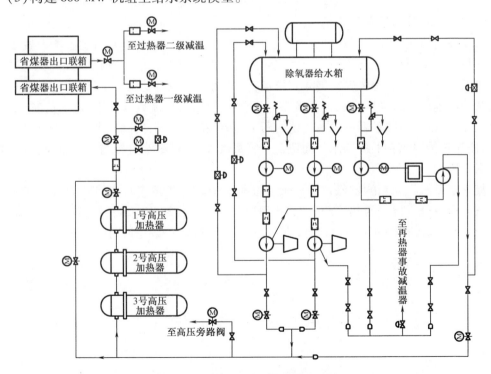

图 5－19　600 MW 机组主给水系统

2. 知识链接

（1）给水系统的作用和组成

从除氧器给水箱经前置泵、给水泵和高压加热器到锅炉省煤器前的全部给水管道，以及给水泵的再循环管道、各种用途的减温水管道和管道附件等组成了发电厂的给水系统。

给水系统的主要作用是把除氧水升压后，通过高压加热器加热供给锅炉，提高循环的热效率，同时提供高压旁路减温水、过热器减温水及再热器减温水等。

因给水泵前后的给水压力相差较大，对管道、阀门和附件的金属材料要求也不同，所以给水系统通常分为低压给水系统和高压给水系统。

由除氧器给水箱经下水管至给水泵进口的管道、阀门和附件，承受的给水压力较低，称为低压给水系统。为减少流动阻力，防止给水泵汽蚀，一般采用管道短、管径大、阀门少、系统简单的管道系统。

由给水泵出口经高压加热器到锅炉省煤器前的管道、阀门和附件，承受的给水压力很高，称为高压给水系统。该系统水压高，设备多、对机组的安全经济运行影响大，所以对其要求严格。一般再热机组的给水系统有以下特点：

①在给水泵出口的高压给水管道上按水流方向装设一个止回阀和一个截止阀，止回阀用于防止高压水倒流，截止阀用于切断高压给水与事故泵和备用泵的联系。

②为防止低负荷时给水泵汽蚀，在各给水泵的出口止回阀前接出至除氧器给水箱的再循环管，保证在低负荷工况下有足够的水量通过给水泵。

③高压加热器均设有给水自动旁路，当高压加热器故障解列时，可通过旁路向锅炉供水。

④备用泵（电动泵）液力耦合器勺管开度设在合适的位置，以便事故情况下能快速上水，同时避免投运时启动电流过大。

（2）给水系统的形式

给水系统的形式与机组的型式、容量和主蒸汽系统的形式有关，主要有以下几种形式：单母管制、切换母管制和单元制。

①单母管制给水系统

图5-20为单母管制给水系统，它设有三根单母管，即给水泵入口侧的吸水母管、给水泵出口侧的压力母管和锅炉给水母管。其中吸水母管和压力母管采用单母管分段，而锅炉给水母管采用的是切换母管。

备用给水泵通常布置在吸水母管和压力母管的两分段阀之间。按水流方向，给水泵出口顺序装有止回阀和截止阀。止回阀的作用是在给水泵处于热备用状态或停止运行时，防止压力母管的压力水倒流入给水泵，导致给水泵倒转而干扰了吸水母管、压力母管和除氧器的运行。截止阀的作用是在给水泵故障检修时，切断与压力母管的联系。为防止给水泵在低负荷运行时，因流量小未能将摩擦热带走而导致入口处发生汽蚀高压的危险，在给水泵出口止回阀处装设再循环管，保证通过给水泵有一最小不汽蚀流量，给水再循环母管与除氧器水箱相连，将多余的水通过再循环管返除氧器水箱，当高压加热器故障切除或锅炉启动上水时，可通过压力母管和锅炉给水母管之间的冷供管供应给水。图5-20中还表示出了高压加热器的大旁路和最简单的给水操作台。

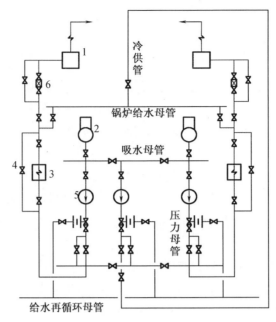

1—锅炉;2—除氧器;3—高压加热器组;4—高压加热器组旁路;5—给水泵;6—锅炉给水操作台。

图5-20 单母管制给水系统

单母管制给水系统的特点是安全可靠性高,灵活性强,但系统复杂、阀门较多、投资大。供热式机组多采用单母管制给水系统。

②切换母管制给水系统

图5-21为切换母管制给水系统。吸水母管采用单母管分段,压力母管和锅炉给水母管均采用切换母管。

当汽轮机、锅炉和给水泵的容量相匹配时,可作单元运行,必要时可通过切换阀门交叉运行,因此其特点是有足够的可靠性和运行的灵活性。但是,因有母管和切换阀门,投资会增大、阀门增多。

③单元制给水系统

图5-22为单元制给水系统。由于机组主蒸汽管道采用的是单元制系统,给水系统也必须采用单元制。这种系统简单,管路短、阀门少、投资省,便于机、炉集中控制和管理维护。当采用无节流损失的变速调节时,其优越性更为突出。当然,运行灵活性差也是其不可避免的缺点。它适用于中间再热凝汽式或中间再热供热式机组的发电厂。

(3)给水操作台及给水泵的连接方式

①给水操作台

图5-20和图5-21所示的给水系统中都标出了简化了的给水操作台。它位于高压加热器出口至锅炉省煤器之前的给水管路上,通常由2~4根不同直径的并联支管组成。各支管上装有远方操作的给水调节阀与电动隔离阀,以便在低负荷或启动工况下调节流量,如图5-22所示。当采用变速给水泵时,给水调节阀两端的压差不大,给水操作台可简化为两路支管,既减少了支管路数又减少了阀门,还简化了运行操作,尤其是启动工况。

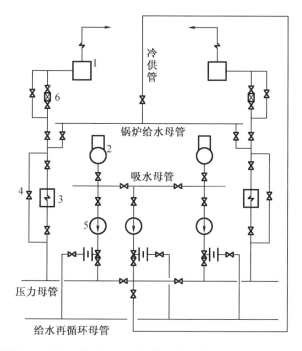

1—锅炉;2—除氧器;3—高压加热器组;4—高压加热器组旁路;5—给水泵;6—锅炉给水操作台。

图5-21 切换母管制给水系统

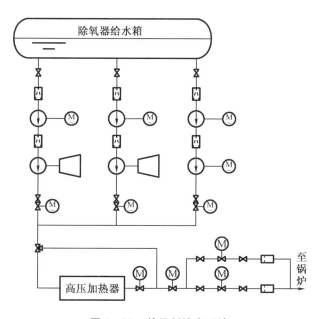

图5-22 单元制给水系统

②给水泵的拖动及连接方式

发电厂给水泵的拖动方式最常用的有电动和汽动两种。目前一般机组采用电动机拖动,称为电动给水泵;大型机组的给水泵一般由专用的小汽轮机拖动,称为汽动给水泵。拖动给水泵所需要的功率,随主汽轮机单机容量和蒸汽初参数的提高而增大,给水泵功率占主机功率的百分比也随机组参数的提高而增加,对于超高参数机组约为2%,对于亚临界参数机组为 3% ~4% ,对于超临界参数机组高达 5% ~7% 。由于亚临界和超临界参数机组给水泵功率占主机功率的百分比较高,所以应采用高转速给水泵,这样可使给水泵的级数、给水泵的长度和质量减少。由于电动给水泵受电动机容量和允许启动电流的限制,故在大型机组中,一般以汽轮机(一般称为小汽轮机或辅助汽轮机)拖动的给水泵作为经常运行的主给水泵,而以电动给水泵作为备用。图 5 - 23 为给水操作平台。

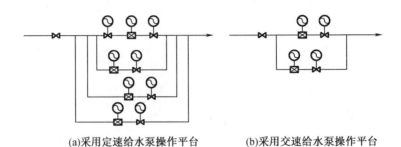

(a)采用定速给水泵操作平台　　　　(b)采用交速给水泵操作平台

图 5 - 23 给水操作平台

采用小汽轮机驱动的给水泵有以下优缺点:

a. 小汽轮机可根据给水泵的需要采用高转速或变速调节(2 900 ~6 000 r/min)以改变小汽轮机的转速来调节给水流量,比节流调节经济性高,还简化了给水系统,方便调节。

b. 大型再热机组的电动给水泵耗电量约占全部厂用电量的 50% 左右,采用汽动给水泵后可以减少厂用电,使整个机组向外界多供 3% ~4% 的电能。

c. 从投资和运行角度看,大型电动机加上升速齿轮液力联轴器及电气控制设备的总投资比采用小汽轮机拖动时要多。大型电动机启动电流大,对厂用电系统的安全冲击大。

d. 采用汽动给水泵的缺点是使汽水管路较复杂,给水泵启动较慢。

给水泵汽轮机的排汽有两种方式:一种是排至专门为小汽轮机设置的凝汽器。这不仅使系统复杂,投资增加,而且会增加厂用电消耗和运行维护的工作量,因此新型机组上已不再采用;另一种是排汽直接排入主汽轮机的凝汽器,在排汽管道上装设一个真空蝶阀,以保证汽轮发电机组正常运行时小汽轮机的排汽能通畅地排入主汽轮机凝汽器,同时在机组甩负荷或给水泵检修而切除时,关闭真空蝶阀,切断主汽轮机凝汽器与小汽轮机之间的联络,维持主汽轮机凝汽器的真空,保证主汽轮机安全运行,这种排汽方式系统简单,安全可靠,故现场采用较多。

中、高参数发电厂中一般都采用电动定速(3 000 r/min)给水泵。超高参数及以上的发电厂,多采用高转速的变速调节给水泵,高转速给水泵的缺点是给水泵入口处容易发生汽化。为避免高转速给水泵发生汽蚀,最常用的有效措施是在给水泵之前另设置低转速(1 500 r/min)水泵,称为前置泵。

前置泵和主给水泵的连接方式有两种:前置与主给水泵轴拖动,前置与主给水泵用一台电动机拖动,如图 5 - 24(a)所示;前置泵与主给水泵分轴拖动,如图 5 - 24(b)所示。在前置泵与主给水泵同轴连接方式中,常用增速齿轮箱提高给水泵转速,并采用液力联轴器来调节给水泵转速。

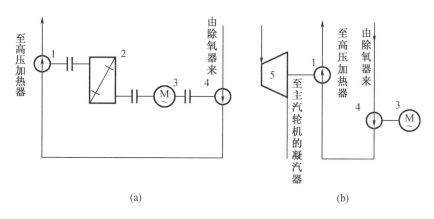

1—主给水泵;2—液力联轴器;3—电动机;4—前置泵;5—小汽轮机。

图 5－24　前置泵与主给水泵连接方式

中小容量的热电机组也有采用汽动给水泵的。中小容量的热电机组,其中的孤立电厂或首期热电工程,为了首次启动,一般安装一台启动锅炉和一台汽动给水泵;在电力供应紧缺的情况下,热电机组的锅炉容量有富余时,一般也设置汽动给水泵。热电机组中驱动给水泵的小汽轮机一般为背压式汽轮机,如图 5－25 所示。该小汽轮机的汽源有两种:一种是新蒸汽;另一种是在主汽轮机中做了部分功的抽汽。前者虽然不节能,但可以增加热电厂的上网电量,提高电厂的经济效益;后者实现了热能的梯级利用,节能效果好。在这种情况下小汽轮机的排汽方式有两种:一是进入给水除氧器,加热给水;二是进入供热系统作为供热蒸汽用。

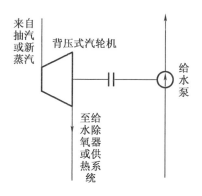

图 5－25　热电机给水泵及小汽轮机

③大容量机组小汽轮机的汽源及其切换

为适应低负荷运行的要求,小汽轮机除了具有正常运行的低压抽汽汽源外,还设有低负荷时使用的引自主蒸汽管道或高压缸排汽的高压蒸汽汽源,因此存在着两种汽源给水泵汽轮机的进汽切换问题。一般小汽轮机汽源的切换有两种方式:高压蒸汽外切换和新蒸汽内切换。高压蒸汽外切换由于存在热经济性不高、不能适应低负荷运行等缺点,现场应用不多,图 5－26 为应用较多的新蒸汽内切换系统。

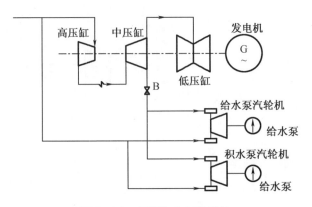

图 5 - 26 新蒸汽内切换系统

所谓新蒸汽内切换就是用主蒸汽管道上的新蒸汽作为小汽轮机的高压内切换汽源,正常运行汽源为中压缸抽汽或排汽。当主汽轮机负荷低于切换点时,小汽轮机的供汽由主汽轮机的低压抽汽汽源切换到新蒸汽,小汽轮机设置了两个独立的蒸汽室,并各自配置有相应的主汽阀和调节汽阀,分别与高压汽源和低压汽源连接。

其切换过程是:机组正常运行时,小汽轮机由低压汽源供汽。当主汽轮机负荷降低到低压汽源不能满足小汽轮机用汽需要时,高压调节汽阀开启,将一部分高压蒸汽送入小汽轮机。此时,低压汽阀保持全开状态,高压和低压两种蒸汽分别进入各自的喷嘴组膨胀,在调节级做功后混合。随着主汽轮机负荷继续下降,高压蒸汽量不断加大,由于低压蒸汽压力随主汽轮机负荷的减小而不断下降,而调节级后蒸汽压力随新蒸汽流量的增加而提高,所以低压喷嘴组前后压差减小,低压蒸汽的进汽量逐渐减小。当低压喷嘴组前后的压力相等时,低压蒸汽不再进入小汽轮机,全部切换到高压汽源供汽。此时低压调节阀仍全开,装在低压蒸汽管道上的止回阀 B 自动关闭,以防止高压蒸汽通过低压汽源的抽汽管道倒流入主汽轮机。

这种切换方式的优点是:汽源切换过程中,汽轮机调节系统工作比较稳定,热冲击较小,高压蒸汽在汽阀中的节流损失也较小,改善了机组低负荷的热经济性。同时也可保证在主汽轮机负荷很低的工况下,甚至主汽轮机停运时,仍有汽源供给小汽轮机以驱动给水泵,而不增加电厂的额外投资,因此新蒸汽内切换方式得到了广泛应用。

5.1.8 辅助蒸汽系统

1. 给定任务

给定 600 MW 机组辅助蒸汽系统(图 5 - 27),识读、分析图纸并完成如下任务:

(1)600 MW 机组辅助蒸汽系统概念解析;

(2)600 MW 机组辅助蒸汽系统构成解析;

(3)构建 600 MW 机组辅助蒸汽系统模型。

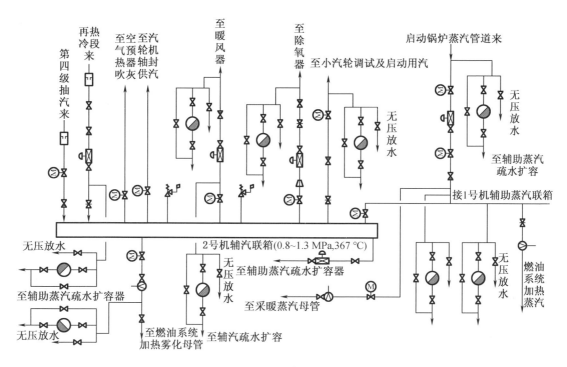

图5-27 600 MW机组辅助蒸汽系统

2. 知识链接

单元制机组均需设置辅助蒸汽系统。辅助蒸汽系统的作用是保证机组安全可靠地启动和停机,在低负荷和异常工况下提供参数和流量都符合要求的蒸汽,同时向有关设备提供生产加热用汽。

辅助蒸汽系统主要包括辅助蒸汽联箱、供汽汽源用汽支管、减压减温装置、疏水装置及其连接管道和附件。辅助蒸汽联箱是该系统的核心部件。

(1)供汽汽源

辅助蒸汽系统一般有三路汽源,分别满足机组启动低负荷、正常运行及厂区的用汽需要。这三路汽源是:启动锅炉或老厂供汽、再热蒸汽冷段蒸汽、汽轮机第四级抽汽。

①启动锅炉或老厂供汽

对于新建电厂的第一台机组,要设置启动锅炉(一般为燃油锅炉),用锅炉生产的新蒸汽来满足机组的启停和厂区用汽。对于扩建电厂,可利用老厂锅炉的过热蒸汽作为启动和低负荷汽源。

供汽管道沿汽流方向安装气动薄膜调节阀和止回阀,为便于检修调节阀,在其前后均安装一只电动截止阀,在检修时切断来汽。第一个电动截止阀前设有疏水点,将暖管疏水排至无压放水母管。

②再热蒸汽冷段蒸汽

机组低负荷运行,随着负荷增加,当再热蒸汽冷段压力达到要求时,辅助蒸汽由启动锅炉切换至再热蒸汽冷段供汽。

供汽管道沿汽流方向安装的阀门有:流量测量装置电动截止阀、止回阀、气动薄膜调节

阀和截止阀。止回阀的作用是防止辅助蒸汽倒流入汽轮机。调节阀后设置疏水点,将疏水疏放至辅助蒸汽疏水扩容器。

③汽轮机第四级抽汽

当机组负荷升高到 70% ~ 85% MCR 时,第四级抽汽参数符合要求,可将辅助蒸汽汽源切换至第四级抽汽。机组正常运行时,辅助蒸汽系统也由第四级抽汽供汽。

采用第四级抽汽为辅助蒸汽系统供汽的原因是:在机组正常运行工况下,其压力变化范围与辅助蒸汽联箱的压力变化范围基本一致。在这级供汽支管上,一般设置流量测量装置电动截止阀和止回阀,不设置调节阀。所以,在一定范围内,辅助蒸汽联箱的压力随机组负荷和第四级抽汽压力滑压运行,从而减少了节流损失,能提高机组的热经济性。

(2)辅助蒸汽的用途

①向除氧器供汽

a. 机组启动时,为除氧器提供加热蒸汽。

b. 低负荷或停机过程中,第四级抽汽压力降至无法维持除氧器的最低压力时,自动切换至辅助蒸汽,以维持除氧器定压运行。

c. 甩负荷时,辅助蒸汽自动投入,以维持除氧器内具有一定压力。

d. 停机情况下,向除氧器供应一定量的辅助蒸汽,使除氧器内贮存的凝结水表面形成层蒸汽,防止凝结水直接与大气相通,造成凝结水溶氧量增加。

e. 机组负荷突生时,为除氧器水箱内的再沸腾管提供加热蒸汽,保证除氧效果。

②汽轮机轴封系统用汽

600 MW 机组采用自密封平衡供汽的轴封系统,辅助蒸汽系统仅在机组启、停及低负工况下向汽轮机提供轴封用汽。

③小汽轮机的调试、启动用汽

机组启动之前,如果驱动给水泵的小汽轮机需要调试用汽,可由辅助蒸汽供给。供汽管道接在小汽轮机主汽门前。

④锅炉暖风器用汽

正常运行时,锅炉暖风器用汽由汽轮机的第五级抽汽供给。当机组启动和低负荷运行时,第五段抽汽压力不能满足用汽要求,由辅助蒸汽系统供汽。

⑤其他用汽

辅助蒸汽系统还提供空气预热器启动吹灰用汽、油区吹灰、燃油及燃油雾化、油库加热,空调及采暖用汽、全厂生活用汽和机组停运后露天设备的防护用汽。

(3)系统的附件

①阀门

系统的各用汽支管上均安装电动截止阀。辅助蒸汽联箱至除氧器的管道上依次安装电动截止阀、气动薄膜调节阀、手动闸阀和止回阀。止回阀的作用是防止除氧器中的水倒流入辅助蒸汽联箱。辅助蒸汽联箱至小汽轮机的管道上安装有止回阀。辅助蒸汽联箱至暖风器的管道上安装气动薄膜调节阀和止回阀。

②减温装置

辅助蒸汽系统向锅炉燃油雾化和油区加热吹扫提供蒸汽时,先流经减温器,将温度降至250℃,以适应用汽要求。喷水减温器的水源来自主凝结水管道,由凝结水精处理装置后引出。

③安全阀

辅助蒸汽联箱上安装两只弹簧安全阀,作为超压保护装置,防止压力调节阀失灵时辅助蒸汽联箱超压。

(4)系统的疏水

为防止辅助蒸汽系统在启动、正常运行及备用状态下,管道内积聚凝结水,在各供汽支管低位点和辅助蒸汽联箱底部均设有疏水点。疏水先进入辅助蒸汽疏水扩容器,利用压差自流入凝汽器。水质不合格时,排放到无压放水母管。

5.1.9　热电厂供热系统

1.给定任务

给定间接供热系统(图5-28),识读、分析图纸并完成如下任务:

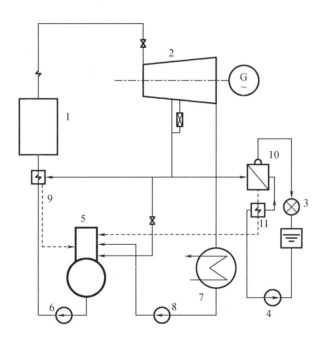

1—锅炉;2—抽气式汽轮机;3—热用户;4—热网回水泵;5—除氧器;6—给水泵;
7—凝汽器;8—凝结水泵;9—高压加热器;10—蒸汽发生器;11—蒸汽给水预热器。

图5-28　间接供汽系统

(1)间接供热系统概念解析;

(2)间接供热系统构成解析;

(3)构建间接供热系统模型。

2. 知识链接

（1）热负荷的类型

集中供热系统的热负荷包括采暖、通风、生活用热水供应和生产工艺等热负荷。居民住宅、公共建筑的采暖、通风和生活用热水供应热负荷属于民用热负荷。生产工艺及厂房的采暖、通风和厂区的生活用热水供应热负荷属于工业热负荷。

按照热负荷的性质，可以将其分为季节性热负荷和常年性热负荷。采暖、通风热负荷是季节性热负荷，与室外空气温度、湿度、风速、风向、太阳辐射等气象条件有关。生产工艺、生活用热水供应热负荷为常年性热负荷。生产工艺热负荷主要与生产的性质、工艺过程、规模和用热设备的情况有关。生活用热水供应热负荷主要由使用热水的人数、卫生设备的完善程度和人们的生活习惯决定。

生产工艺热负荷是为了满足生产过程中加热、烘干、蒸煮、清洗、溶化等的用热，或作为动力用于拖动机械设备的用热。按照生产工艺对温度的要求，生产工艺热负荷的用热参数大致可分为三类：供热温度在 130 ~ 150 ℃ 以下的，称为低温供热，一般要供给 0.4 ~ 0.6 MPa 的饱和蒸汽；供热温度为 150 ~ 250 ℃ 的，称为中温供热，这种供热的热源往往是中小型锅炉或热电厂汽轮机的 0.8 ~ 1.3 MPa 的调整抽汽；供热温度高于 250 ~ 300 ℃ 的，称为高温供热，热源通常是大型锅炉房或热电厂取用新蒸汽经过减温减压后的蒸汽。

为了保证室内空气一定的清洁度和温度，要对生产厂房、公用建筑和居民房间进行通风或空调，在供热季节中，加热从室外进入的新鲜空气所消耗的热量，称为通风热负荷。通风热负荷是季节性热负荷，公用建筑和工业厂房的通风热负荷一般在一昼夜间的波动较大。

（2）热电厂供热系统

热电厂供热载热质有蒸汽和热水两种，分别称为汽网和水热网。

①向热用户供应热水——热网加热器系统

热网加热器用来加热送往热网的水。利用抽汽式汽轮机的调整抽汽在热网加热器内将热网水加热后向热用户供热。

热水作为载热质的主要优点：输送热水的距离较远，可达 30 km 左右；在绝大部分供暖期间可使用压力较低的汽轮机抽汽，从而提高了发电厂的热经济性；在热电厂中可进行集中供热调节，比其他调节方式经济方便；水热网的蓄热能力比汽网高，供热的稳定性好；与有返回凝结水的汽网相比，水热网金属消耗量、投资及运行费用都较小。其主要缺点：输送热水要耗费电能；水热网水力工况的稳定和分配较为复杂；由于水的密度大，事故时水热网的工质泄漏是汽网的 20 ~ 40 倍。

一般水热网适用于供暖、通风负荷，以及 100 ℃ 以下的低温度工艺热负荷。

热网加热器一般是立式。它的工作原理、构造与表面式加热器类似。其特点是容量和换热面积较大，端差可达 10 ℃，为了便于清洗一般采用直管管束。

供暖是有季节性的，绝大部分供暖期间的热负荷都低于最大值，所以不应按季节性热负荷的最大值来选择热网加热器，一般是装设基本热网加热器和高峰热网加热器。

基本热网加热器在整个供暖期间均在运行，它利用抽汽式汽轮机的 0.12 ~ 0.25 MPa 的调整抽汽作为加热蒸汽，可将水加热到 95 ~ 115 ℃，能满足绝大部分供暖期间对水温的要求。

高峰热网加热器在冬季最冷月份，要求供暖水温高于 120 ℃ 时才投用。它利用压力较高的汽轮机抽汽或经减温减压后的新蒸汽为汽源，将热网水加热到所需的送水温度。

图 5 - 29 为中参数热电厂的热网加热器连接系统。

系统中热网加热器的容量及台数,应根据供暖、通风和其他热负荷来选择,一般不设备用,但当任何一台热网加热器停止运行时,其余热网加热器应能保证最大热负荷的70%。对高峰加热器还应根据热负荷的性质、供暖距离及气候条件等决定。

热网加热器的疏水一般都是引入回热系统中。疏水方式采用逐级自流,最后的疏水用疏水泵送与热网加热器共用一级抽汽的除氧器内,或引至与热网加热器共用一级抽汽的表面式加热器后的主凝结水管道中。

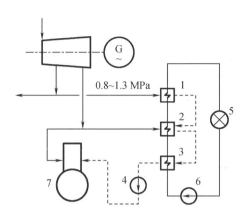

1—高峰热网加热器;2—基本热网加热器;3—疏水冷却器;4—疏水泵;5—热用户;6—热网水泵;7—大气式除氧器。

图5-29 热网加热器连接系统

②向外界热用户供应蒸汽

热电厂向热用户供应蒸汽的方式,有直接供汽和间接供汽两种。

图5-30为直接供汽系统,它利用背压式汽轮机的排汽或可调节抽汽式汽轮机的高压(0.8~1.3 MPa)抽汽,直接向热用户供应蒸汽。热用户用热后的蒸汽凝结水(回水),根据水质情况可全部或部分地回收,回收率的高低对热电厂的经济性有一定影响。

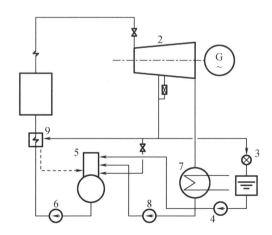

1—锅炉;2—抽汽式汽轮机;3—热用户;4—热网回水泵;5—除氧器;
6—给水泵;7—凝汽器;8—凝结水泵;9—高压加热器。

图5-30 直接供汽系统

图5-28为间接供汽系统。它通过专用的蒸汽发生器加热产生二次蒸汽,并将二次蒸

汽送往热用户,完成供热后的蒸汽凝结水回收到发电厂。间接供汽方式完全避免了工质的外部损失,但系统和设备复杂,投资和运行费用增加,且蒸汽发生器的传热端差较大,一般为 $15 \sim 25$ ℃,增加了换热过程的不可逆损失,降低了发电厂的热经济性,较直接供汽方式约多耗燃料 2% 。在系统返回水率较低,电厂对给水品质要求较高,补充水水质比较差的情况下,多考虑采用间接供汽方式。

③循环水供热系统

用循环水作为载热质供热必须提高凝汽器循环水出水温度,使凝汽器低真空运行,是能源综合利用、省煤节电的一项技术革新措施。

实际应用中,是将汽轮机的排汽压力提高(或者说提高凝汽器内压力)至 0.045 4 MPa 运行,使相应的循环水出口温度为 $70 \sim 80$ ℃。这样,可将温度较高的循环水作为热网供热介质,凝汽器就承担了供暖系统中的基本热网加热器的任务,从而可节省大量的供暖抽汽。

图 5 - 31 为热电厂用循环水做载热质的热网系统。使用一台 31 - 12 型汽轮机组供热,由于凝汽器的低真空运行(真空降低到 53 kPa 左右),故使用同样的蒸汽量,虽然电功率降低 1 MW 左右,但循环水出口温度可达 $70 \sim 80$ ℃,可送入热网供暖。在整个供暖季节代替了基本热网加热器,节省了大量燃料。

这里必须指出,这种降低凝汽器真空供暖的运行方式会使汽轮机的效率下降,但把循环水吸收的热量又重新供热利用,既消除了凝汽器的冷源损失,又提高了整个电厂的循环效率。因此,这种运行方式对电厂对社会都是有益的。

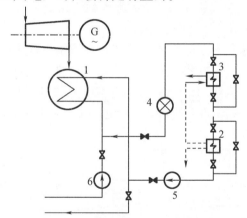

1—凝汽器;2—基本热网加热器;3—高峰热网加热器;4—热用户;5—热网水泵;6—循环水泵。

图 5 - 31　循环水热网系统

(3)供热调节

热电厂对外供热不仅要满足各用户对供热量的要求,而且还要保证各用户所需的供热参数。例如:用来取暖的热量是随时间而变化的,为了满足热用户的要求,需进行供热调节。

调节分为对系统的初调节和对系统的运行调节。

热水供热系统的初调节分为室外和室内两部分。首先通过调节各用户入口处和网路上的阀门,使热水网路的水力工况满足各用户的要求,然后再对室内系统的各立管和主管进行调节。引入口或监测站通常都装有检测仪表,所以室外网路的初调节可以根据热水的温度和量(压差)进行调节,而室内系统的初调节通常只能依靠临时观测各房间室温来进行调节。

初调节完毕后,热水供热系统还应根据室外气象条件的变化进行调节,称为运行调节——供热调节。根据调节地点不同,供热调节可分为集中调节、局部调节和个体调节三种调节方式。集中调节是在热源处进行调节,局部调节是在热力站或用户入口处进行调节,个体调节是直接在散热设备处进行调节。

集中调节容易实施,运行管理方便,是最主要的供热调节方法。但即使对只有单供热热负荷的供热系统,也往往需要对个别热力站或用户进行局部调节,调整用户的用热量。对有多种热负荷的热水供热系统,通常根据供热热负荷进行集中供热调节。而对于其他热负荷(如热水供应、通风等热负荷),由于其变化规律不同于供热热负荷,需要在热力站或用户处配以局部调节,以满足要求。对多种热用户的供热调节,通常也称为供热综合调节。

集中调节的方法主要有:

①质调节:供热系统的流量不变,只调节系统的供水温度。

②分阶段改变流量的质调节:在采暖期间不同时间段,采用不同的流量并调节系统的供、回水温度。

③间歇调节:在采暖初、末期(室外温度不很低),系统维持一定的流量和供、回水温度,通过调节每天的供热时数进行调节。

④质量—流量调节:根据供热系统的热负荷变化情况来调节系统的循环水量,同时改变系统的供、回水温度。

⑤热量调节:采用热量计量装置,根据系统的热负荷变化直接对热源的供热量进行调节控制(目前,完全采用热量调节有一定困难)

(4)减压减温器

减压减温器是将较高参数蒸汽的压力和温度降至所需要数值的设备。其基本工作原理是通过节流降低压力,通过喷水降低温度,如图5-32所示。

图5-32 减压减温器原理

在热电厂中,主蒸汽通过减压减温器与蒸汽热网相连或与热网加热器相连,也可减压减温后作为抽汽的备用汽源。有时高峰加热器的汽源直接采用主蒸汽通过减压减温后供给,此时它是工作汽源,而非备用汽源。

在凝汽式发电厂中,减压减温器用来构成主蒸汽的旁路系统、厂用汽的备用汽源等。

经常运行的减压减温器应设有备用,并且备用要处于热备用状态,以保证随时可自动投入。

图5-33为减压减温器系统。减压减温器主要由减压阀3(回转调节阀)、减温设备冷却水调节阀14、喷水装置喷嘴6和文丘里管5、混合器17、压力温度的自动调节系统等组成。冷却介质为锅炉给水或凝结水。

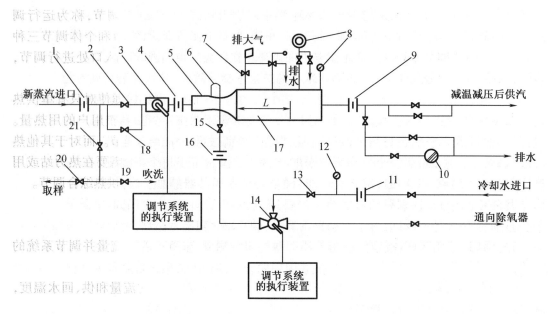

1,4,9,16—节流孔板;2,13—阀门;3—减压阀;5—文丘里管;6—喷水装置喷嘴;7—安全阀;8—测量仪表;10—疏水器;12—压力表;14—减温设备冷却水调节阀;15—止回阀;17—混合器;18—预热阀;19—吹洗用阀;20—取样阀;21—分支阀。

图 5-33　减压减温器系统

　　锅炉来的新蒸汽经减压阀 3 节流降压至所需压力后再进入文丘里管 5 喷水降温,若减压减温后的蒸汽压力和温度不符合规定值,则由测量仪表 8 产生调节信号,调节系统的执行机构动作,控制减压阀 3 和减温设备冷却水调节阀 14 的开度,使减压减温后的蒸汽压力和温度稳定在允许的范围内。

　　(5)热力站

　　热力站是指连接供热一次网和二次网,并装有与用户连接的有关设备、仪表和控制设备的机房,是热量交换、热量分配以及系统监控和调节的枢纽。其作用是根据热网工况和不同的条件,采用不同的连接方式,集中计量、检测供热载热质的参数和流量,调节、转换热网输送的工质,向热用户系统分配热量,满足用户需要。

　　热力站根据服务对象的不同,可以分为工业热力站和民用热力站;根据供热管网载热质的不同,可以分为热水供热热力站和蒸汽供热热力站;根据位置和功能不同,可以分为用户热力站、小区热力站和区域性热力站。

　　①工业热力站

　　工业热力站的服务对象是工厂企业用热单位,多为蒸汽供热热力站。图 5-34 为具有多类热负荷(生产、通风、供热、热水供应热负荷)的工业热力站示意图。热网蒸汽首先进入汽缸,然后根据各类热用户要求的工作压力和温度,经减压阀(减温器)调节后分别输送出去。如工厂采用热水供热系统,则多采用汽-水式热交换器,将热水供热系统的循环水加热。

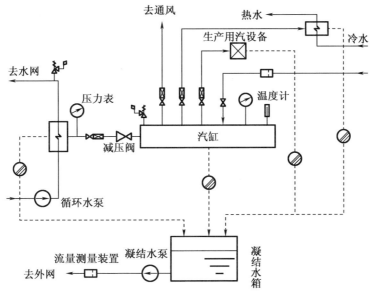

图 5-34 工业热力站示意图

开式水箱多为长方形,附件一般应有温度计,水位计,人孔盖,空气管,进、出水管和泄水管。当水箱高度大于 1.5 m 时,应设置扶梯。闭式水箱是承压水箱,水箱应做成圆筒形,通常用 3~10 mm 钢板制成。闭式水箱的附件一般有温度计,水位计,压力表,取样装置,人孔盖,进、出水管,泄水管和安全水封等。安全水封的作用是防止空气进入水箱内,防止水箱的压力过高并且有溢流作用。当水箱的压力正常时,水位在正常水平;当水箱的压力过高时,水封被突破,箱内的蒸汽和不凝结气体排往大气,将箱内的压力维持在一定的水平。凝结水泵不应少于两台,其中一台备用。

②民用热力站

民用热力站的服务对象是民用用热单位(民用建筑及公共建筑),多属于热水供热热力站,如图 5-35 所示。热力站在用户供、回水总管进、出口处安装有关断阀门、压力表和温度计。用户进水管上应安装除污器,以免污垢杂物进入局部供热系统。如果引入用户支线较长,宜在用户供、回水管总管的阀门前设置旁路阀。当用户暂停供热或检修而网路仍在运行时,关闭引入口总阀门,将旁路阀打开使水循环,以避免外网的支线冻结。另外,应当根据用户供热质量的要求,设置手动调节阀或流量调节阀,便于供热调节。

各类热用户与热水网路并联连接。城市上水进入水-水换热器,热水沿热水供应网路的供水管输送到各用户。热水供应系统中设置热水供应循环水泵和循环管路,使热水能不断地循环流动。当城市上水悬浮杂质较多、水质硬度或含氧量过高时,还应在上水管处设置过滤器或对上水进行必要的水处理。供热热用户与热水网路采用直接连接。当热网供水温度高于设计的供水温度时,热力站内设置混合水泵,抽引供热系统的网路回水,与热网的供水混合,再送往热用户。混合水泵不应少于两台,其中一台备用。

热力站应设置必要的检测、自控和计量装置。在热水供应系统上,应设置上水流量表,用以计量热水供应的用水量。热水供应的供水温度,可用温度调节器控制。根据热水供应的供水温度,调节进入水－水换热器的网路循环水量,配合供、回水的温差,可计量供热量。

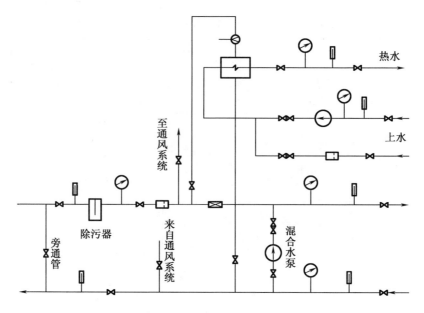

图 5－35　民用热力站示意图

5.1.10　锅炉排污与发电厂的补充水系统

1.给定任务

给定 600 MW 机组补充水系统(图 5－36),识读、分析图纸并完成如下任务:

(1)600 MW 机组补充水系统概念解析;

(2)600 MW 机组补充水系统构成解析;

(3)构建 600 MW 机组补充水系统模型。

2.知识链接

(1)锅炉排污的目的及排污的形式

为保证锅炉的锅水品质,在汽包锅炉的锅水中要加入某些化学药品,使随给水进入锅炉的结垢物质生成水渣或呈溶解状态,或生成悬浮细粒呈分散状态。这些杂质留在锅水中,随着运行时间的增长,锅水含盐量超过允许值,这不仅使蒸汽带盐,影响蒸汽品质,还可能造成炉管堵塞,影响锅炉的安全运行。

为获得清洁蒸汽,在汽包锅炉运行中,把一部分含盐浓度较大的锅水、悬浮物和水渣通过排污排出,同时补入等量洁净的水,使锅水含盐量在一定的范围内。锅炉排污又分为连续排污和定期排污。连续排污是从汽包中含盐量较大的部位连续排放锅水,由于连续排污量大,对连续排污一般要求回收工质和热量。定期排污是从锅水循环的最低部(水冷壁下联箱)排放锅水,一般在低负荷时进行,排污时间为 0.5 ~ 1 min,排污量为锅炉额定蒸发量的 0.1% ~ 0.5%,定期排污能迅速地降低锅水的含盐量,锅炉汽包的紧急放水、定期排污水、锅炉检修或水压试验后的放水、锅炉点火升压过程中对水循环系统进行冲洗的放水、过热器和再热器的下联箱及出口集汽箱的疏水等均进入锅炉定期排污扩容器后,排入排污冷却井或地沟。锅炉的定期排污系统主要是为安全性而设置的,排污量较少,因此一般不考虑工质的回收,如图5-37所示。汽包锅炉均设置一套完整的连续排污利用系统和定期排污系统。

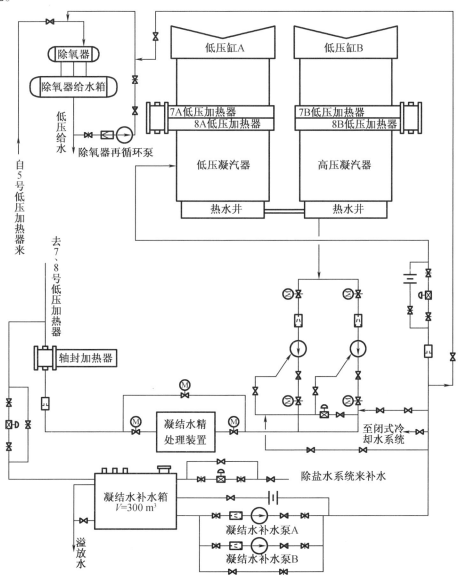

图 5 - 36 600 MW 机组补充水系统

（2）连续排污利用系统

①锅炉的排污率

锅炉在运行过程中,需要连续不停地排污,才能保证管道和设备的安全运行,连续排污水量的大小用排污率表示。锅炉的连续排污水量与锅炉额定蒸发量比值的百分数称为锅炉的排污率,即

$$\beta_{\text{b1}} = \frac{D_{\text{b1}}}{D_{\text{b}}} \times 100\%$$

式中　β_{b1}——锅炉的排污率,% ;

　　　D_{b1}——锅炉的排污量,kg/h ;

　　　D_{b}——锅炉的额定蒸发量,kg/h。

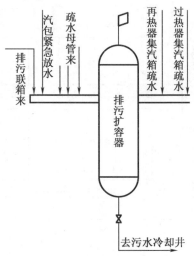

图 5 - 37　定期排污系统

锅炉的排污率过大,会使电厂工质损失增大,热经济性下降;过小又使锅水含盐量增大。根据《火力发电厂化学设计技术规程》(DL/T 5068—2006)的规定:汽包炉的排污率不得低于 0.3% ;以化学除盐水和蒸馏水为补充水的凝汽式电厂不得超过 1% ;以化学除盐水或蒸馏水为补充水的热电厂不得超过 2% ;以化学软化水为补充水的热电厂不得超过 5% 。

②连续排污利用系统

锅炉连续排污不仅造成工质损失,还伴有热量损失。锅炉的连续排污损失几乎占全厂汽水损失的一半,并且随着机组容量的不断增加,排污水量越来越大。为了回收这部分工质,利用其热量,发电厂设置了连续排污利用系统。锅炉的连续排污利用系统一般由排污扩容器、排污水冷却器及其连接管道和阀门组成。

在高压发电厂中,为提高排污利用系统的回收效果,常采用依次串联的两级排污利用系统,如图 5 - 38 所示;在超高参数以上的发电厂中,为简化系统,常采用单级排污利用系统,如图 5 - 39 所示。

锅炉的连续排污水流出汽包后进入排污扩容器,在扩容器压力下一部分水汽化成为蒸汽(扩容蒸汽),因蒸汽含盐量少,所以可以进入热力系统。一般是送入与扩容器压力相适应的除氧器中,从而回收一部分工质和热量。两级串联排污利用系统中,第一级排污扩容器产生的扩容蒸汽进入高压除氧器,第二级排污扩容器产生的扩容蒸汽进入大气式除氧器或与之压力、温度最接近的回热加热器中。单级排污利用系统中,回收蒸汽一般进入除氧器。扩容器内来汽化的排污水含盐量很大,已不能回收利用,但其温度仍在 100 ℃以上,为充分利用这部分热量,减少对环境的热污染,流出排污扩容器的排污水流经排污水冷却器,加热化学补充水,当排污水温度降至许可的 50 ℃以下时,再排入地沟。

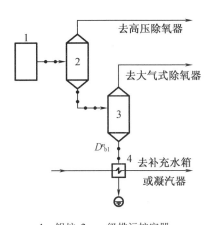

1—锅炉;2——级排污扩容器;

3—二级排污扩容器;4—排污冷却器。

图 5 – 38　两级串联排污利用系统

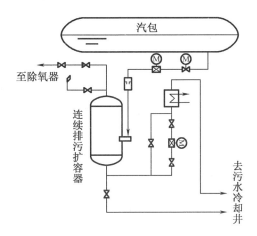

图 5 – 39　300 MW 机组连续排污利用系统

图 5 – 39 为 300 MW 机组汽包炉的连续排污利用系统。在从汽包底部接出的连续排污水管道上装设电动隔离阀、调节阀各一只,调节阀信号来自汽包内锅水硅酸根含量,自动控制连续排污量,以维持锅水硅酸根含量在允许值以内。另外,在该管道上还装设有一套流量测量装置,以便于监视排污水流量和调节阀工作情况。扩容器上部蒸汽出口管上设置一只关断闸阀和止回阀,供检修关断和防止蒸汽倒流,下部排水管上装设一只气动水位调节阀,就地自动调节扩容器的水位,调节阀前后装设关断阀和旁路阀,便于调节故障检修。从连续排污扩容器流出来的排污水直接排入废水处理系统。

(3)发电厂的汽水损失及补充

①发电厂的汽水损失

发电厂存在的汽水损失直接影响着发电厂的安全、经济运行。发电厂的汽水损失,根据损失的部位分为内部损失和外部损失。一般发电厂内部设备本身和系统造成的汽水损失称为内部损失;发电厂对外供热设备和系统造成的汽水损失称为外部损失。

发电厂内部损失的大小,标志着发电厂热力设备质量的好坏,运行、检修技术水平及完善程度。其数值的大小与自用蒸汽量、管道和设备的连接方法以及所采用的疏水收集和废汽利用系统有关。发电厂要做好机、炉等热力设备的疏水、排污及启、停时的排汽和放水的回收。正常汽、水损失率应达到以下标准:200 MW 及以上机组不大于锅炉额定蒸发量的1.5%;100 MW 至 200 MW 机组不大于锅炉额定蒸发量的2.0%;100 MW 及以下机组不大于锅炉额定蒸发量的3.0%。

外部损失的大小与热用户的工艺过程有关。它的数量取决于蒸汽凝结水是否可以返回电厂,以及使用汽、水的热用户对汽、水的污染情况,其数值变化较大。

发电厂的汽水损失,不仅损失了工质,还伴随着热量损失,使燃料消耗量增加,降低了发电厂的热经济性。例如:新蒸汽损失1%,则电厂热效率要降低1%。为了补充汽水损失,就要增加水处理设备,增大了电厂投资,增大电能成本,因此在发电厂的设计和运行中应尽量采取措施,减少汽水损失。

发电厂的汽水损失,采用一些措施以后是可以减少的,但它是不能完全避免的,因此就

需要补充这部分汽水损失。补充水量的大小可由下式计算：

$$D_{ma} = D_{ns} + D_{ws} + D_{bl}''$$

式中　D_{ns}——发电厂内部汽水损失量，kg/h；

　　　D_{ws}——发电厂外部汽水损失量，kg/h；

　　　D_{bl}''——锅炉排污水损失量，kg/h。

②发电厂的补充水

发电厂即使采取了一些降低汽水损失的措施，仍然不可避免地存在着一定数量的汽水损失。为补充发电厂工质的这些损失而加入热力系统的水称为补充水。为保证发电厂蒸汽的品质，保证热力设备的安全经济运行，补充水必须经过严格处理。

在确定化学补充水与发电厂热力系统的连接方式时，应考虑几个要求：化学补充水要除氧；其水量应随工质损失的大小而调节；在与系统主凝结水混合时，应尽可能使其引起的传热过程的不可逆热损失（温差）为最小。所以，一般中参数发电厂将化学补充水送入大气式除氧器，高参数发电厂的化学补充水一般引入凝汽器。热电厂外部汽水损失往往比较大，要求有较多的补充水补入热力系统，因此，补充水一般补入补充水除氧器（大气式除氧器）除氧后再流入回热系统的高压除氧器；凝汽式发电厂的汽水损失相对比较少，凝汽式机组凝汽设备的真空较高，补充水一般是补入凝汽器（在凝汽器可进行真空除氧）而后进入回热系统。所有补充水进入除氧器或凝汽器前均设置水位控制器，以调节补充水的数量。

5.1.11　发电厂全面性热力系统

发电厂所有热力设备及其汽水管道和附件连接起来的总系统称为发电厂全面性热力系统，它是发电厂进行设计、施工及运行工作的指导性系统之一

发电厂全面性热力系统明确地反映了发电厂在各种运行工况及事故时的运行方式。发电厂全面性热力系统既要按设备的实有数量表示出全部主要热力设备和辅助设备，如锅炉设备、汽轮发电机组、各种热交换器、减压减温器、各种水泵及水箱等；也要按实际情况表示出发电厂的主蒸汽系统、各局部热力系统、凝结水系统、回热加热系统和供热系统等管道系统；还必须表示出各管道系统中的一切操作部件及保护部件，如阀门、水位调节器、减温装置、流量测量孔板等，从而全面了解全厂热力设备的配置情况及各种工况的运行方式。

属于各设备本体有机组成部分的管道系统，如汽轮机本体的疏水系统、锅炉本体的汽水管道系统等可不在全面性热力系统图中表示出来；对于其他管道系统，如发电厂疏水系统、凝汽器及加热器的空气管道系统等，在全面性热力系统图中一般只表示其主要部分和部件。

全面性热力系统明确地反映出全部热力设备生产连接情况、各种运行工况下热力设备的切换方式和备用设备投入运行的情况。因此，全面性热力系统图是发电厂设计、施工、运行和检修工作中非常重要的指导性文件，对发电厂设计而言，会影响到投资和各种钢材的耗量；对施工而言，会影响到施工工作量和施工周期；对运行而言，会影响到热力系统运行调度的灵活性、可靠性和经济性；对检修而言，会影响到各种切换的可能性及备用设备投入的可能性。

显然，发电厂的全面性热力系统无论从内容上还是从形式上都要比原则性热力系统多而且复杂。

▶ **任务实施** ••

按照给定任务,分析原则性热力系统及主蒸汽与再热蒸汽系统、再热机组的旁路系统、回热抽气系统、主凝结水系统、除氧器管道系统、给水系统、辅助蒸汽系统、供热系统及排污与电厂补充水系统特点,并完成如下任务:

(1)解析每个系统的概念并编写概念汇总表;

(2)分析每个系统构成并制作 PPT 课件;

(3)绘制每个系统流程框图。

▶ **任务评量** ••

任务 5.1 学生任务评量表见表 5 – 2。

表 5 – 2 任务 5.1 学生任务评量表

各位同学:

1. 教师针对下列评量项目并依据评量标准从 A、B、C、D、E 中选定一个对学生操作进行评分,学生在教师评价前进行自评,但自评不计入成绩。

2. 此项评量满分为 100 分,占学期成绩的 10%。

评量项目	学生自评与教师评价	
	学生自评	教师评价
1. 平时成绩(20 分)		
2. 实作评量(40 分)		
3. PPT 设计(20 分)		
4. 口语评量(20 分)		

▶ **复习自查** ••

1. 什么叫原则性热力系统?

2. 什么是单元制主蒸汽系统?

3. 简述除氧器系统构成。

4. 锅炉为什么排污? 排污率如何计算?

任务5.2　发电厂辅助生产系统

➤ **学习目标**

知识目标：

(1)精通发电厂供水系统流程及工作过程；

(2)熟练掌握凝汽器冷却水系统工作原理。

技能目标：

(1)准确绘制发电厂供水系统及冷却系统工艺流程图；

(2)精准分析空气冷却系统的理念并应用；

素养目标：

(1)主动参与小组认知学习,完成图纸识读；

(2)展现创新意识和运用新技术的能力。

➤ **任务描述**

给定电厂全面性热力系统等不同水工系统图样,熟练识读不同水工系统图,按照图样分析其概念、作用,分析水工系统的构成且构建系统模型。

➤ **知识导航**

5.2.1　发电厂供水系统

在发电厂电能与热能的生产过程中,水既是热力循环的工质,又是热交换的介质。如汽轮机排汽的凝结、汽轮发电机冷却气体的冷却、润滑油及辅助机械轴承的冷却等,水起着极大的作用。在发电厂运行中,一旦水源中断,可能造成整个发电厂无法正常生产。

1.发电厂的供水量及供水要求

(1)发电厂的用水量及估算

在整个发电厂的生产过程中需要大量的水。除上述的冷却水外,还有凝结水、给水以及汽水损失的补充水,水力除灰、除尘和生活、消防用水等。一台 50 MW 机组每小时需冷却水量 13 000 t,一台 100 MW 机组每小时耗水量 20 000 t 以上,一座 1 200 MW 的发电厂每小时的用水量约 160 000 t。当然,这些水大部分是可以重复利用的,一座 1 200 MW 的发电厂,由于采用了各种节水措施,实际需要的补水量约为 40 000 t。

发电厂的水源、取水设备、用水设备以及它们的连接管道、阀门和附件组成的系统称为发电厂的供水系统。在发电厂的用水中,最大的一项是凝结汽轮机排汽的冷却水,它约占全厂供水量的 95%,其数值一般按下式计算：

$$D_1 = mD_c$$

式中　D_1——冷却水量,kg/h；

m——凝汽器的冷却倍率;

D_c——汽轮机排汽量,kg/h。

冷却倍率是反映冷却水量大小的特性系数。它与发电厂所在地区、运行的季节、机组的供水方式和凝汽器的结构特点等因素有关。经济的冷却倍率由凝汽器的最佳真空决定,是运行费用最低的冷却倍率。我国各地冬、夏季节冷却倍率的一般数值见表5-3。发电厂的其他用水量可按实际情况计算,也可按相对于冷却水量的多少进行估算。发电厂其他各项用水量的相对比值见表5-4。

表5-3 我国各地冬、夏季节冷却倍率的一般数值

地区	直流供水		循环供水	直流供水夏季平均水温/℃
	夏季	冬季		
北方(华北、东北、西北)	50 ~ 55	30 ~ 40	60 ~ 75	18 ~ 20
中部	60 ~ 65	40 ~ 50	65 ~ 75	20 ~ 25
南部	65 ~ 75	50 ~ 55	——	25 ~ 30

表5-4 发电厂其他各项用水量的相对比值

冷却凝汽排汽	100	水力除灰系统排灰渣	2 ~ 5
冷却大型汽轮发电机组的油和空气	3 ~ 7	热电厂的厂内、外汽水损失补充	1.5 以下
冷却辅助机械轴承	0.6 ~ 1	生活及消防	0.03 ~ 0.05
凝汽式发电厂的厂内汽水损失	0.06 ~ 0.12	冷却塔或喷水池的冷却水损失	4 ~ 6

(2)发电厂对供水的要求

发电厂在生产过程中需水量大,而且供水的可靠与否,直接关系到汽轮发电机组及其轴助设备的安全经济运行。为此,发电厂对供水提出了下列要求:

①水源必须可靠,保证发电厂在任何时候都有充足的供水量;

②夏季气温较高时,进入凝汽器的冷却水温一般也不应超过制造厂的规定数值;

③水质符合要求,水中的含砂量、漂浮寄生物以及对设备有害的化学成分应在规定的范围内;

④厂区尽可能靠近水源,使供水系统的投资、运行及维护费用最少。

2.直流供水系统

直流供水系统的一般流程:取水设备直接从自然水源取水,冷却水经凝汽器、开式冷却水系统和其他冷却用水设备吸热后,又直接由管道或沟渠排至自然水源。

图5-40为具有岸边水泵房的直流供水系统。水源的冷却水经过拦污栅(网孔为4 cm×4 cm)后,由岸边水泵房的循环水泵吸送,经管道和阀门而流入凝汽器、开式冷却水系统和其他用水设备;被使用后再由排水沟渠直接排至水源。其特点是水泵房一般标高较低,水泵能自流取水,运行相当可靠。为减少阻力,水泵进口一般不设阀门。检修调换时,可用闸板或堵板断水;因水源水位有波动(如雨水变化等),其循环水泵要有陡降的性能曲线;又因全厂一般集中并联供水,为节约投资,常设4台泵,不设备用泵,每台水泵的容量可按最大

总供水容量的25%选用,全厂供水已足够可靠。

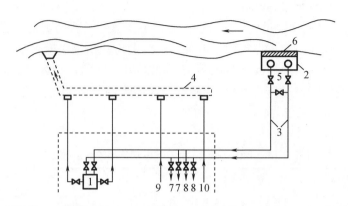

1—凝汽器;2—岸边水泵房;3—压力水管;4—排水沟渠;5—循环水泵;6—拦污栅;
7—开式冷却水系统;8—其他用水;9—开式冷却水系统排水管;10—其他排水管。

图 5 – 40 具有岸边水泵房的直流供水系统

中小容量的电厂,当附近有流量相当大的江河、湖泊、水库(一般要求超过发电厂总用水量的 2~3 倍)时,经技术经济比较后,可采用这种供水系统。

当自然水源水量充足,但发电厂厂址标高与水源水位相差很大或两地相距很远(大于 1 km)时,直流供水系统可设两级泵房(一个在岸边,一个在厂区),中间用自流明渠或供水管道相连,如图 5 – 41 所示。

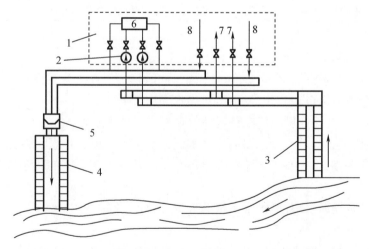

1—汽轮机房;2—循环水泵;3—进水渠;4—排水渠;5—虹吸井;6—凝汽器;
7—开式冷却水系统用水设备;8—开式冷却水系统排水设备。

图 5 – 41 循环水泵布置在汽轮机房内的直流供水系统

当厂区标高与水源水位相差很小及水源水位变化不大时,可采用循环水泵布置在汽机房内的直流供水系统。这种供水系统,有时用明渠代替了供水管道即不需要设水泵房,所以能节约投资,减少运行费用。但是汽机房的占地面积略有增大。

3. 循环供水系统

循环供水系统是在水源水量贫乏或受季节影响极大而无法满足供水要求的情况下采用的一种供水方式。

在循环供水系统中,冷却水经凝汽器、开式冷却水系统和其他用水设备吸热后进入冷却设备,将热量传给空气而本身冷却后,再由循环水泵送回凝汽器重复使用。循环供水系统的冷却设备有三种形式:冷却水池、喷水池、冷却塔。冷却水池主要靠蒸发原理散热。有的小机组采用喷水池作为冷却设备,利用蒸发和对流将热量传递给空气后而冷却。由于前两种供水系统占地面积大,冷却效果差,只用于中小型电厂,也有逐步淘次的趋势。目前,冷却塔是发电厂常用的冷却设备。

冷却塔循环供水系统根据通风方式的不同,可分为自然通风和机械通风两种。大型电厂广泛采用自然通风冷却塔循环供水系统,如图5-42所示。

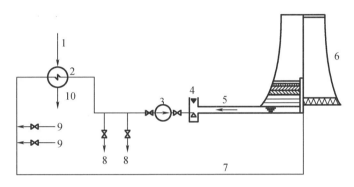

1—汽轮机排汽;2—凝汽器;3—循环水泵;4—吸水井;5—自流渠;6—冷却塔;
7—压力循环水管;8—开式凝水系统及其他用水设备;9—开式冷却水系统及其他用水设备;10—凝结水管。

图5-42 自然通风冷却塔循环供水系统

自然通风冷却塔循环供水系统的工作流程:由凝汽器吸热后出来的循环水及开式冷却水系统和其他用水设备的回水,经压力管道进入冷却塔的竖井,送入冷却塔。然后分流到各主水槽,再经分水槽流向配水槽。在配水槽上设有喷嘴,水通过喷嘴喷溅成水花,均匀地洒落在淋水填料层上,喷溅水逐步向下流动,造成多层次溅散。随着水的不断下淋,将热量传给与之逆向流动的空气,同时水不断蒸发。蒸汽携带汽化潜热,使水的温度下降,从而达到冷却的目的。冷却后的水,落入冷却塔下面的集水池中,而后沿自流渠进入吸水井,由循环水泵升压后再送入凝汽器及开式冷却水系统和其他用水设备重复使用。

自然通风冷却塔为一高大的双曲线风筒(图5-42),主要塔内外空气的密度差而形成自然风。由于塔内空气受热后,其密度较塔外空气小,所以风筒内热空气向上流动,塔外的冷空气由下部进入塔内,并与下淋的水形成逆向流动,因而冷却效果较为稳定。塔内外空气密度差越大,通风抽力越大,对水的冷却越有利。

5.2.2 凝汽器的冷却系统

1. 湿冷凝汽器的冷却系统

在湿冷凝汽器中,汽轮机排汽的热量被冷却水吸收,排汽从而凝结为水。这种以冷却

水为冷却介质的凝汽器冷却系统,称为湿冷凝汽器的冷却系统。

（1）凝汽器的开式冷却水系统

取水设备直接从自然水源取水,冷却水经凝汽器吸热后,又直接由管道或沟渠排至自然水源的冷却水系统,称为凝汽器的开式冷却水系统(图5-40至图5-42)。

（2）凝汽器的闭式冷却水系统

在凝汽器的闭式冷却水系统中,冷却水经凝汽器吸热后进入冷却设备,将热量传给空气而本身冷却后,再由循环水泵送回凝汽器重复使用(图5-42)。

2. 空冷凝汽器的冷却系统

随着工农业生产的不断发展,人民生活水平的提高,各方面所需要的水量和电量都在不断增大。因此,对发电厂日益增大的耗水量必将难以满足。此外,环境保护方面对冷却水的排放也提出了更为严格的要求,这就迫使大型发电厂去寻找新的冷却介质,以解决水源不足所造成的难题。

在这样的情况下,人们发展了节水的空冷凝汽器冷却系统,简称为空气冷却系统。所谓空气冷却系统是指采用翅片管式的空冷散热器,直接用环境空气冷凝汽轮机排汽,或先通过循环水冷凝汽轮机排汽,再间接用空气通过空冷散热器冷却循环水的系统。

当前用于发电厂的空气冷却系统主要有三种:①直接空冷系统;②混合式凝汽器的间接空冷系统;③表面式凝汽器的间接空冷系统。直接空冷系统多采用机械通风方式,两种间接空冷系统多采用自然通风。

直接空冷机组的原则性汽水系统如图5-43所示。直接空冷的原理是汽轮机的排汽直接进入空冷凝汽器的冷却部件,轴流冷却风机使冷却空气在管外流动,蒸汽冷凝成水并把热量传给外界空气,二凝结水则用泵送回到汽轮机的回热系统。

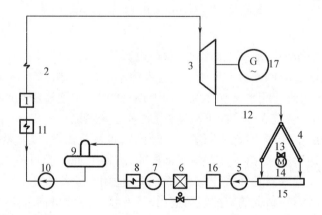

1—锅炉;2—过热器;3—汽轮机;4—空气凝汽器;5—凝结水泵;6—凝结水精处理装置;7—凝结水升压泵;
8—低压加热器;9—除氧器;10—给水泵;11—高压加热器;12—汽轮机排汽管道;13—轴流冷却风机;
14—立工电动机;15—凝结水箱;16—除铁器;17—发电机。

图5-43 直流空冷机组的原则性汽水系统

直接空冷的凝汽设备称为空冷凝汽器,它是由外表面镀锌的椭圆形钢管外套矩形钢翅片的若干个管束组成的,这些管束也称为散热器。

空冷凝汽器的结构有顺流式、逆流式、顺逆流联合式三种。

①顺流式空冷凝汽器

汽轮机排汽沿配汽管由上而下进入空冷凝汽器被冷凝,冷凝后的凝结水的流动方向与蒸汽流动方向相同,称为顺流式空冷凝汽器。顺流式空冷凝汽器具有凝结水液膜较薄、传热效果好、汽阻小等优点。但在低负荷或低气温条件下,凝结水箱内可能出现凝结水过冷却现象,凝结水过冷却将使凝结水含氧量增多,引起翅片管的氧腐蚀,还有导致冰冻的危险。

②逆流式空冷凝汽器

汽轮机排汽沿配汽管由下而上进入空冷凝汽器,冷凝后的凝结水的流动方向与蒸汽流动方向相反,称为逆流式空冷凝汽器。逆流式空冷凝汽器虽然没有凝结水过冷却和冰冻现象,但由于散热管管内凝结水液膜较厚、汽阻大,故传热效果差。

③顺逆流联合式空冷凝汽器

在直接空冷系统中,既要提高传热性能,又要防止凝结水冻结,空冷凝汽器绝大多数采用顺逆流联合式的结构,即以顺流为主、逆流为辅,且两者间散热面积维持一定比例。

在直接空冷系统中,一台风机、几片管束及 A 形构架组成一个冷却单元。直接空冷系统中各主要设备的位置如图 5 - 44 所示,其流程为汽轮机排汽沿配汽管由上而下进入顺流凝汽器,凝结水、剩余蒸汽及不可凝结气体进入凝结水箱,剩余蒸汽及不可凝结气体进入逆流凝汽器,轴流冷却风机使空气流过散热器外表面,将空冷凝汽器内的排汽冷凝成水,凝结水再经泵送回汽轮机的回热系统。不凝结气体由水循环真空泵抽出,以维持系统真空。直接空冷系统的优点是设备少、系统简单、基建投资较少、占地少、空气量调节灵活。该系统一般与高背压汽轮机配套。这种系统的缺点是运行时粗大的排汽管道密封困难,维持排汽管内的真空困难,启动时形成真空需要的时间较长。冬季运行时,管内容易结冰,需要作复杂的设计处理。此外,机力通风增加了厂用电,形成了噪声源。直接空冷系统一般配高背压机组。

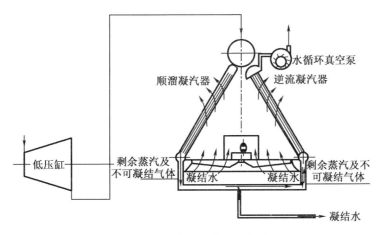

图 5 - 44　直接空冷系统流程

3. 海勒式间接空冷系统

海勒式间接空冷机组原则性汽水系统如图 5 - 45 所示。带喷射式凝汽器的间接空冷系统的工作原理是:汽轮机的排汽进入喷射式凝汽器内直接与喷射出的冷却水接触,排汽冷凝成凝结水并与冷却水结合,混合后的水除用凝结水泵将约2%送回给水系统外,其余的水用冷却循环泵送至冷却塔下部的冷却部件,由空气进行冷却,然后又回到喷射式凝汽器,形成循环。带喷射式凝汽器的间接空冷系统由匈牙利人海勒提出,故称为海勒式间接空冷系统。

海勒式间接空冷系统的优点是以微正压的低压水系统运行,较易掌握、经济性较好;缺点是设备多、系统复杂、冷却水循环泵的泵坑较深、自动控制系统复杂、全铝制散热器防冻性能差。

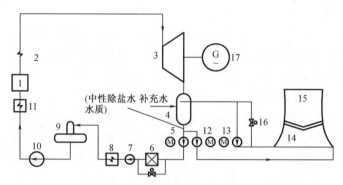

1—锅炉;2—过热器;3—汽轮机;4—喷射式凝汽器;5—凝结水泵;6—凝结水精处理装置;7—凝结水升压泵;
8—低压加热器;9—除氧器;10—给水泵;11—高压加热器;12—冷却水循环泵;
13—调压水轮机;14—全铝制散热器;15—空冷塔;16—旁路节流阀;17—发电机。

图5-45 海勒式间接空冷机组原则性汽水系统

4.哈蒙式间接空冷系统

哈蒙式空冷机组原则性汽水系统如图5-46所示。带表面式凝汽器的间接空冷系统的工作原理:汽轮机的排汽进入表面式凝汽器内,在凝汽器内冷却过程与水冷系统相同,所不同的是冷却水在凝汽器与空冷塔之间进行闭式循环,循环中将排汽的热量从凝汽器中带出,在冷却塔中又传给空气,即用空气来冷却循环水。表面式凝汽器的间接空冷系统又称哈蒙式间接空冷系统。

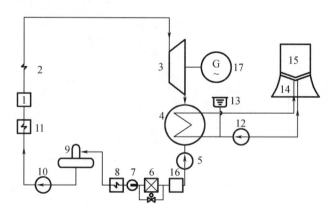

1—锅炉;2—过热器;3—汽轮机;4—表面式凝汽器;5—凝结水泵;6—凝结水精处理装置;7—凝结水升压泵;
8—低压加热器;9—除氧器;10—给水泵;11—高压加热器;12—循环水泵;13—膨胀水箱;
14—全铝制散热器;15—空冷塔;16—除铁器;17—发电机。

图5-46 哈蒙式空冷机组原则性汽水系统

哈蒙式间接空冷系统与常规湿冷系统基本相仿,不同之处是用空冷塔代替了湿冷塔,用不锈钢管凝汽器代替了铜管凝汽器,循环水采用了除盐水质,用密闭式循环水系统代替了敞开式循环水系统。

散热器由椭圆形钢管外缠绕椭圆形翅片或套嵌矩形钢翅片的管束组成,椭圆形钢管及翅片外表面进行热镀锌处理。

空冷塔底部设有储水箱,并设置两台输水泵,可向冷却塔中的空冷散热器充水。空冷散热器及管道满水后,系统即可启动投运。

由于空气冷却系统不采用循环冷却水或采用的是密闭的循环冷却水系统,所以空气冷却系统与湿冷凝汽器的冷却系统相比可以节约全厂耗水量的65%以上或节约循环水补充水的97%以上,是发电厂节水量最多的一项技术。采用空气冷却系统大大缩小了发电厂水源地的建设规模,降低了水源地工程的投资费用。同时,采用空气冷却系统会使全厂的总投资增加5%~15%。因此,空气冷却系统适用于严重缺水、富煤的地区。

▶ 任务实施

按照给定任务,分析全面性热力系统及电厂供水系统、凝汽器冷却水系统特点,并完成如下任务:

(1)解析每个系统的概念并编写概念汇总表;

(2)分析每个系统构成并制作 PPT 课件;

(3)绘制每个系统流程框图。

▶ 任务评量

任务 5.2 学生任务评量表见表 5-5。

表 5-5 任务 5.2 学生任务评量表

各位同学:

1. 教师针对下列评量项目并依据评量标准从 A、B、C、D、E 中选定一个对学生操作进行评分,学生在教师评价前进行自评,但自评不计入成绩。

2. 此项评量满分为 100 分,占学期成绩的 10%。

评量项目	学生自评与教师评价	
	学生自评	教师评价
1. 平时成绩(20 分)		
2. 实作评量(40 分)		
3. ppt 设计(20 分)		
4. 口语评量(20 分)		

▶ 复习自查

1. 什么是凝汽器的冷却倍率? 影响冷却倍率的因素有哪些?

2. 什么是直流供水系统? 什么是循环供水系统?

3. 写出自然通风冷却塔循环供水系统的工作流程。

4. 什么是空气冷却系统?

5. 直接空冷系统的优点和缺点是什么?

> **项目小结**

项目 5 主要内容如图 5 - 47 所示。

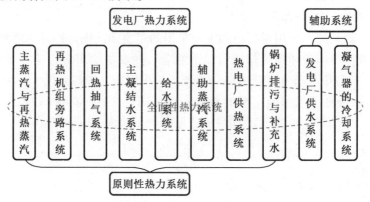

图 5 - 47　项目 5 主要内容

参 考 文 献

[1] 张世源.锅炉安装实用手册[M].北京:机械工业出版社,1996.

[2] 龚克崇.设备安装技术实用手册[M].北京:中国建材工业出版社,1999.

[3] 李瑞杨.锅炉水处理原理与设备[M].哈尔滨:哈尔滨工业大学出版社,2003.

[4] 刘洋.工业锅炉技术[M].哈尔滨:哈尔滨工程大学出版社,2014.

[5] 同济大学.锅炉与锅炉房工艺[M].北京:中国建筑工业出版社,2011.

[6] 夏喜英.锅炉与锅炉房设备[M].哈尔滨:哈尔滨工业大学出版社,2008.

[7] 《工业锅炉房实用设计手册》编写组.工业锅炉房实用设计手册[M].北京:机械工业出版社,1991.

[8] 张灿勇.火电厂热力系统[M].北京:中国电力出版社,2013.

[9] 解鲁生.锅炉水处理及水分析[M].北京:科学出版社,1988.

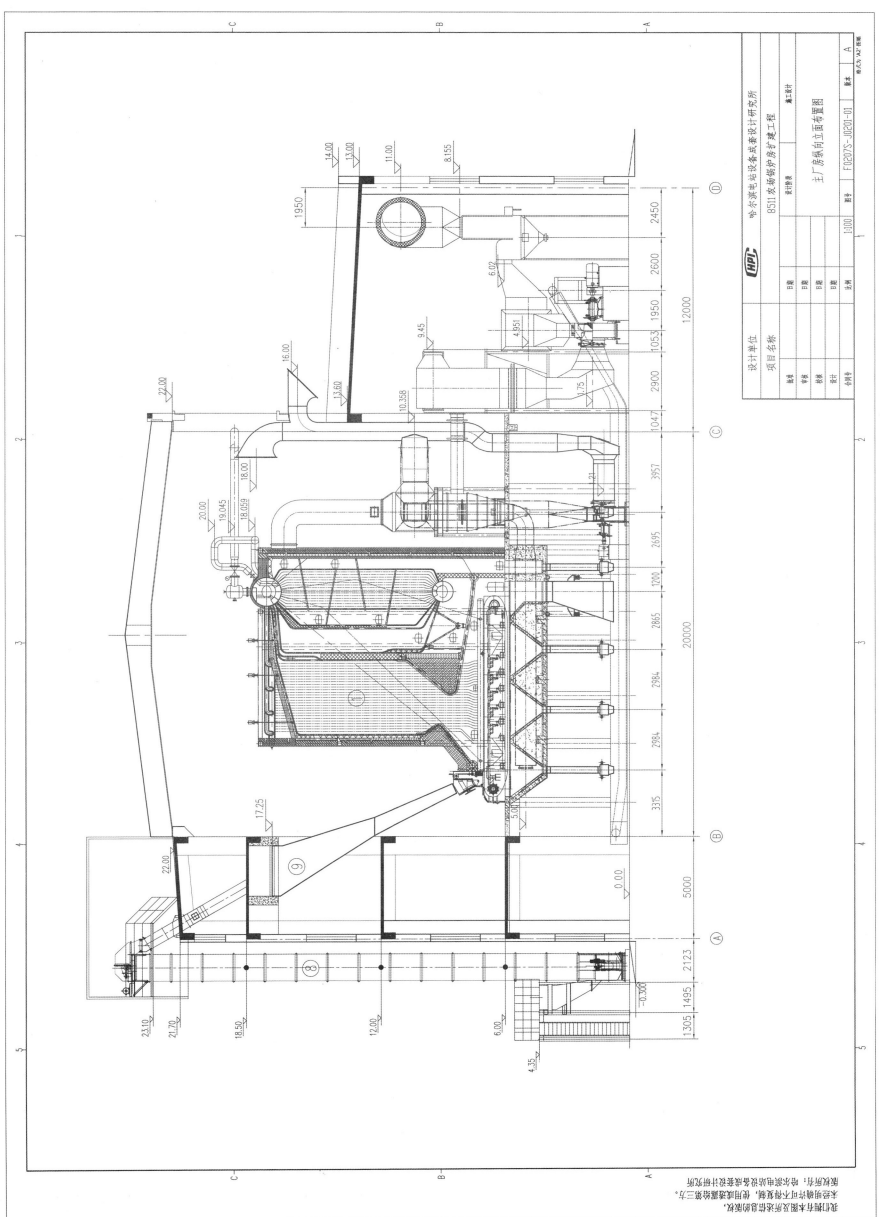

图1-1 SHL29-130/70-AII型锅炉房布置图

哈尔滨电站设备成套设计研究所

8511农场锅炉房扩建工程

主厂房纵向立面布置图

F0207S-J0201-01

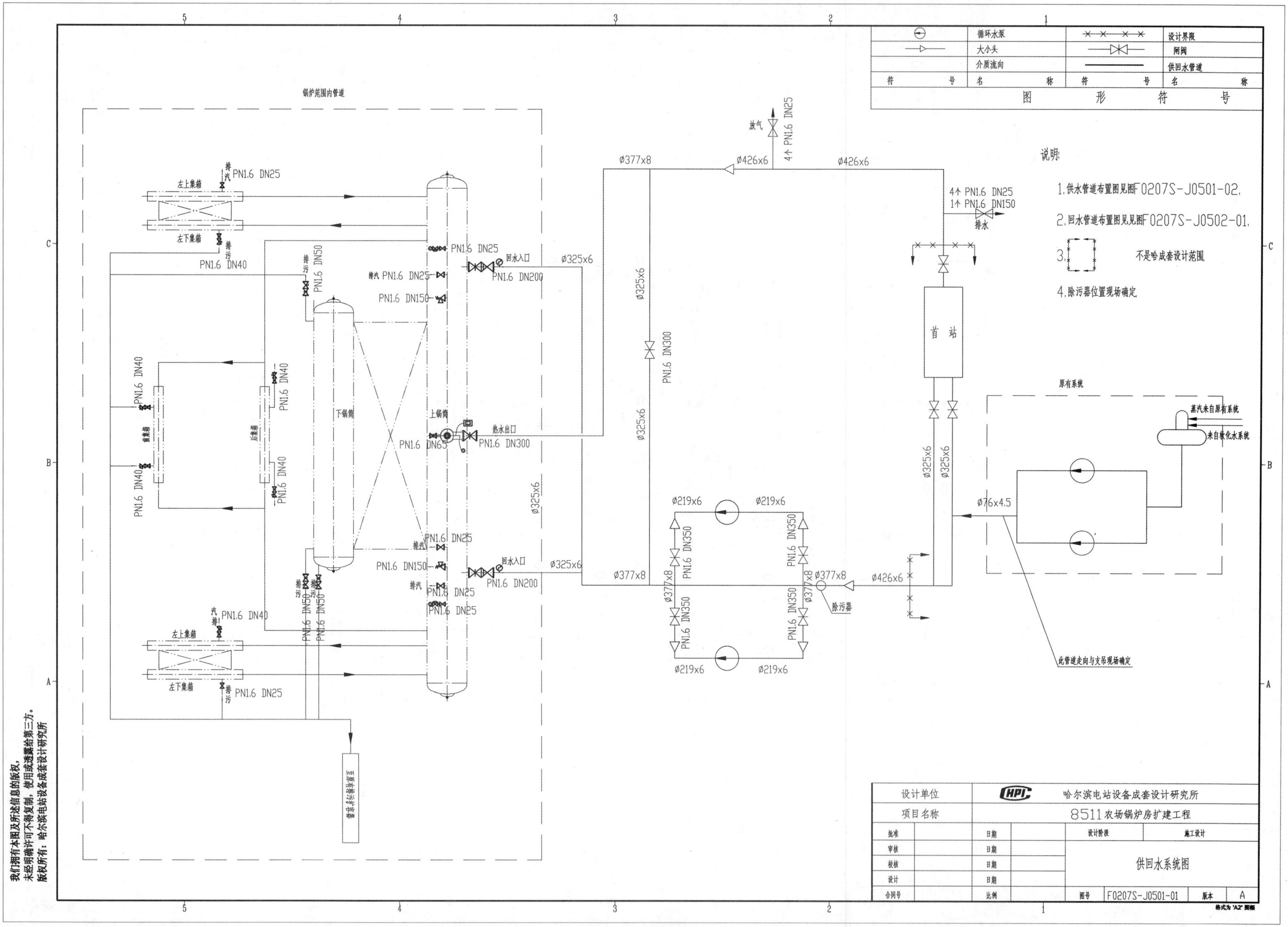

图1-2 SHL29-130/70-AII锅炉水工系统图

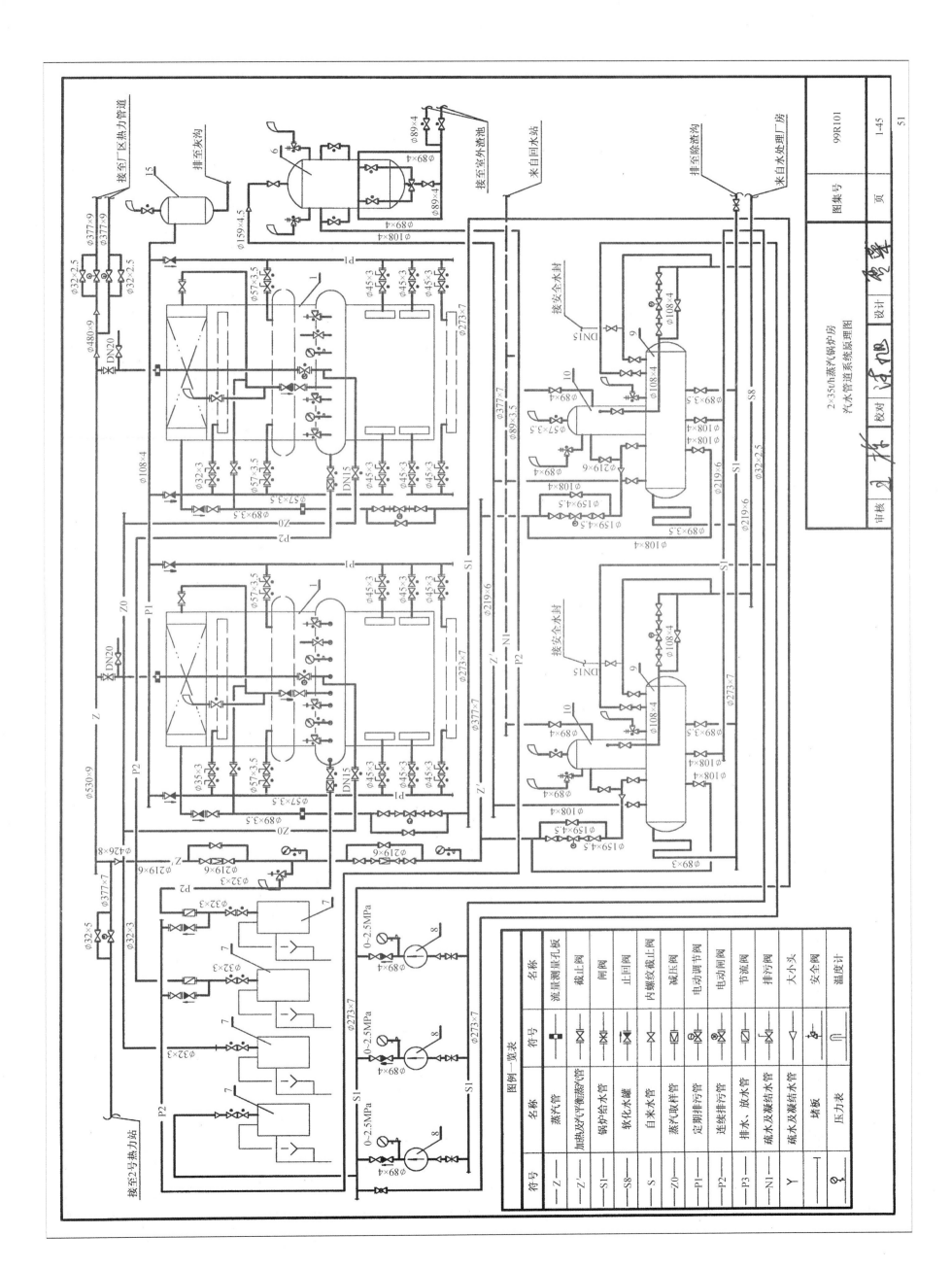

图例一览表

符号	名称	符号	名称
	蒸汽管		流量测量孔板
	加热及汽汽平衡蒸汽管		截止阀
	锅炉给水管		闸阀
	软化水管		止回阀
	自来水管		内螺纹截止阀
	蒸汽取样管		减压阀
	定期排污管		电动调节阀
	连续排污管		电动闸阀
	排水、放水管		节流阀
	疏水及凝结水管		排污阀
	疏水及凝结水管		大小头
	堵板		安全阀
	压力表		温度计

设计	图集号	99R101
校对		页
审核	2×35t/h蒸汽锅炉房 汽水管道系统原理图	1-45

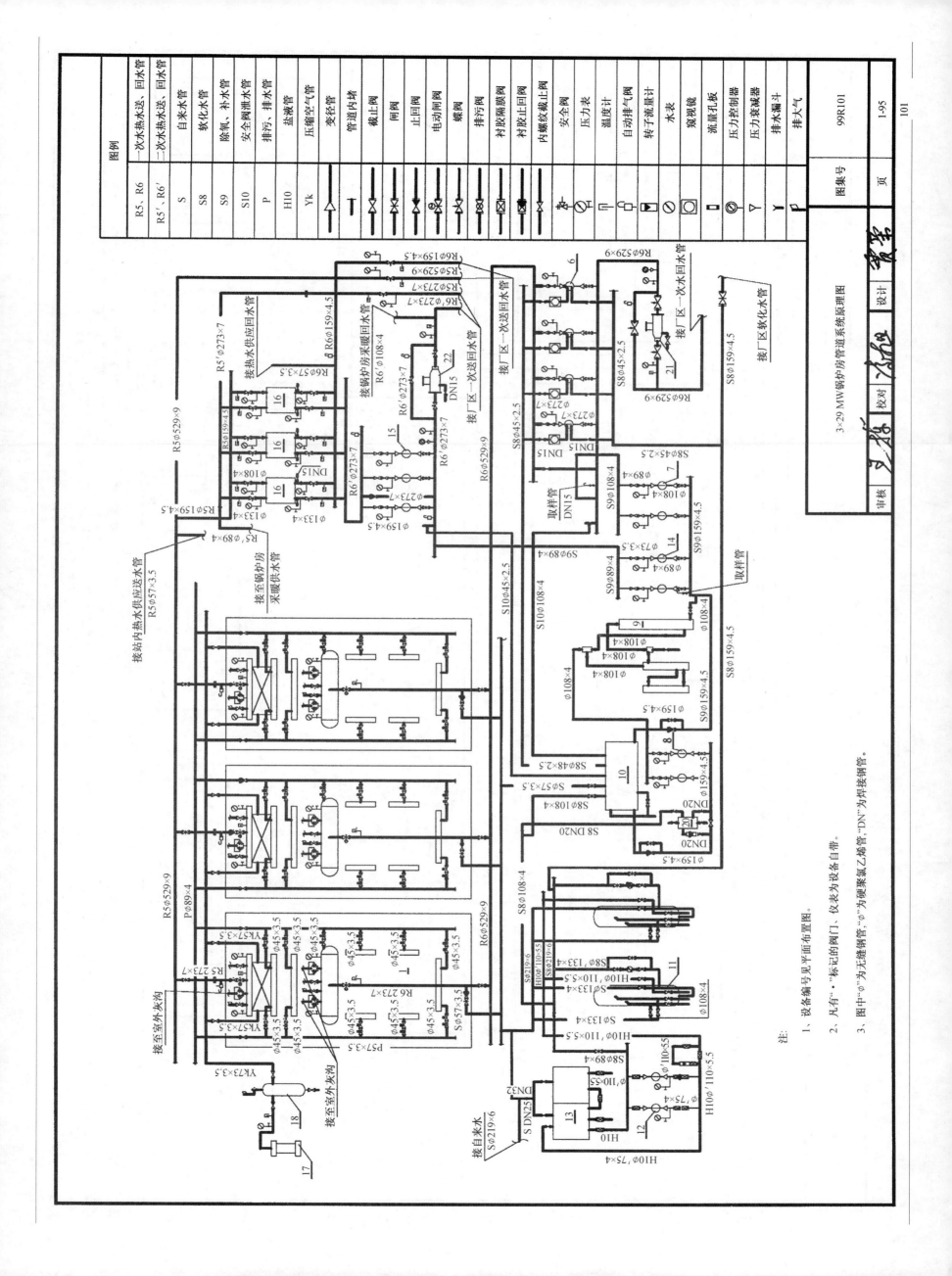

图例			
R5、R6			一次水热水送、回水管
R5′、R6′			二次水热水送、回水管
S			自来水管
S8			软化水管
S9			除氧、补水管
S10			安全阀泄水管
P			排污、排水管
H10			盐液水管
Yk			压缩空气管
			变径管
			管道内堵
			截止阀
			闸阀
			止回阀
			电动闸阀
			蝶阀
			排污阀
			衬胶隔膜阀
			衬胶止回阀
			内螺纹截止阀
			安全阀
			压力表
			温度计
			自动排气阀
			转子流量计
			水表
			氮观镜
			流量孔板
			压力控制器
			压力变送器
			排水漏斗
			排大气

审核		校对		设计	
					3×29 MW锅炉房管道系统原理图

图集号 99R101

页 101

1-95

注:
1、设备编号见平面布置图。
2、凡有"●"标记的阀门、仪表为设备自带。
3、图中"φ"为无缝钢管,"φ'"为硬聚氯乙烯管,"DN"为焊接钢管。